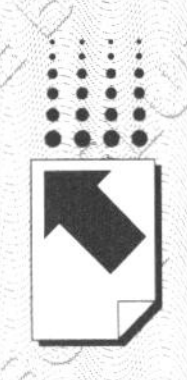

权威·前沿·原创

皮书系列为

“十二五”“十三五”国家重点图书出版规划项目

总编／张道根　于信汇

上海资源环境发展报告（2020）

ANNUAL REPORT ON RESOURCES AND ENVIRONMENT OF SHANGHAI (2020)

共建生态绿色长三角

主　编／周冯琦　胡　静

社会科学文献出版社
SOCIAL SCIENCES ACADEMIC PRESS (CHINA)

图书在版编目(CIP)数据

上海资源环境发展报告.2020：共建生态绿色长三角/周冯琦，胡静主编.--北京：社会科学文献出版社，2020.4
（上海蓝皮书）
ISBN 978-7-5201-5978-4

Ⅰ.①上… Ⅱ.①周… ②胡… Ⅲ.①自然资源-研究报告-上海-2020②环境保护-研究报告-上海-2020 Ⅳ.①X372.51

中国版本图书馆 CIP 数据核字（2020）第012000号

上海蓝皮书
上海资源环境发展报告（2020）
——共建生态绿色长三角

主　　编／周冯琦　胡　静

出 版 人／谢寿光
组稿编辑／邓泳红　吴　敏
责任编辑／王　展　柯　宓

出　　版／社会科学文献出版社·皮书出版分社（010）59367127
地址：北京市北三环中路甲29号院华龙大厦　邮编：100029
网址：www.ssap.com.cn
发　　行／市场营销中心（010）59367081　59367083
印　　装／天津千鹤文化传播有限公司

规　　格／开 本：787mm×1092mm　1/16
印 张：21.25　字 数：318千字
版　　次／2020年4月第1版　2020年4月第1次印刷
书　　号／ISBN 978-7-5201-5978-4
定　　价／128.00元

本书如有印装质量问题，请与读者服务中心（010-59367028）联系

主要编撰者简介

周冯琦　上海社会科学院生态与可持续发展研究所所长，上海社会科学院生态经济与可持续发展研究中心主任，上海市生态经济学会会长，研究员，博士生导师。主要从事绿色经济、区域绿色发展、环境保护政策等领域的研究。国家社科基金重大项目“我国环境绩效管理体系研究”首席专家。研究成果获上海市哲学社会科学优秀成果二等奖、上海市决策咨询二等奖以及优秀皮书一等奖等奖项。

胡　静　上海市环境科学研究院低碳经济研究中心主任，高级工程师。主要从事低碳经济与环境政策研究。先后主持开展科技部、生态环境部、上海市科委、上海市生态环境局等相关课题和国际合作项目40余项，公开发表科技论文20余篇。

程　进　《上海资源环境发展报告》主编助理，上海社会科学院生态与可持续发展研究所自然资源与生态城市研究室主任。主要从事环境绩效评价、低碳绿色发展与区域环境治理等领域的研究。国家社科基金重大项目“我国环境绩效管理体系研究”子课题负责人。研究成果获优秀皮书报告奖二等奖等奖项。

摘 要

长三角区域三省一市时空一体、山水相连，生态环境共保联治应作为长三角一体化发展的重要内容与长三角一体化战略的优先领域。近年来，长三角环境共治共管逐渐增强、环境质量总体趋于好转，但区域生态绿色发展依然存在生态空间保护有待加强、环境改善压力依然巨大、环境治理能力有待提升等问题。在长三角一体化发展上升为国家战略的背景下，共建生态绿色长三角仍面临以下不适应：发展模式不适应资源环境约束趋紧的需求、产业结构与布局不适应绿色发展的需要、能源结构不适应清洁化转型和污染减排的需要、生态环境相关规划与标准不适应“三个统一”的需要、生态环境建设一体化存在共识但难以推进等。共建绿色美丽长三角亟须推动共保联治、共同加强生态空间保护、创新驱动绿色转型发展、聚焦重点实现率先突破、构建共保联治保障体系。

长三角环境协同治理机制目前还是一个交流沟通、协商磋商的协同治理机制，环境协同治理结构和协调机制总体上较为松散。环境协同治理结构还面临着决策瓶颈、执行瓶颈及监管瓶颈。随着长三角一体化发展上升为国家战略，长三角应强化纵向环境协同治理结构，推进市场化、社会化机制创新，统一区域生态环境保护制度，开展环境协同治理绩效考核，形成纵向管控与横向协同耦合的新型区域环境协同治理结构。

长三角是典型的资源调入区域，面临严峻的资源环境总量约束和中长期的经济下行压力，在这样的背景下，提高资源效率，是实现环境和气候保护目标、提高经济社会效益和可持续绿色增长的重要因素。长三角可仿照七国集团（G7）建立资源效率联盟的做法，建立三省一市资源效率联盟，在确立资源效率目标、制定财税政策、推动技术创新、加大基础设施投入、推动供应链参与等方面加强协同行动，积极推进清洁能源合作和产业布局结构调整，助力绿色发展转型。

长三角地区空间生态冲突主要集聚在上海、南京、杭州、苏州、无锡、常州、嘉兴、宁波等8个核心城市组成的“Z”形带状区域；区域空间生态冲突目前已经由“点轴”冲突扩散模式演化至多中心网络化发展阶段。基于此，应推进长三角生态环境治理制度体系一体化建设、强化区域不同等级空间生态冲突分区规划管控、完善长三角地区空间生态冲突相关预警调控机制。长三角一体化示范区三地“三线一单”编制在跨省界生态系统和生态功能的保护方面虽已有合作，但仍缺乏统筹考虑。三地在环境管控单元划分方法细节以及管控要求方面存在差别，需要三地根据示范区的定位和功能进行协调，建立协调一致的区域生态环境空间管控体系。

生态补偿法律调控，可有效保障区域或流域环境正义的合理配置、稀缺利益的公平分配以及激励功能的有效实现，是环境协同治理实现的保障机制。目前长三角地区生态补偿立法和实践仍存在法律治理不足、多依赖政策驱动以及产权制度缺失、补偿主体识别难等问题。长三角地区生态补偿的法律调控，应从确定生态补偿的权利义务主体、界定生态补偿法律标准、丰富生态补偿法定方式、设立生态补偿管理机构、明确生态补偿产权界定以及健全生态补偿纠纷解决机制等方面着手。

太湖流域水环境综合治理实施以来，流域饮用水安全得到有效保障，水环境质量稳中趋好。但太湖流域发展与保护的矛盾依然十分突出，资源环境承载能力已经接近或达到上限，生态产品供给与需求矛盾仍未根本缓解。未来应构建并完善以控制单元、水功能区为空间基础的“三线一单”生态环境空间管控体系；对下游“一河三湖”的保护，应协调跨界区域生态功能定位，统一划分区域生态空间分类控制线。

由于自然因素、过度开发、监管薄弱、重陆轻海以及缺乏协同治理机制等，杭州湾污染并未得到有效遏制。实施杭州湾污染治理，一要明确当前杭州湾的环境容量，科学有效分配排放指标；二要增强杭州湾及陆上进入杭州湾的江河湖泊的生态系统功能，增强其自净能力；三要转变发展模式，实现经济绿色发展，从源头上削减污染物排放；四要增强末端治理能力，加强末端污染源排放监管；五要加强区域纵向及横向协同治理。

关键词： 长三角一体化发展　生态绿色　环保共治　生态管控一体

目 录

Ⅰ 总报告

Ⅱ 综合篇

Ⅲ 专题篇

Ⅳ 案例篇

Ⅴ 附录

总 报 告

General Report

B.1
共建生态绿色长三角的挑战与建议

周冯琦　尚勇敏*

摘　要： 长三角区域三省一市时空一体、山水相连，生态环境共保联治应作为长三角一体化发展的重要内容与长三角一体化战略的优先领域。近年来，长三角环境质量总体趋于好转，环境共治共管逐渐增强，但区域生态绿色发展依然存在生态空间保护有待加强、环境改善压力依然巨大、环境治理能力有待提升等问题。在长三角一体化发展上升为国家战略的背景下，共建生态绿色长三角仍面临以下不适应：发展模式不适应资源环境约束趋紧的需求、产业结构与布局不适应绿色发展的需要、能源结构不适应清洁化转型和污染减排的需要、生态

* 周冯琦，上海社会科学院生态与可持续发展研究所所长、研究员，研究方向为低碳绿色经济、环境经济政策等；尚勇敏，上海社会科学院生态与可持续发展研究所副研究员，研究方向为区域经济发展模式与区域可持续发展。

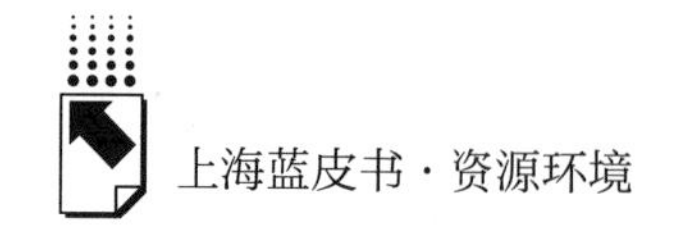

环境相关规划与标准不适应“三个统一”的需要、生态环境建设一体化存在共识但难以推进。共建绿色美丽长三角亟须以三个导向推动共保联治、共同加强生态空间保护、创新驱动绿色转型发展、聚焦重点实现率先突破、构建共保联治保障体系。

关键词： 生态环境共保联治　绿色美丽长三角　长三角一体化

长三角地区是我国地理区位最优越、自然禀赋最优良、综合实力最强劲的地区，也是我国率先实现绿色高质量发展的排头兵。从国家发展战略视角看，长三角一体化发展是习近平总书记亲自谋划、亲自部署、亲自推动的重大战略，对于引领全国高质量发展意义重大。党中央将长三角一体化发展上升为国家战略，出台《长江三角洲区域一体化发展规划纲要》，要求紧扣“一体化”和“高质量”两个关键，打造“一极三区一高地”，并提出“强化生态环境共保联治”和“努力建设生态绿色长三角”，这对于破解长三角生态环境问题具有重要意义。长三角区域包含上海、江苏、浙江、安徽三省一市，区域总面积35.8万平方公里，占全国土地面积的3.7%；总人口1.61亿人（2018年），占全国总人口的16.14%；区域经济总量达到21.15万亿元（2018年），占全国经济总量的23.12%，是经济贡献强度最高的地区之一，同时也是能源资源消耗最大、污染排放水平最高、环境承载压力最大的地区之一。为此，共建生态绿色长三角也成为长三角一体化发展的重要内容以及长三角一体化战略的优先领域。

一　长三角生态绿色发展现状与问题

长三角区域三省一市时空一体、山水相连，生态环境休戚相关，生态服务功能相互关联。在长三角一体化发展上升为国家战略、大力推进生态文明建设、打好污染防治攻坚战等宏观背景下，加强生态环境共保联治。长三角在大气污染联防联控、水污染综合防治、跨界污染应急处置、生态环境管理等方面做了积极探索，共建绿色美丽长三角取得了重要成效。然而，长三角在生态共建、环境共保、协同共治方面，依然有较大的提升空间。

（一）生态空间保护有待加强，生态空间格局有待优化

随着工业化、城镇化快速发展，人口流动加剧，城镇空间不断扩张，生态空间发展受到制约。2009～2016 年，长三角地区耕地面积减少了 138.5 万亩，园地面积减少了 117.7 万亩，城镇村及工矿用地面积增加了 175.5 万亩，分别增加了 -0.73%、-5.93% 和 19.52%（见表 1），使得长三角生态空间结构发生较大变化，人与自然、生产生活、生态系统的内部矛盾日渐凸显。2004～2017 年，长三角三省一市自然保护区面积从 159 万公顷下降至 139.1 万公顷，自然保护区面积占辖区面积比重也总体处于下降趋势，如江苏省从 6.7% 下降至 3.8%，浙江省从 2.6% 下降至 1.7%（见图 1）。而耕地“占补平衡”导致生态空间侵占加剧，大量围垦造成湿地萎缩、重要生物栖息地受到破坏，同期全国湖泊面积增长了 2.90%，而长三角湖泊面积下降了 5.39%，生态空间保护压力巨大。同时，长三角城市蔓延扩张导致生态系统遭到破坏，如长三角太湖、阳澄湖、淀山湖等湖泊呈现严重富营养化现象，湿地生态系统遭到严重破坏，潮间带湿地已累计丧失 57%，生态系统全面衰退，东海沿岸湿地生态服务功能已下降 50%。①

表 1　2009 年和 2016 年长三角主要用地面积变化

单位：万亩，%

地区	项目	2009 年	2016 年	增加幅度
上海	耕地	284.6	286.1	0.53
	园地	27	24.8	-8.15
	城镇村及工矿用地	80.2	83.1	3.62

① 方创琳、鲍超、马海涛：《2016 中国城市群发展报告》，科学出版社，2016。

续表

地区	项目	2009 年	2016 年	增加幅度
江苏	耕地	6919.4	6856.7	-0.91
	园地	481.1	448.6	-6.76
	城镇村及工矿用地	371.8	432.8	16.41
浙江	耕地	2980	2962	-0.60
	园地	943.5	870.4	-7.75
	城镇村及工矿用地	249.1	282.6	13.45
安徽	耕地	8860.6	8801.3	-0.67
	园地	534.3	524.4	-1.85
	城镇村及工矿用地	197.9	276	39.46
长三角	耕地	19044.6	18906.1	-0.73
	园地	1985.9	1868.2	-5.93
	城镇村及工矿用地	899	1074.5	19.52

注：数据更新至 2016 年。

资料来源：土地调查成果共享应用服务平台（http://tddc.mlr.gov.cn/to_Login）。

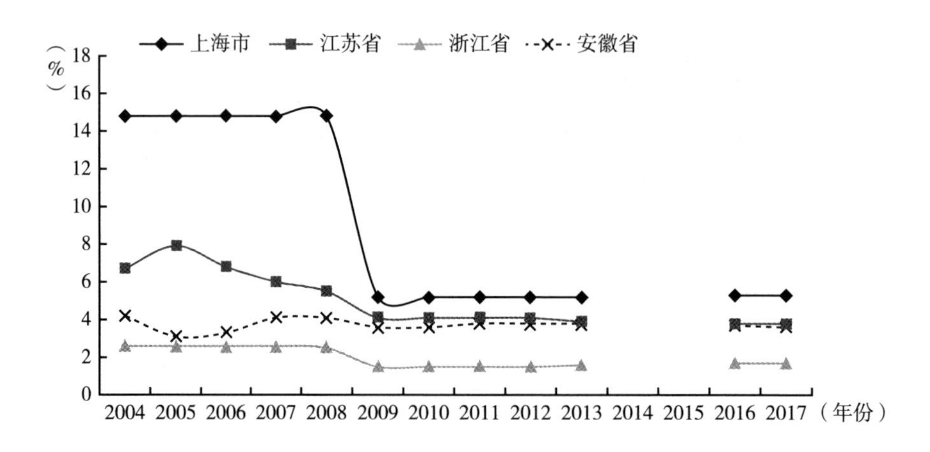

图 1　2004～2017 年长三角自然保护区面积占比变化

注：2014 年、2015 年数据缺失。

资料来源：国家统计局数据库。

在生态空间受损的同时，长三角生态空间保护没有实现同步，以造林面积为例，长三角造林面积尽管总体上有所上升，从 2004 年的 151.04 万亩上升至2017年的248.67万亩，但2013年以来造林面积有下降趋势，长三角造林总面积占全国比重也从2013年的4.61%下降至2018年的3.42%（见图2）。与发达国家或地区相比，长三角生态空间保护仍然有较大差距，如2016年，日本、韩国、美国、新加坡森林覆盖率分别达到68.45%、63.35%、33.93%、23.03%（见图3），而2018年上海、江苏、浙江和安徽森林覆盖率分别为14.0%、15.2%、59.4%和28.7%，长三角相对较低的森林覆盖率和森林面积基底形成了长三角生态绿色发展的重要制约因子。

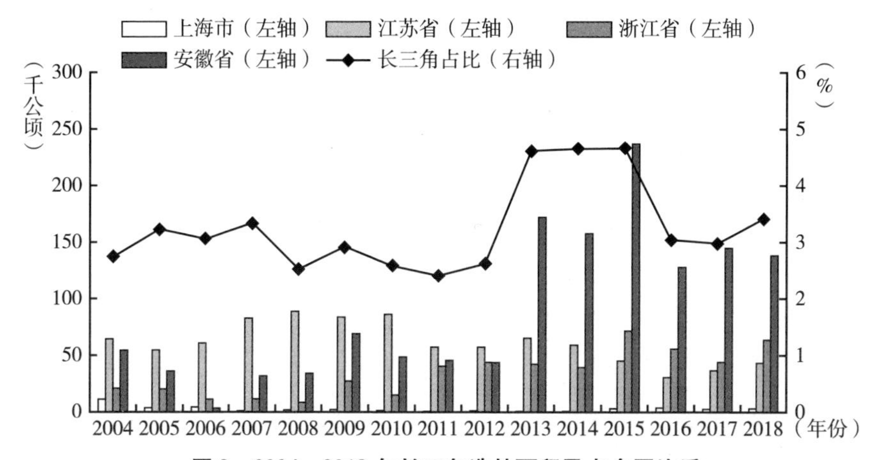

图2　2004～2018年长三角造林面积及占全国比重

资料来源：各省市统计年鉴。

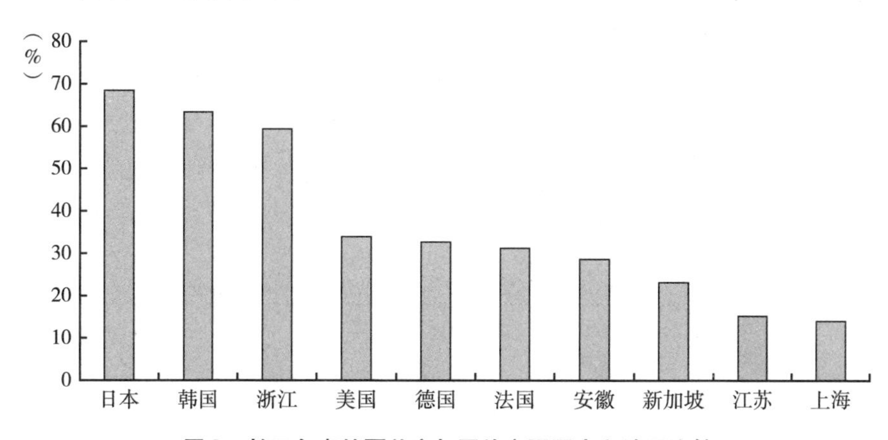

图3　长三角森林覆盖率与国外主要国家和地区比较

资料来源：各省市统计年鉴、世界银行数据库（https://data.worldbank.org.cn）。

长三角地区生态源地总面积为64911平方公里，主要分布在长三角南部及西部丘陵山地地区以及北部盐城、滁州等零星斑块，以林地、水域、湿地为主，耕地、草地次之。而生态需求空间呈现相反的格局，上海、南京、合肥、杭州、苏州、无锡、常州、宁波等城市化地区生态需求较高，生态供需存在明显的空间异质性，然而，长三角生态空间廊道建设的不足在一定程度上制约了生态资源要素的流动。[①]

（二）环境质量总体趋于好转，环境改善压力依然巨大

随着长三角经济发展阶段从粗放型向集约型转变，长三角经济发展的资源环境损害强度总体呈下降趋势（见表2、图4），已经基本跨越污染物排放总量与强度“双增长”的阶段，污染强度已经越过拐点不断下降，使得环境质量也有所改善，如上海市 $PM_{2.5}$ 日均值从2015年的50.36微克/米^{3}下降至2018年的34.18微克/米^3，2019年（截至2019年12月15日）平均浓度为38.92微克/米^3。2018年长三角41个城市环境空气质量优良天数比例平均值为74.1%，较2017年上升2.5个百分点，超标天数比例中，轻度污染比例为19.5%，中度污染比例为4.5%，重度污染和严重污染比例仅为1.9%。

表2　2018年长三角地区污染浓度变化

项目	浓度（CO：毫克/米^3；其他：微克/米^3）	同比增加幅度（%）
$PM_{2.5}$	44	-10.2
PM_{10}	70	-10.3
O_3	167	0.6
SO_2	11	-26.7
NO_2	35	-5.4
CO	1.3	-7.1

资料来源：《2018年中国生态环境状况公报》。

① 张豆、渠丽萍、张桀滈：《基于生态供需视角的生态安全格局构建与优化》，《生态学报》2019年第20期，第7525～7537页。

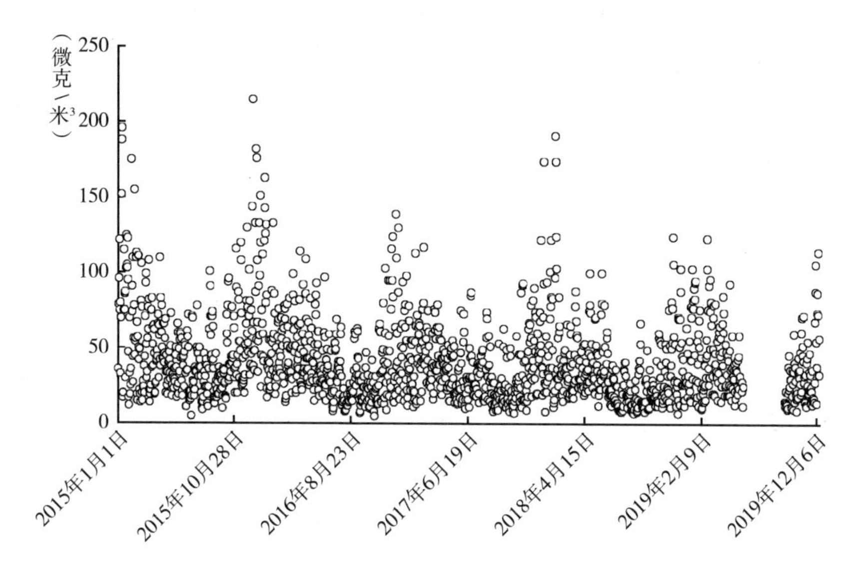

图4　2015 年以来上海市 $PM_{2.5}$ 日均值

注：缺 2019 年 5 月 30 日至 2019 年 9 月 13 日数据。

尽管长三角环境质量总体向好，但生态环境改善压力依然巨大。以水环境为例，2016 年以来长三角三省一市地表水质改善不明显，地表水质 COD 指数甚至出现了回升趋势，且三省一市地表水质 COD 指数高于全国平均水平，仅上海市总体上较全国平均稍好，2016 年第 1 周至 2018 年第 16 周，上海、江苏、浙江和安徽 COD 指数平均值分别为 3.11 毫克/升、4.46 毫克/升、4.19 毫克/升和 5.04 毫克/升，但 2017 年底以来，长三角 COD 指数总体呈上升趋势，尤其是上海市，迅速上升并高于全国平均水平以及苏浙皖三省（见图 5）。从地均排放强度来看，2017 年上海、江苏、浙江和安徽废水排放量达到 33.43 吨/公里^2、5.37 吨/公里^2、4.30 吨/公里^2 和 1.67 吨/公里^2，均远高于全国平均水平 0.73 吨/公里^2。同时，长三角河流众多，水网密集，区域内水污染现象日益突出且沿河网扩散移动，跨界水污染问题突出。2018 年，太湖流域监测的 17 个水质点位中，Ⅲ类、Ⅳ类、Ⅴ类水质点位比例分别为 5.9%、64.7%、29.4%（无Ⅰ类、Ⅱ类和劣Ⅴ类）。与 2017

年相比，Ⅲ类水质点位比例下降5.9个百分点，Ⅳ类上升11.8个百分点，Ⅴ类下降5.9个百分点。全湖平均为轻度富营养状态。大气污染方面，区域性、复合型大气污染依然显著。长三角大气污染排放强度和密度较高，使得$PM_{2.5}$浓度总体偏高，尤其是在秋冬季节不利于污染物扩散的情况下，灰霾事件频发。而夏秋季节则因城市化、工业化、机动化快速发展，大气活性物质大量排放，以臭氧浓度较高为主要特征的光化学污染问题较为严重。同时，长三角地区酸雨污染严重，酸雨浓度值总体偏低，大面积区域属于国家酸雨控制区。环境安全方面，三省一市突发环境事件数量不断下降，2011~2018年长三角突发环境事件数量从267件下降至21件，占全国突发环境事件数量的比重从49.3%下降至7.3%（见表3）。

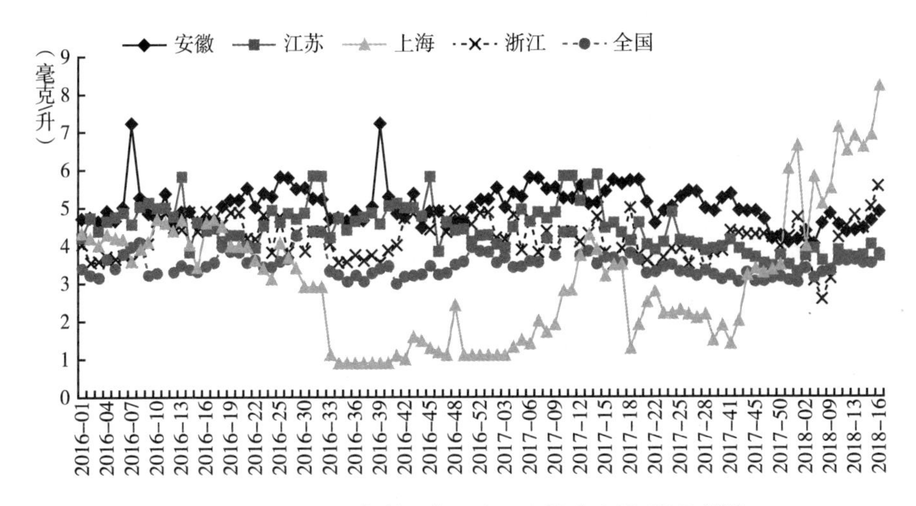

图5　2016~2018年长三角三省一市地表水质COD指数

注：图中横坐标刻度表示“年份-周”，如2016-01表示2016年第1周，依此类推。数据截至2018年第16周。

资料来源：生态环境部全国主要流域重点断面水质状况表。

表3　2011~2018年长三角三省一市突发环境事件数量及占全国比重

单位：件，%

年份	上海	江苏	浙江	安徽	长三角	全国	长三角占比
2011	197	27	31	12	267	542	49.3
2012	192	77	23	20	312	542	57.6

续表

年份	上海	江苏	浙江	安徽	长三角	全国	长三角占比
2013	251	125	26	6	408	712	57.3
2014	108	70	27	9	214	471	45.4
2015	10	27	22	8	67	330	20.3
2016	3	13	16	3	35	304	11.5
2017	0	8	13	4	25	302	8.3
2018	1	5	11	4	21	286	7.3

资料来源：国家统计局数据库（http://data.stats.gov.cn/）。

（三）环境共治共管逐渐增强，环境治理能力有待提升

在长三角三省一市共同努力下，长三角区域环境合作取得了阶段性进展，长三角区域污染防治协作机制不断推向深入。2014 年 1 月，长三角区域大气污染防治协作小组第一次工作会议审议通过了《长三角区域大气污染防治协作小组工作章程》。[①] 2016 年 12 月，长三角区域大气污染防治协作小组第四次工作会议暨长三角区域水污染防治协作小组第一次工作会议审议通过《长三角区域水污染防治协作小组工作章程》。2019 年 5 月 23 日，长三角区域大气污染防治协作小组第八次工作会议暨长三角区域水污染防治协作小组第五次工作会议审议通过《长三角区域柴油货车污染协同治理行动方案（2018～2020 年）》《长三角区域港口货运和集装箱转运专项治理（含岸电使用）实施方案》。在长三角区域水污染防治协作小组这一框架下，三省一市积极探索多层次、多形式协作，如苏州吴江区与嘉兴秀洲区建立"联合河长制"，推动跨省界河湖联防联治；南京与马鞍山建立"石臼湖共治联管水质改善工作机制"；2019 年初，南通市政府与上海市崇明区政府签署全面战略合作框架协议，共同建设长江口生态保护战略协同区。江苏与上

① 胡静、戴洁、王强等：《上海参与区域环境合作历程回顾》，载周冯琦、胡静主编《上海资源环境发展报告（2019）》，社会科学文献出版社，2019。

海、浙江联合签署推进临界市区县加强生态环境协作工作的备忘录，着力构建区域污染防治协作机制。2018 年，新一轮油品升级在长三角区域提前落实；2019 年 7 月 1 日，长三角区域重点城市联手实施机动车国六排放新标准。[①] 在以上区域协作机制下，长三角污染防治顶层机制不断完善、协作内容不断深化、跨界联动不断加强。

然而，近年来长三角环境治理投入强度呈现下降趋势，2004～2017 年，江苏、浙江、安徽工业污染治理投资强度从 14.65 元/万元、9.66 元/万元、12.83 元/万元降低至 5.22 元/万元、7.13 元/万元、9.58 元/万元，仅上海从 5.60 元/万元上升至 14.63 元/万元（见图 6）。同时，尽管长三角水利、环境和公共设施管理业全社会固定资产投资占 GDP 比重总体处于上升趋势，但仅安徽总体高于全国平均水平（见图 7a）；长三角水利、环境和公共设施管理业从业人员比重总体处于下降趋势，2018 年，上海、江苏、浙江、安徽分别仅为 1.45%、0.83%、1.00%、1.03%，均低于全国平均水平（1.51%）（见图 7b），这在一定程度上影响了长三角环境共治共管。

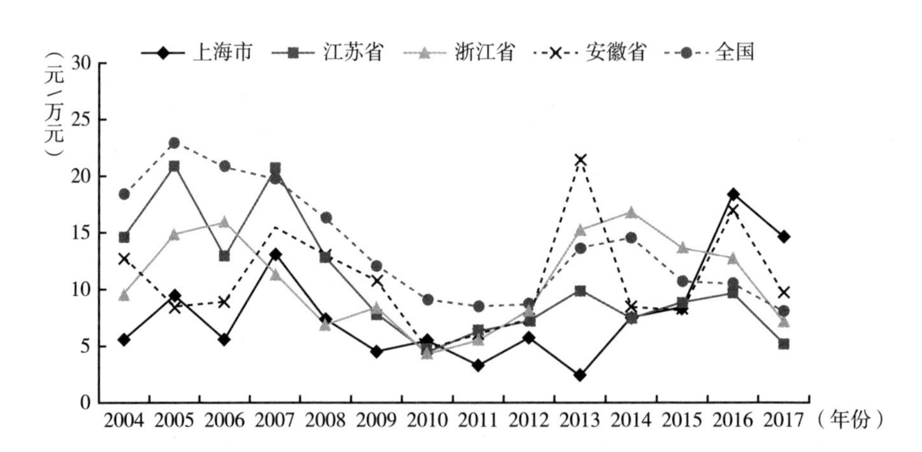

图 6　2004～2017 年长三角工业污染治理投资强度

资料来源：2005～2018 年《中国统计年鉴》及各省市统计年鉴。

① 许海燕、吴琼：《生态绿，更高质量一体化的底色》，《新华日报》2019 年 12 月 9 日。

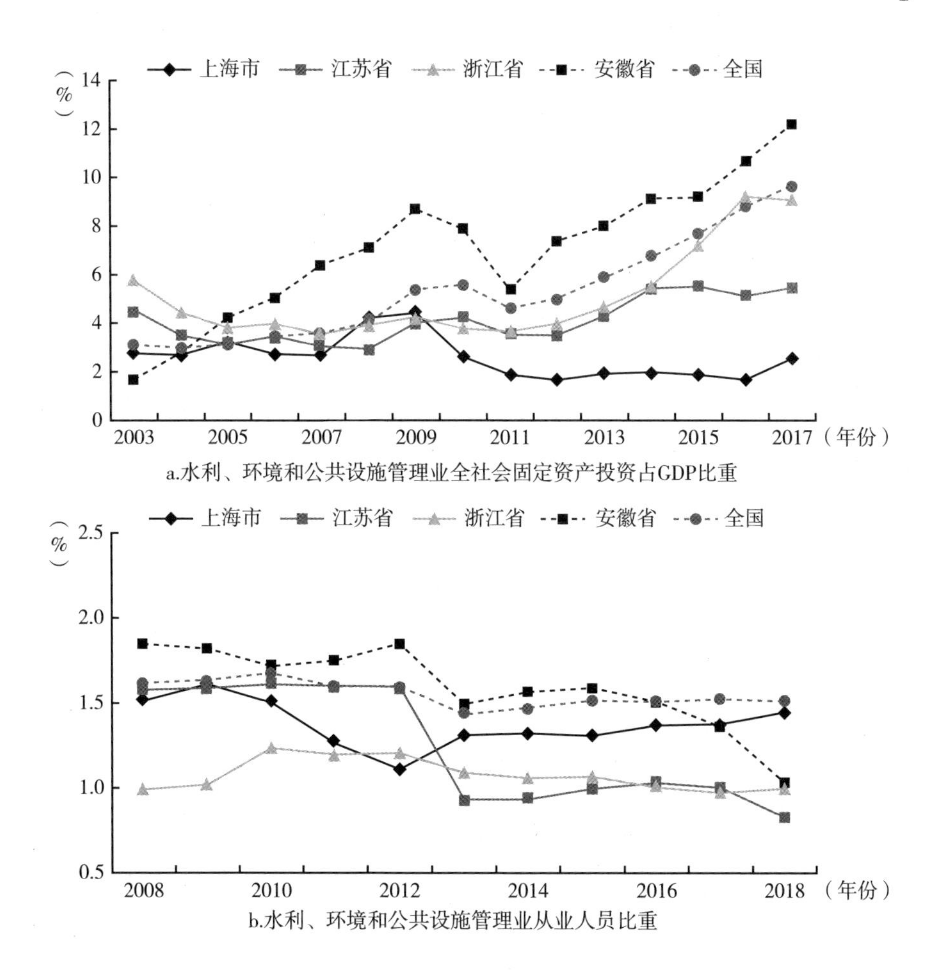

图 7　长三角水利、环境和公共设施管理业全社会固定资产投资与从业人员变化

资料来源：2004～2019 年《中国统计年鉴》及各省市统计年鉴。

二　一体化背景下长三角生态绿色发展面临挑战

2019 年 12 月 1 日，中共中央、国务院印发了《长江三角洲区域一体化发展规划纲要》（以下简称《纲要》），提出坚持生态保护优先，把保护生态环境摆在重要位置，加强生态空间共保，推动环境协同治理，夯实绿色发展生态本底，努力建设生态绿色长三角，并提出了共同加强生态保护、推进环境协同治理、推动生态环境协同监管三项重点任务。然而，长三角地区实现生态绿色发展仍然面临多重挑战，表现为产业结构与布局有待优化、能源结构有待转型、主要污染物尚未越过峰值阶段、行政壁垒制约生态绿色一体化行动等。

（一）《纲要》对共建生态绿色长三角提出新要求

随着《纲要》的发布，一体化背景下共建生态绿色长三角也面临新要求，长三角推进生态环境共保联治具有三个重要特征，表现为提出了一体化的目标、部署了一体化的行动、确立了一体化的制度。在《纲要》的指导下，长三角一体化发展进入全方位加速推进的新阶段，强化生态环境共保联治成为推动长三角更高质量一体化发展的重要内容，共建绿色美丽长三角也需要在一体化目标、一体化行动、一体化制度下推进。

一是提出了一体化的目标。《纲要》提出长三角三省一市共建绿色美丽长三角的总体目标，以及跨区域跨流域生态网络基本形成、优质生态产品供给能力不断提升、环境污染联防联治机制有效运行、区域突出环境问题得到有效治理、生态环境协同监管体系基本建立、区域生态补偿机制更加完善、生态环境质量总体改善的具体目标。《纲要》对生态保护的重视程度得到强化，“生态”（35 次）、“保护”（20 次）、“环境”（17 次）、“治理”（16 次）、“污染”（15 次）成为《纲要》“强化生态环境共保联治”章节中的高频词。

二是部署了一体化的行动。《纲要》强调了生态空间共同保护、环境治理共同防治、生态环境共同监管的行动要求，并部署了一系列生态环境一体化的具体行动举措。在《纲要》指引下，长三角三省一市生态环境“联”得更紧密，“动”得更务实，在“强化生态环境共保联治”章节中“联”“区域”“共”分别出现了 19 次、16 次、8 次，区域生态环境一体化更加受到重视，更加强调共保共治、共商共建、共享共赢。

三是确立了一体化的制度。《纲要》意在消除地区生态环境政策法规、标准规范、执法监管的不统一，更加强调健全区域环境治理联动机制，形成统一的环境政策法规与标准规范，以及环境风险应急统一管理，水资源统一调度。在“强化生态环境共保联治”章节中“标准”“机制”“制度”“规范”分别出现了12次、11次、3次、3次，通过一体化的制度，实现三省一市政策相互衔接、统一，为生态环境共保联治提供制度支撑和保障。

（二）资源环境约束趋紧要求长三角加快推进生态绿色发展

长三角城市人口与生产要素高度集聚，这给长三角带来了突出的资源环境承载压力，2018年长三角人口密度达到627.5人/公里^2，经济密度达到58888.5万元/公里^2，远高于全国平均水平144.8人/公里^2、934.5万元/公里^2，是全国单位土地面积资源能源消耗最高的地区之一。长三角主要资源储量也非常贫乏，如长三角三省一市人均水资源量范围仅在159.9~1520.5立方米，远低于全国平均水平1971.8立方米；人均煤炭储量、人均石油储量、人均天然气储量更是远远落后于全国平均水平，仅安徽人均铁矿储量、人均耕地面积相对较好（见表4）。随着长三角城镇化、工业化的推进，当地资源环境约束将不断趋紧。在环境承载方面，长三角大气污染、水污染、土壤污染、海洋污染日益严重，是全国污染物排放强度最高、生态环境污染最严重的地区之一，生态环境部数据表明，长三角地区单位面积大气污染排放是全国平均水平的3~5倍，长期承受着巨大的生态环境压力。环境污染成为制约长三角区域经济可持续发展和长三角绿色高质量一体化发展的重要因素。①

表4 长三角三省一市主要人均资源存量指标及与全国比较

项目	上海	江苏	浙江	安徽	全国
人均水资源量（米^3）	159.9	470.6	1520.5	1328.9	1971.8
人均石油储量（吨/万人）	0	3390.3	0	377.1	20711.5
人均煤炭储量（吨/人）	0	12.9	0.7	130.2	178.5
人均天然气储量（米^3/人）	0	29.0	0	0.4	3528.6
人均铁矿储量（吨/人）	0	2.0	1.0	13.6	14.4

① 石庆玲：《从长三角生态保护协同发展能力测评说起》，澎湃新闻，2019年7月11日。

续表

项目	上海	江苏	浙江	安徽	全国
人均森林面积(公顷/万人)	36.7	193.8	1054.5	625.9	1729.0
人均耕地面积(公顷/万人)	0.8	5.7	3.4	9.3	9.7
人口密度(人/公里^2)	3823.3	751.0	543.8	451.7	144.8

资料来源:《中国统计年鉴2019》、2019年各省市统计年鉴。

（三）产业结构与布局不适应绿色发展的需要

长三角人口经济活动强度较大，且产业结构呈现偏重的特征，2018年，上海、江苏、浙江、安徽重化工业产值占制造业产值比重分别达到65.44%、62.04%、63.88%、66.46%，均高于全国平均水平62.15%，而高技术产业仅上海、江苏高于全国平均水平，浙江、安徽均落后于全国平均水平（见表5）。以化工产业为例，长三角是我国化工产业最密集、实力最雄厚的地区之一，长三角化工园区数量占全国化工园区的15%，在全国47家超大型化工园区及大型化工园区中，长三角区域的化工园区占比超过70%，形成了重化工业围江的发展格局，长三角地区生态环境长期处于严重超载状态。据统计，长三角石化产业产值占工业总产值的1/5左右，VOCs、臭氧污染等给区域带来巨大压力。同时，长三角产业布局同质化明显，且大量污染产业分布与人口密集区、城市群高度重叠，区域性、布局性环境风险突出，产城空间混合使得大气污染风险维持较高水平，人群健康威胁突出。长三角城市供水口与排污口犬牙交错，干流航运危险品泄漏污染水源事件频发，一大批化工园区处于建设和规划建设中，对饮用水源地保护造成极大的风险。[①] 长三角清洁生产程度依然不高，企业污染治理能力与治理要求存在较大差距，区域环境污染控制与执法还不能满足要求，企业偷排超排明显、执法不严突出、违法处罚力度不够等问题时有发生。

① 李小敏：《加强生态环境保护，促进长三角地区更高质量一体化发展》，搜狐新闻，2018年9月14日。

表 5　2018 年长三角地区各类产业产值占制造业比重及与全国比较

单位：亿元，%

项目		原材料加工业	消费资料工业	重化工业	高技术产业
上海	产值	2130	1641	21202	7426
	占比	6.57	5.06	65.44	22.92
江苏	产值	10302	14617	88666	29343
	占比	7.21	10.23	62.04	20.53
浙江	产值	3912	11307	38725	6680
	占比	6.45	18.65	63.88	11.02
安徽	产值	5580	3659	26036	3903
	占比	14.24	9.34	66.46	9.96
全国	产值	113779.2	86255.2	578041.7	152010.3
	占比	12.23	9.27	62.15	16.34

注：①根据《国民经济行业分类》（GB/T 4754—2002）、《高技术产业（制造业）分类（2017）》及相关研究，原材料加工业为第 13～16 类、第 19～20 类，消费资料工业为第 17～18 类、第 21～24 类，重化工业为第 25～26 类、第 28～37 类、第 39 类、第 42～43 类，高技术产业为第 27 类、第 38 类、第 40～41 类；②上海、浙江数据为工业总产值，江苏、安徽、全国数据为主营业务收入，三省一市数据为 2017 年数据，全国数据为 2018 年数据。

资料来源：《中国统计年鉴 2019》、2018 年长三角三省一市统计年鉴。

（四）能源结构不适应清洁化转型和污染减排的需要

近二十多年来，伴随外来电的大幅增加，长三角化石能源在一次能源消费结构中的比重有所降低，但目前以化石能源为主的能源供应和消费格局依然未发生实质改变。2017 年，长三角能源消费总量约为 97185 万吨标准煤，占全国的 16.15%；长三角煤及其制品在能源消费中占 57.2%，略低于全国平均水平，但长三角地区内部能源消费高度不平衡；总量上，江苏、浙江能源消费总量占长三角的 64.7%；结构上，上海基本转向以石油及其制品为主导的格局，安徽、江苏煤及其制品消费仍占据主导地位，长三角天然气消费仍处于发展阶段，天然气及其制品消费占比仅为 0.8%（见表 6）。同时，化石能源内部的清洁化依然有待加强，2017 年长三角煤及其制品消费量中，原煤占 77.1%，煤制气占比仅为 2.2%。长三角以煤炭等化石能源为主的能源消费结构给大气污染防治和碳减排带来巨大压力，长三角仅靠提标改造和末端治理难以有效抑制大气污染、碳排放的增长，亟须改变经济增长方式，控制能源和消费总量，特别是削减重化工行业产能等。

表6　2017年长三角能源消费结构

单位：吨标准煤，%

项目		上海	江苏	浙江	安徽	长三角	全国
消费量	煤及其制品	4194.9	24678.8	10833.6	15877.7	55585.0	380842.7
	石油及其制品	9178.9	11892.1	9385.2	3538.2	33994.4	184489.9
	天然气及其制品	117.7	362.7	191.8	61.3	733.4	10229.9
	热力	366.7	2345.9	1957.7	548.6	5218.9	18083.8
	电力	187.6	713.8	515.3	236.1	1652.9	7966.5
消费占比	煤及其制品	29.9	61.7	47.3	78.4	57.2	63.3
	石油及其制品	65.3	29.7	41.0	17.5	35.0	30.7
	天然气及其制品	0.8	0.9	0.8	0.3	0.8	1.7
	热力	2.6	5.9	8.6	2.7	5.4	3.0
	电力	1.3	1.8	2.3	1.2	1.7	1.3

注：根据“能源转换折算系数”将实物量转化为标准量。
资料来源：《中国能源统计年鉴2018》。

（五）生态环境相关规划与标准不适应“三个统一”的需要

长三角区域环境实现“共商共享共治”的重点是统一规划、统一标准、统一监督执法，但长三角生态环境相关规划分属不同省市、不同部门，相互之间缺乏协同，规划之间存在诸多重叠、冲突和矛盾，如长三角三省一市生态环境保护“十三五”规划的目标体系、目标值与建设任务均存在较大差异，这也导致各省市推进生态环境建设任务行动的差异，直接制约和影响了长三角生态环境协同治理和区域生态安全。各省市规划多倾向于本省市范围内的生态环保方向和重点，浙江生态环境保护“十三五”规划甚至未提及“长三角”，其他省市也多仅提出加强环境合作协作交流，与其他省市之间的合作性规划较少。同时，各地在法规、规章以及执法依据、执法程序、执法规范等方面存在不统一现象，地区环境准入标准也存在差异，环境政策洼地现象依然存在，如上海《汽车制造业（涂装）大气污染物排放标准》

（DB 31/859—2014）、浙江《工业涂装工序大气污染物排放标准》（DB 33/2146—2018）、江苏《表面涂装（汽车制造业）挥发性有机物排放标准》（DB 32/2862—2016）对苯和苯系物最高允许排放浓度限值规定标准分别为1毫克/米^3、1毫克/米^3、1毫克/米^{3}和21毫克/米^3、40毫克/米^3、20毫克/米^3（见表7）。长三角各地需要对各自法规、规章，以及对影响长三角生态绿色一体化发展、具有地方保护色彩的执法标准进行梳理，在《长三角区域环境保护标准协调统一工作备忘录》的基础上，进一步统一标准、统一内容，尤其是要对标世界标准，结合长三角区域实际，为全国推广创造经验。

表7　上海、江苏、浙江典型污染物排放标准比较

单位：毫克/米^3

项目	上海	江苏	浙江
颗粒物	20		30
苯	1	1	1
苯系物	21	20	40

注：根据上海、江苏、浙江相关污染物排放标准整理。

（六）生态环境建设一体化存在共识但难以推进

长三角环境生态产品与生态服务一体化供给、生态环境基础设施一体化建设方面存在高度共识却难以实际合作。首先，长三角重化工业集聚，大气环境压力巨大，但大气环境联防联控仍限于特殊时期（如进博会期间）开展的应急性联防联控，常态化、一体化的污染治理长效机制建立仍面临较大挑战。其次，长三角水源地保护受工业生产、农畜禽业、居民生活等影响大，复杂性、突发性影响因素多，水源地供水安全隐患较大，且城市河网密布，水污染沿河网扩散形成跨界水污染，如吴江、嘉兴、平湖、青浦等交界地区跨界水污染时有发生，上下游、左右岸在治污上的矛盾日益显现，各地在水源地、排污口、生产活动方面缺乏合力规划，跨区域生态补偿机制、利益共赢机制尚未形成。再次，长期以来长三角城镇空间不断挤占农村生态空间，而耕地“占补平衡”压力加剧了对生态空间的挤占，使得生态系统服务功能受损。最后，长三角污染治理设施处理能力接近饱和，在废弃物处置上存在“邻避效应”，基础设施布局缺乏统筹规划、合理安排，城市间废弃物处置缺乏协同联动、共治共享机制，上海、杭州等大城市处置设施超负荷运转与苏浙皖部分地区处置设施“吃不饱”并存。

同时，长三角地区长期依靠区域竞争推动了经济高速发展，但在公共服务上，区域竞争难以满足长三角一体化的需要。在共建绿色美丽长三角方面，区域竞争导致各地区生态环境标准不一致、绿色发展需求不一致以及生态环境规制水平不一致等，极大地阻碍了绿色美丽长三角建设的协同性。

三　共建绿色美丽长三角的对策建议

加强长三角生态环境共保联治，将生态环境制度优势转化为生态环境质量改善，彰显了长三角践行新发展理念、推动高质量发展的制度探索。长三角三省一市需要坚持需求导向、问题导向和效果导向，共同加强生态空间保护，创新驱动绿色转型发展，聚焦重点，实现率先突破，构建共保联治保障体系。

（一）三个导向推动共保联治

严格落实《纲要》提出的推动环境协同防治的重点任务，着力推动跨界水体环境治理、联合开展大气污染综合防治、加强固废危废污染联防联治。在推进环境协同治理中，需要注重三个导向。

一是坚持需求导向。积极调研、充分了解三省一市各区域自然环境、发展基础、发展瓶颈，以及各省市、各部门、不同人群等在生态环境共保联治各领域的发展需求，对标《纲要》阶段性目标，明确今后一段时间的工作任务。

二是坚持问题导向。充分了解长三角生态环境共保联治的约束性问题，研究生态环境底线在新环境背景下的实现机制和实施机制；深入研究动力问题，探索长三角生态产品价值实现机制；认真摸排生态环境“断头路”问题，找出生态环境政策法规、标准规范、执法监管的“断头路”，鼓励各省市将自己的标准晒出来，及时协商、相互参照，做到统一规划、统一标准、统一监督执法。

三是坚持效果导向。明确共建绿色美丽长三角的发展目标，确立长三角生态环境各领域指标体系与目标体系，指引形成共建绿色美丽长三角的行动体系，积极推动长三角生态环境协同向生态环境一体化升级，强调紧密合作、整体推进、共同行动。

（二）共同加强生态空间保护

共建绿色美丽长三角需要以规划一体化、布局合理化、生态多样化的生态空间为基础，长三角三省一市需要建立严格化、科学化的生态空间管控体系。

一是切实加强生态环境分区管制，强化生态红线区域保护和修复，统筹山水林田湖草系统治理和空间协同保护，加快生态廊道建设，共筑长三角绿色生态屏障，加强森林、河湖、湿地等重要生态系统保护。

二是着力加强自然保护区、河湖水体、重要湿地等的生态建设与修复，建设江河湖岸防护林体系，实施湿地修复治理工程，推动流域生态系统治理，严格保护重要滨海湿地、河口海岸、海岛渔场等，维护长三角生态平衡与生物多样性，严格保护饮用水源地，建立太湖流域生态补偿机制，保障饮用水安全。

三是贯彻落实国家主体功能区制度，加快划定长三角全域生态保护红线，加强生态红线区域保护，确保面积不减少、性质不改变、生态功能不降低；加快推进以“多规合一”为基础的空间规划体系，形成长三角生态空间管控底线，建立健全生态保护红线控制线分类管控、建设引导、生态补偿和动态调整机制。

四是严格落实“五线管控”（红线——建设用地控制线；绿线——绿地范围控制线；蓝线——地表水体保护控制线；黄线——基础设施用地控制线；紫线——历史建筑保护范围界线）。将其作为生态空间管控核心手段，确保基本农田、生态空间、历史文化区不受侵占，建设用地规模稳定控制，规划编制、建设行为、项目审批同步落实“五线”要求；严格控制大城市建设用地规模，发挥永久基本农田、生态保护地等作为城市开发边界的作用。

（三）创新驱动绿色转型发展

一是构建长三角绿色科技生产、应用与转化体系。加强长三角绿色创新基础研究，增强长三角绿色创新研究力量，推动环境科学、地球科学、经济管理科学、生物化学科学及信息科技、人工智能等多学科融合，打造长三角绿色创新基地。增强上海绿色技术创新策源能力，提高上海绿色技术创新势能，进一步优化长三角创新要素配置，打通长三角绿色技术创新要素流动通道，充分发挥各地优势，加强优势互补，促进长三角形成绿色技术创新合力，以上海、合肥、苏州、杭州、宁波等为关键节点，抓点促线形成长三角绿色科技创新走廊，以线带面推动长三角绿色技术创新能力整体提升。推动长三角绿色产业链创新，围绕产业链布局绿色创新链，突破绿色制造关键技术，积极推动绿色创新成果转移转化，畅通绿色技术扩散通道，搭建生态产业化技术支持体系、环境综合治理技术与设备研发产业体系、绿色低碳技术研发与应用产业链体系等。①

二是加快推动长三角产业绿色转型。优化长三角区域经济发展模式，通过环保督察、制度供给、技术创新等多种方式，鼓励企业实现绿色化改造和转型升级，引导企业自发加大对绿色创新、清洁生产、循环经济、节能减排的投入，运用市场化手段淘汰落后产能，推动长三角产业结构向低能耗、低污染、低排放转型，从源头上控制长三角污染物排放量。积极发展绿色农业、绿色工业、绿色服务业，大力发展高端制造，打造世界级高端产业集群。优化长三角产业园区布局，加强企业、园区、行业间要素互供共享，减少流通环节能源消耗与污染排放，积极推动园区绿色循环发展。

三是积极推动长三角能源转型。坚持以“控煤、稳油、增气、强电”

---

① 陈雯：《以绿色创新培育长三角强劲活跃增长的新动能》，《第一财经日报》2019年9月11日。

为核心的能源转型策略，坚持能源消费总量强度“双控”，优化能源结构，淘汰落后产能，实施煤炭减量替代，推进煤炭清洁高效利用；加快启动建设长三角天然气供、储、输、销体系，推进电力源－网－荷－储一体化，提高清洁能源比例，不断开发新能源技术，大力发展新能源，控制传统能源的环境负面影响。加快构建长三角能源互联网，推动互联网与能源生产、传输、存储、消费的深入融合，提高能源综合利用效率、清洁利用水平。加快形成长三角能源互联网协同发展机制，实现长三角区域能源基础设施互联互通，多种能源互济互保。加快启动绿色智能电网、氢能与燃料电池等项目，设立长三角战略性能源新技术产业投资基金，加大技术产业化扶持力度。

四是建立长三角生态绿色发展激励机制。通过技术标准、排污税费、补贴等政策工具，激发企业绿色技术应用需求。继续推进长三角“三线一单”编制，深化规划环评和重大项目环评工作，实施重污染行业达标排放改造。国家发展改革委、自然资源部、生态环境部等部委联合三省一市地方政府和银行、企业、社会资本共同出资建立“长三角绿色产业发展基金”，将企业处罚资金全部纳入该资金池，结合产业转移、园区共建、产业项目投资等方式，为生态环境共保联治较好地区以及长三角地区产业经济基础较差地区提供产业支持并发展新动能。利用绿色信贷、绿色金融等市场化手段，让环保型企业有更大发展空间。中国人民银行联合长三角地方政府继续开展绿色金融试验区建设，着重推动、支持地方环保部门在试验区创建中更加积极主动地发挥作用。

（四）聚焦重点实现率先突破

一是聚焦重点区域探索绿色发展制度创新。围绕强化生态环境共保联治及长三角生态绿色一体化发展示范区建设要求，在严格保护生态环境的前提下，重点在破除生态环境行政区分割上进行突破，以示范区模式实施综合配套改革，以重点领域专项改革解决长期顽症，积极打造生态友好型一体化发展样板，创新重点领域一体化发展制度，加强改革举措集成创新，为长三角生态绿色一体化发展探索路径和提供示范。积极筹建“一张图”“一张网”，完善生态环境管理体系，重点推进统一规划、统一标准、统一监督执法，深度开展长江生态治理与保护等区域生态环境联合研究，共同破解环境共性问题，并适时将示范区的改革举措推广至长三角三省一市。

二是聚焦重点领域谋划长三角生态环境项目。针对长三角生态环境一体化的薄弱环节，围绕共建绿色美丽长三角的目标方向，聚焦强化生态环境共保联治重点任务，加快谋划一批生态环境共保联治项目库，明确项目建设主体、时序安排、考核评估，以项目化推进生态环境一体化加快发展，强化项目推进机制，形成长三角生态环境共保联治的重要载体和基础保障。

（五）构建共保联治保障体系

一是加快编制完成《长三角生态环境共同保护规划》。贯彻落实《纲要》要求，广泛调研各省市生态环境保护工作情况，推进长三角一体化生态环境共同保护工作开展，充分吸收三省一市围绕加强长三角生态环境保护意见建议，生态环境部与三省一市合作共同编制《长三角生态环境共同保护规划》，突出长三角区域生态环境保护的共谋、共保、共治、共享、共赢，在规划指标、重点领域、重大平台、重大改革、重大政策、重大项目等方面开展深入研究，形成共建绿色美丽长三角顶层设计。

二是进一步完善长三角区域污染防治协作机制。围绕大气、水污染治理难点，抓紧落实各项污染防治治理措施，使污染防治管控更精准、更严格、更有效，增强系统性，突出联动治理；运用系统性思维，强化关键性抓手，按照中央要求，对长江大保护警示片里暴露的问题切实整改、逐一销项，形成长效；实行跨界河湖“一河一策”治理方案，做到上下游联动、水岸联治，根据流域承载力实施总量控制，科学制定各断面排放标准，确保全流域整体稳定达标。完善环境联合执法互督互学长效机制，在新安江生态补偿模式基础上不断探索创新，建立太湖流域横向生态补偿与联防联控机制。加快建立长三角应急联动、共建共享和协同处置机制，完善长三角污染防治协作小组工作机制，着力构建长三角区域一体化污染防治格局，协同推进长三角一体化高质量发展。

三是加快推动长三角生态环境标准一体化。加快完成对三省一市现有标准的评估，坚持以共同的生态环境质量标准、经济结构调整导向、污染防治攻坚问题、联防联控技术需求为基础，考虑三省一市经济结构差异、生态环境治理阶段差异等，有序推进长三角技术规范、排放标准、管理规范的一体化。三省一市生态环境部门加强协同，完善生态环境标准意见征求和会商制度，加强三省一市生态环境标准信息共享，共同研究长三角生态环境标准建设规划，共同研究编制重点行业、重点领域生态环境标准。

四是建立倒逼任务落实的评估考核体系。强化长三角一体化发展领导小组的统筹指导和综合协调作用，研究审议生态环境共保联治重大规划、重大政策、重大项目和年度工作安排，督促落实重大事项。三省一市政府及生态环境相关职能部门明确工作分工，完善工作机制，落实工作责任，制订具体行动计划和推进方案，确保各项任务落到实处。

参考文献

陈雯：《以绿色创新培育长三角强劲活跃增长的新动能》，《第一财经日报》2019年9月11日。

方创琳、鲍超、马海涛：《2016中国城市群发展报告》，科学出版社，2016。

胡静、戴洁、王强等：《上海参与区域环境合作历程回顾》，载周冯琦、胡静主编《上海资源环境发展报告（2019）》，社会科学文献出版社，2019。

李小敏：《加强生态环境保护，促进长三角地区更高质量一体化发展》，搜狐新闻，2018年9月14日。

石庆玲：《从长三角生态保护协同发展能力测评说起》，澎湃新闻，2019年7月11日。

许海燕、吴琼：《生态绿，更高质量一体化的底色》，《新华日报》2019年12月9日。

张豆、渠丽萍、张桀滈：《基于生态供需视角的生态安全格局构建与优化》，《生态学报》2019年第20期。

张慧、高吉喜、宫继萍等：《长三角地区生态环境保护形势、问题与建议》，《中国发展》2017年第2期。

综 合 篇

Chapter of Comprehensive Reports

B.2 长三角环境协同治理结构的演变与展望*

程 进**

摘 要： 鉴于环境治理的公共事务属性，区域环境协同治理首先是政府主体之间的协同，为进一步高效推进长三角区域环境协同治理，需要完善区域环境协同治理主体结构。自长三角开启一体化发展进程以来，环境协同治理经历了同一层级环境协同治理结构、以“三级运作”为主要特征的多层级协商主导的环境协同治理结构、纵向管控和横向协同兼顾的环境协同治理结构等不同发展阶段。当前长三角环境协同治理机制本质上还是一个交流沟通、协商磋商的协同治理机制，环境协同治理结构和协调机制总体上较为松散。长三角环境协同治理结构还面临决策瓶颈、执行瓶颈及监管瓶颈。随着长三角

* 本文系国家社科基金青年项目（19CGL072）阶段性成果。

** 程进，上海社会科学院生态与可持续发展研究所副研究员，研究方向为自然资源与生态城市。

一体化发展上升为国家战略，长三角应强化纵向环境协同治理结构，推进市场化、社会化机制创新，统一区域生态环境保护制度，开展环境协同治理绩效考核，形成纵向管控与横向协同耦合的新型区域环境协同治理结构。

关键词： 环境协同治理　治理结构　区域协同　长三角

区域环境协同治理有别于其他公共事务领域，政府承担着政策制定、实施管理、监督考核等职能，[①] 因此，区域环境协同治理首先应是不同层级政府主体之间的协同，市场和社会主体协同作为补充。为弥补长三角环境治理中的"碎片化"缺陷，自 1997 年成立长三角经济协调会以来，长三角地方政府主体间依托联席会议、行动计划等多元机制开展环境协同治理，并逐渐形成了较为成熟的多元主体参与的区域环境协同治理结构，推动区域环境质量明显改善。但是，长三角环境协同治理结构主要是基于地方间的横向协商机制形成，所形成的协同治理结构相对松散，难以产生制度约束，环境协同治理边际效应逐渐下降。为进一步高效推进长三角区域环境协同治理，需要不断完善区域环境协同治理的主体结构。2018 年 11 月，长三角一体化发展上升为国家战略，纵向府际关系在环境协同治理中的作用得到强化，为解决长三角环境治理集体行动困境带来机遇。以下就对长三角环境协同治理结构演变过程加以回顾，分析并提出在新的发展条件下长三角环境协同治理结构的发展趋势和优化对策。

一　长三角环境协同治理结构演变

环境协同治理结构不是各种治理主体的简单聚集，而是由相互依存、相

---

① 陈诗一、王建民：《中国城市雾霾治理评价与政策路径研究：以长三角为例》，《中国人口·资源与环境》2018 年第 10 期，第 71～80 页。

互作用的治理主体在不同空间尺度上或一定功能范围内根据一定的规则、规律形成的复杂治理网络，治理主体间的权力和技术结构关系特征将影响治理决策。[①] 鉴于环境治理的公共事务属性，区域环境协同治理首先应是不同地区、不同层级政府主体之间的协同，这种地方政府主体间的协同构成了长三角环境协同治理结构。

（一）横向协商主导的同一层级环境协同治理结构

1997 年成立的长江三角洲城市经济协调会开启了长三角一体化发展进程，长三角环境协同治理也与之同步发展。长三角主要基于地方政府间的横向协商结构开展环境合作。

1. 区域环境协同治理主体构成

1997 年长三角 15 个城市[②]成立长江三角洲城市经济协调会，协调会以各城市间平等交流、沟通协商、共建共享为理念，定期召开 15 个城市的市长峰会。在 2003 年召开的长江三角洲城市经济协调会第四次会议上，参会城市协商讨论了推进区域生态建设、基础设施建设、信息资源共享等方面的问题，特别是提出推进区域生态治理、维护可持续发展的生态环境，将长三角区域环保合作正式提上议程。这标志着长三角区域环境协同治理结构的形成。

2. 同一层级环境协同治理结构特征

各城市基于横向协商形成了同一层级环境协同治理结构是此阶段的最大特征。虽然长江三角洲城市经济协调会的成员不断增加，但一直集中在城市层面的交流协商，处于同一层级的各城市政府管理部门是长三角区域环境协同治理的主体。长江三角洲城市经济协调会是城市自发自愿组织的横向交流与合作平台，这种协同结构主要表现为同一层级城市之间的横向

---

① Denton, Ashlie, "Voices for Environmental Action? Analyzing Narrative in Environmental Governance Networks in the Pacific Islands," *Global Environmental Change* 43 (2017): 62 – 71.

② 上海、无锡、宁波、舟山、苏州、扬州、杭州、绍兴、南京、南通、泰州、常州、湖州、嘉兴、镇江。

府际协同，在城市治理主体之间建立横向联系，改善知识、技术和信息的流动条件。[1] 通过开展多种形式的沟通、协商和协调，在区域各城市之间实现优势互补和环保协同，进而推动区域各项环境合作举措的落实。

长三角环境协同治理结构总体上较为松散，同一层级的城市主体间的合作机制多以会议、集体磋商、协商等方式实现，所达成的环境保护共识缺乏跨区域的执行力和约束力，区域性约束激励机制等制度化安排较为缺乏，再加上地方政府主体存在“逐底竞争”现象而放松治理，[2] 使得区域环境协同治理呈现“运动式治理”特征。[3] 同时协同治理结构旨在定期协商研究区域环保合作的重大事项，城市层面的横向协同缺乏顶层设计和决策支持，发挥的作用有限。

（二）多层级协商主导的环境协同治理结构

针对长三角一体化发展中存在的缺乏顶层设计和决策支持等问题，2005 年 12 月苏浙沪主要领导座谈会第一次召开，在此基础上，自 2008 年起长三角政府层面实行“三级运作”的区域合作机制，形成了包括决策层、协调层和执行层在内的多层级协同治理结构，长三角环境协同治理结构也随之进入多层级协商主导的发展时期。

1. 区域环境协同治理主体构成

长三角区域环境协同治理涉及复杂的利益协调，区域环保合作的深入开展需要国家相关部委指导和协调，2009 年召开的首次长三角地区环境保护合作联席会议，环境保护部华东督查中心受邀参加。2014 年成立的长三角区域

---

① Tiwari, Prakash C., and Bhagwati Joshi, “Local and Regional Institutions and Environmental Governance in Hindu Kush Himalaya,” *Environmental Science & Policy* 49 (2015): 66 – 74.

② 刘华军、彭莹：《雾霾污染区域协同治理的“逐底竞争”检验》，《资源科学》2019 年第 1 期，第 185 ~ 195 页。

③ Shen, Yongdong, and Anna L. Ahlers, “Blue Sky Fabrication in China: Science-Policy Integration in Air Pollution Regulation Campaigns for Mega-events,” *Environmental Science & Policy* 94 (2019): 135 – 142.

大气污染防治协作小组，由苏浙皖沪三省一市以及环境保护部等9个部委[①]组成。2016年成立的长三角区域水污染防治协作小组，由苏浙皖沪三省一市以及环境保护部等12个部委[②]组成。因此，在长三角环保合作领域，相关国家部委与长三角地方决策层、协调层、执行层共同构成了区域环境协同治理主体。

首先，决策层为长三角三省一市主要领导座谈会，审议、决定和决策有关长三角区域环境合作的重大事项，明确区域环境协同治理的阶段性任务方向，是长三角环境协同治理的最高层次治理主体。

其次，协调层为长三角三省一市常务副省（市）长参加的长三角地区合作与发展联席会议，主要功能是落实长三角三省一市主要领导座谈会的决策部署，协商确定阶段性的环境协同治理方向和重点，协调解决区域重大生态环境问题。

再次，执行层通过召开办公会议和专题组会议的形式进行运作，协调推进重点合作专题。环保是12个重点合作专题之一，实行地方政府间平等磋商、制度合作，区域内的行业协会要开展跨地区行业互动与联合。

最后，国家有关部委主要是在环境协作政策上给予支持、协调和帮助，并与长三角相关省市积极协商合作，确定阶段性环境协同治理重点任务和工作目标，协同落实环境质量保障工作。

2. 多层级协商主导的治理结构特征

地方政府间的横向关系是区域环境协同治理的关键性要素。[③] 长三角多层级主体协商主导的环境协同治理结构仍以横向关系为主，主要表现为多个层次的同级地方政府间的平行关系，特别是决策层的横向结构关系，这对区域环境协同治理起到决定性作用。

---

① 9个部委分别为环境保护部、国家发展改革委、工业和信息化部、财政部、住房和城乡建设部、科技部、交通运输部、中国气象局、国家能源局。

② 12个部委分别为环境保护部、国家发展改革委、科技部、工业和信息化部、财政部、国土资源部、住房和城乡建设部、交通运输部、水利部、农业部、国家卫生计生委、国家海洋局。

③ 刘文祥、郑翠兰：《区域公共管理主体间的核心关系探讨》，《中国行政管理》2008年第7期，第92～95页。

在横向协商结构关系的基础上，长三角通过构建决策、协调、执行三级架构，以及国家有关部委在环境协作政策上给予支持、协调，开始形成一种弱纵向结构关系。在这种结构框架下，决策层、协调层和执行层共同运作，实现苏浙皖沪三省一市不同层级政府之间、政府与企业之间、政府与社会组织之间的互动结合，协同优化区域环境协同治理格局。

虽然通过“三级运作”大大加强了环境协同治理进程中的决策效应和执行效应，但“三级运作”机制本质上还是一个交流沟通、协商磋商的协同治理机制，受区域间环境治理成本差异影响，环境协同治理结构和协调机制总体上是松散的。从区域大气污染和水污染防治协作机制来看，协作机制的原则侧重于协商统筹，工作机制侧重于会议协商，主要工作内容在于定期研究区域环保合作重大事项，区域整体环境管理决策、执行、监督的职能还没有得到很好的体现，环境协同治理中的联防联治仍存在不断深化合作的空间，区域环境协同治理仍受到一定程度的制约。

（三）纵向管控和横向协同兼顾的环境协同治理结构

2018 年 11 月，长三角一体化发展上升为国家战略，意味着长三角地区的区域协同治理结构将实现更高能级、更高质量发展。推动长三角一体化发展领导小组的成立将促进长三角环境协同治理结构产生新变化。

1. 区域环境协同治理主体构成

针对长三角一体化发展中存在的决策、执行、管理短板问题，2018 年长三角地区组建成立长三角区域合作办公室，但该机构主要是一个区域性常设协调机构，进行顶层决策设计的权威性还不够，在开展区域环保合作硬约束上还很难发挥作用。

2019 年，推动长三角一体化发展领导小组成立并召开了第一次会议，国家在长三角一体化发展进程中将加强顶层设计和统筹协调，借鉴京津冀协同发展领导小组的经验，国家层面成立的推动长三角一体化发展领导小组是一个更高层次的协调机构，能够完成生态环境部等单一部委难以完成的任务，能够开展跨越三省一市的顶层决策设计，这将有利于减少层级、提高效率。因此，在长三角环境协同治理领域，推动长三角一体化发展领导小组成为超越国家相关部委，长三角地方决策层、协调层、执行层之上的更高层级协同治理主体。

2. 纵向管控和横向协同兼顾的治理结构特征

推动长三角一体化发展领导小组的成立，意味着长三角环境协同治理的决策权进一步向上集中，将大大提升长三角环境协同治理的决策效率和执行效率。根据要求，推动长三角一体化发展领导小组、三省一市和有关部门将加强对接，构建形成多主体、多领域、多层次的工作推进机制。因此，在原先“三级运作”的区域协同治理结构基础上，形成一种既有别于传统的纵向协同主导的“金字塔”形治理结构，也有别于横向协同主导的“扁平化”治理结构，总体上表现出纵向管控和横向协同兼顾的多层级协同治理结构。鉴于国家省市联动、部门区域协同会形成强大合力，这种基于“强纵向－强横向”双重协同关系耦合形成的长三角多层级环境协同治理模式，将突破传统横向政府间协同治理难以形成有效约束的局限性，使长三角区域环境合作机制转型升级为真正抓落实的机制，切实承担起推进落实一体化发展各项任务的具体责任。

二　长三角环境协同治理结构的瓶颈及成因

虽然长三角一体化发展上升为国家战略之后，区域环境协同治理结构正向纵向管控和横向协同兼顾主导的治理结构转变，但当前长三角环境协同治理仍主要是行政区之间的协商合作、沟通交流，存在环保协作约束力有待提升等问题。

（一）长三角环境协同治理结构的瓶颈

1. 决策瓶颈

长期以来，长三角各省市之间的环境治理协调主要依赖主要领导之间的定期会晤、长三角地区环境保护合作联席会议等磋商机制，是一种松散、柔性的协商式结构。由于各地区往往从各自利益出发，许多环境协同治理决策停留在协商、倡议范畴，缺乏刚性的决策动力机制，而且决策取决于各地区间的协商结果而不是完全按照区域环境协同治理需求，特别是从源头转变地区发展方式的环境经济综合决策略显不足，总体上缺乏整体的环境治理顶层决策设计，大气污染防治协作机制的决策过程往往需要生态环境部等国家部委及其派出机构的协调，长三角环境协同治理多主体联动决策一体化格局存在瓶颈。

2. 执行瓶颈

长三角环境保护合作主要是基于横向政府间的协商，由于缺乏强制执行机制和利益协调机制，在政策落实和具体行动方面仍然受到一定程度的掣肘，尚未形成统一行动。一方面，长三角环境协同治理政策的执行约束力不够，污染防治协作机制尚未实现与区域创新、产业升级、基础设施建设等发展举措的紧密对接。执行环境协同治理政策所参照的环境制度和环保标准也不统一，环保决策落地的效果有所差异，制约了整体绩效的提升。另一方面，长三角环境协同治理的互动交流多集中在三省一市的省级主管部门层面，相关政策牵头实施主体主要为基层环保部门，且不同程度地受到各自所属行政区的约束，协调联动执行力弱。

3. 监管瓶颈

环境保护的核心工作之一是做好环境监管，长三角环境协同治理要求对环境主体在全域范围内进行监管，落实生态环境保护主体责任，保障区域生态安全，为居民提供良好的生态产品，但目前长三角尚未形成统一环境监管。一方面，长三角尚未形成拥有区域环境协同治理机制推进功能和监管考核功能的权威性管理机构，缺乏独立而统一的环境监管机构去负责监督区域环境治理政策、规划、标准的执行。另一方面，长三角环境治理监管的规则尚未有效对接，环境监管规范、环保联合奖惩机制等协同程度低，联合执法监管协调难度大，新型环境监管手段也比较缺乏，使得统一环境监管成本高。

（二）长三角环境协同治理瓶颈的成因

1. 环境治理的公共事务属性

区域环境合作与经济合作有显著区别，生态环境具有典型的公共物品性质。一方面，生态环境的公共物品属性决定了政府在长三角环境协同治理中的主导作用，而且生态环境具有跨区域服务的连续性，强化了不同地区政府间环境合作的依赖性。另一方面，环境治理具有很强的正外部性，在区域一体化发展过程中，各地区之间的利益诉求差异和对待生态环保的非合作博弈容易制约区域环保合作深入开展。

长三角开展区域环境协同治理的基础是各地区基于共同利益的合作，当区域环境合作能为各地区带来预期收益时，就会形成环境协同治理的动力和合力。但生态环境的公共物品属性使得单个地区的环保努力与预期合作收益之间无直接关联，由于环境治理行为具有较强外部性，地区环境保护行为带来的收益可能低于其投入，在区域环境协同治理过程中经常出现“搭便车”现象。再加上跨区域生态环境的产权不明，环境协同治理的权利和义务没有得到清晰界定，使区域环境合作陷入困境。

2. 区域环境治理成本的差异

长三角各地区经济发展水平存在一定差距，2018 年长三角人均 GDP 最高城市无锡是人均 GDP 最低城市阜阳的 8 倍。由于三省一市环境治理的基础条件不一样，环境协同治理的执行成本也有所差异。

随着长三角各地区能源结构与产业结构的不断优化以及技术水平的不断提升，单位污染物排放所对应的经济产出越来越大，相应的环境污染治理成本也越来越高，而且长三角各地区间生产效率和环境治理水平存在一定差异，导致环境治理成本也存在区域间差异。对于经济相对欠发达地区而言，如果制定较高的环保标准，可能对地区经济发展产生较大影响，从而影响地方政府开展环境协同治理的积极性。

长三角三省一市经济发展存在差距，使得各区域在环境协同治理中的投入能力存在差异。一般而言，经济相对发达地区环境治理的资金和技术投入较多，如 2018 年上海环保投入资金约 989 亿元，大大高于长三角其他城市。各区域在环境协同治理中投入能力和投入水平的差异，使得区域间的环境治理资金、技术、人员等要素难以协调发展，环境治理规划措施难以在不同地区得到同步、同效执行。

3. 激励与约束制度的不完善

目前长三角环境协同治理主要通过松散的行政磋商、沟通交流加以实施，较大程度上依赖的是非制度化的污染治理协作机制，区域性具有强制约束力的环保规章制度缺失，长三角在环保合作领域还没有构建起具有硬约束力的制度化运行程序。这种松散型的协作机制缺乏强有力的组织保障、制度约束和资金支持，使区域环境规划、重大政策难以有效落实，当地区经济发展与环境保护发生冲突时，往往会优先发展经济，使得区域环境协同治理机制长效化受到制约。

此外，长三角缺少具有监督权、执法权、处罚权的管理机构。目前成立的长三角区域合作办公室、区域大气污染防治协作小组办公室、太湖流域管理局等区域性机构没有实质上的治理权，主要在组织协调上发挥重要作用，区域环境统一联合执法机制薄弱，统一执法的目标、法规标准以及奖惩机制还有待建立。由于对不履行环境治理责任的行为不具有威慑力以及缺乏有效的激励机制，各地区环境协同治理任务落实推进情况的监督、奖励、处罚作用非常有限。由于缺乏约束力，在利益难以协商的情况下，各地区间环境保护协作可能难以落实到位。

三　长三角环境协同治理结构优化方向

长三角一体化发展上升为国家战略后，纵向管控与横向协同将耦合形成新型区域环境协同治理结构。

（一）长三角一体化发展上升为国家战略带来的机遇

长三角一体化发展上升为国家战略，使得国家层面将进一步加强对长三角环境协同治理的支撑和协调，为长三角地区强化顶层设计、开展制度创新、提升执行效率带来前所未有的发展机遇。

1. 环境协同治理结构的顶层设计将得到强化

长三角一体化发展上升为国家战略后，随着推动长三角一体化发展领导小组的成立，长三角一体化发展将逐渐由扁平化协同结构转向一种纵向管控和横向协同兼顾的多层级协同治理结构。随着协同治理结构的变化，传统的横向协商、沟通交流的松散的协同治理模式也将发生改变，随着国家战略的明确，在区域环境协同治理的体制机制上将强化国家领导和支持下的区域环保合作，环境协同治理结构的顶层决策设计和政策引导将得到强化，区域环境合作各项重大决策将在强化顶层设计中得到统筹推进、监督落实，区域环境协同治理决策的广度和深度将大大拓展，环境治理决策的系统性、针对性和权威性也将同步提升，这将加快长三角区域环境协同治理发展进程，为长三角区域生态环境质量整体改善和生态建设制度创新提供广阔空间。

2. 区域环境协同治理的制度创新将深入推进

长三角一体化发展上升为国家战略后，国家层面将加强对长三角一体化发展的统筹协调，在制定长三角环境协同治理相关制度政策时将更加注重协同性、整体性，在各项环保制度建设上强化一体研究、整体推进，有力推动区域环境合作由原先的行政磋商、项目协同迈向一体化的制度创新，在生态环保领域形成一套行之有效的一体化制度安排。2019 年 11 月公布的《长三角生态绿色一体化示范区总体方案》，深入探索了区域一体化发展进程中各项生态绿色制度创新，提出在示范区内探索统一环境标准、统一环境监测、统一环境监管等统一的生态环境制度，区域制定统一的产业准入清单，建设跨区域环境保护市场交易制度，这为未来整个长三角区域开展区域环境协同治理制度创新指明了方向。

3. 环境协同治理决策的执行效率将得到提升

由于环境保护的正外部性特征，区域环境合作措施的执行落实需要相应的约束激励机制加以保障。长三角一体化发展上升为国家战略后，国家层面对城市环境协同治理将提供政策、法规、机构等多方面的支持和协调。一方面，能够成立具有决策权、监督权、考核权的区域性环境管理机构，将更加有效地推动区域环境治理政策制度的执行和落实，进一步强化对各地区环境协同治理政策法规执行情况的监督考核，提升区域环境协同治理绩效。另一方面，能够引导长三角三省一市构建具有约束性质的环境合作领域的政策法规，形成一种硬约束力量，通过完善环境协同治理决策执行情况的独立监督考核机制，更好地提高环境协同治理决策的执行效率。

（二）长三角环境协同治理结构优化对策

随着长三角一体化发展上升为国家战略，长三角迈入高质量一体化发展的新时代，这给区域环境协同治理带来了新任务和新要求。长三角应根据区域环境协同治理发展趋势，不断优化区域环境协同治理结构，完善相关配套制度，推进区域环境协同治理水平不断提升。

1. 强化纵向环境协同治理结构

鉴于环境治理具有较强的正外部性，开展区域环境协同治理可能在短期内减少部分地区所能获得的经济利益，因此长三角进一步推进环境协同治理需要强化纵向环境协同治理结构，即构建从国家层面到地方层面的纵向协同治理结构，发挥国家管理机构的统筹决策作用，显著提升区域环境协同治理进程中的刚性约束。

一是设立统一的跨区域环境协同治理管理机构。推动长三角一体化发展领导小组下设具有区域环境规划决策权、管理权和执法权的权威治理机构，除了负责长三角区域环境合作重大事项的协调，更重要的是负责区域环境协同治理的重大决策，实现统一决策、统一执行和统一监管，为长三角区域环境合作进入真正的实质性阶段提供组织结构保障。

二是强化长三角纵向环境协同治理结构。环境治理具有较强的外部性，使得各地区自发自觉推动区域环境合作的积极性不高，需要强化纵向协同治理结构。可通过延伸长三角区域合作“三级运作”结构模式，向上游提高决策的权威性和针对性，向下游加强环境治理决策的执行监管，形成“决策－协商－执行－考核”的区域环境协同治理流程。

2. 推进市场化、社会化机制创新

长三角环境协同治理一方面要强化纵向协同，提高环境决策的权威性和执行力，另一方面要进一步加强区域内各个主体之间的横向联系，尽可能地减少管理中间环节，推进区域环境协同治理结构体系向扁平化发展，降低区域环境协同治理成本。

一是推进市场主导环境治理资源配置。长期以来，长三角区域环境保护、生态修复等相关举措主要由政府推动，受行政边界影响，政府主导的垂直型资源配置模式影响了资源环境发展要素的空间最优配置。随着市场机制的培育，应推进市场在资源环境要素配置中的作用。未来可根据长三角生态绿色一体化示范区建设经验，建设覆盖整个长三角范围的跨区域环境交易平台，重点发展区域碳交易、区域排污权交易和流域生态补偿等市场化表现方式，以市场机制调节长三角生态保护利益相关者之间的利益关系。

二是推进环境治理模式扁平化发展。长三角环境协同治理在决策上要加强纵向管控，而在执行和参与上要加强横向到边，促进更多社会主体参与，形成同一层级主体之间横向联系密切的扁平化协同治理网络结构，使得各治理主体之间的信息沟通更加灵活，较好地解决行政分割、分段管理、各自为政等导致的整体环境治理效能低下问题，实现区域环境治理从政府主导向多元共治转型。

3. 统一区域生态环境保护制度

随着长三角环境治理的纵向协同结构和横向协同结构的完善，接下来需要构建较为统一的区域环境协同治理制度政策体系，实现跨区域环境治理的统一规划和统一管理，明确长三角不同层级相关治理主体的责任和义务，通过构建刚性约束的制度体系，完善长三角区域不同利益主体之间的环境协调治理机制。

一是统筹制定区域环保法规政策。长三角应推动环境协同治理法制层面建设。长三角一体化发展上升为国家战略后，长三角可在国家相关部门牵头指导下，不断完善长三角人大立法工作联席会议制度，加强区域间立法机关的沟通和磋商，加强各地区环境保护立法在规划计划、法规起草、立法推进、法规内容等方面的协同，推进区域环保立法成果共享，探索区域环保法律法规和标准统一，推动区域环境治理的执法内容和执法标准的一体化发展，为区域环境协同治理提供制度性保障，实现环境治理的政策导向和立法决策统一衔接。

二是统一区域环境治理政策体系，加强区域层面环境协同治理的政策制度对接，形成跨区域环境协同治理较为统一的政策体系，这些政策应包括区域职能分工政策、产业布局政策、公共服务投资政策、合作平台建设政策、生态补偿政策等，通过统一环境治理步骤、统一环境治理标准、统一环境治理方向，逐步建立跨区域、跨部门的常态协调管理机制。

4. 开展环境协同治理绩效考核

随着长三角进入高质量发展的新时代，需要构建相应的环境协同治理绩效管理体系，提高环境协同治理效率，维系区域环境协同治理的长久性和稳定性。

一是推进环境协同治理绩效管理制度创新。探索制定《长三角环境协同治理绩效考核管理办法》，明确环境协同治理绩效考核的考核主体、考核对象、考核内容和考核流程。强化区域性环保合作机构对环境治理绩效的统一考核和管理职能，重点对各地区开展环境协同治理的成效进行科学评估、考核、监督和管理。根据区域环境治理绩效管理的发展水平，适时推进长三角环境协同治理绩效管理立法。发挥法律法规具有的约束性、导向性作用，减少人为因素对长三角环境协同治理绩效管理的干扰，维护区域环境协同治理绩效管理的正常秩序，提高区域环境保护整体水平。

二是合理设置环境协同治理绩效评估体系。长三角各地区发展水平各异，环境治理的阶段性任务亦有所区别，环境协同治理绩效评估体系要充分考虑不同地区的现实条件和生态环境基础，在指标构成和目标要求上应区别对待。根据区域生态环境质量总体改善的要求，突出目标导向，根据不同地区生态环境本底差异进行分类，合理设定不同区域环境协同治理绩效考核指标和权重。

三是构建环境协同治理绩效评估监督机制。长三角环境协同治理绩效评估管理过程中涉及的领域和参与主体众多，应当构建多元参与的环境协同治理绩效管理主体体系，建立健全绩效评估监督机制。重点是要完善奖惩并重的环境协同治理绩效管理制度，建立奖优罚劣的管理结果运用流程，既要注重管控型环境协同治理绩效管理，也要发展激励型环境协同治理绩效管理，特别是要注重反馈环境协同治理绩效评估结果，促进被考核评估的责任主体持续改进环境协同治理工作。此外，长三角应建立一套客观、公正的环境协同治理绩效管理评估机制，可考虑引入包括专家学者、环保组织等在内的第三方监督机制，助力区域环境协同治理绩效水平不断提升。

参考文献

曹海军、霍伟桦:《城市治理理论的范式转换及其对中国的启示》,《中国行政管理》2013 年第 7 期。

陈诗一、王建民:《中国城市雾霾治理评价与政策路径研究：以长三角为例》,《中国人口·资源与环境》2018 年第 10 期。

锁利铭:《跨省域城市群环境协作治理的行为与结构——基于“京津冀”与“长三角”的比较研究》,《学海》2017 年第 4 期。

刘华军、彭莹:《雾霾污染区域协同治理的“逐底竞争”检验》,《资源科学》2019 年第 1 期。

王金南、宁淼、孙亚梅:《区域大气污染联防联控的理论与方法分析》,《环境与可持续发展》2012 年第 5 期。

周侃、樊杰:《中国环境污染源的区域差异及其社会经济影响因素——基于 339 个地级行政单元截面数据的实证分析》,《地理学报》2016 年第 11 期。

Elinor, Ostrom, “Polycentric Systems for Coping with Collective Action and Global Environmental Change,” *Global Environmental Change* 4 (2010).

Denton, Ashlie, “Voices for Environmental Action? Analyzing Narrative in Environmental Governance Networks in the Pacific Islands,” *Global Environmental Change* 43 (2017).

Tiwari, Prakash C., and Bhagwati Joshi, “Local and Regional Institutions and Environmental Governance in Hindu Kush Himalaya,” *Environmental Science & Policy* 49 (2015).

Shen, Yongdong, and Anna L. Ahlers, “Blue Sky Fabrication in China: Science-policy Integration in Air Pollution Regulation Campaigns for Mega-events,” *Environmental Science & Policy* 94 (2019).

B.3 长三角资源效率提升的潜力与协同行动

陈　宁*

摘　要： 长三角三省一市是典型的资源调入区域，面临严峻的资源环境总量约束和中长期的经济下行压力。在这样的背景下，提高资源效率，是实现环境和气候保护目标、提高经济社会效益和可持续绿色增长的重要因素。所谓资源效率是指减少资源消耗，促进资源的循环利用，并在整个生命周期中高效且可持续地管理资源。长三角地区物质资源投入总量处于高位，三省一市的资源投入格局有显著差异，在较长时间内，长三角三省一市的资源效率未实现明显改善。未来长三角资源效率提升的重点领域主要集中于能源供应行业、资源延伸加工和使用行业及部分综合资源使用行业，如化学产品。未来长三角应仿照七国集团（G7）建立资源效率联盟的做法，建立长三角三省一市资源效率联盟，公布《长三角资源效率上海框架》，在确立资源效率目标、制定财税政策、推动技术创新、加大基础设施投入、推动供应链参与等方面加强协同行动。作为长三角三省一市资源效率最高的省份，上海应在其中发挥引领和示范作用。

关键词： 长三角　资源效率　协同行动

* 陈宁，上海社会科学院生态与可持续发展研究所博士，研究方向为循环经济与绿色发展。

当前，越来越多的国际组织认识到资源效率的重要性，如欧盟委员会于2011年发布了“欧盟资源效率路线图”；七国集团（G7）成员在2015年6月的埃尔毛（Elmau）城堡首脑会议宣言及其附件中确认了资源效率的重要性，并建立了资源效率联盟；2016年G7领导人宣言还就旨在有效利用资源的“富山物质循环框架”达成了协议等。这些倡议和宣言都明确指出：提高资源效率，减少自然资源消耗，促进资源可循环利用，并在整个生命周期中高效、可持续地管理资源，是促进就业与实现环境和气候保护、社会效益和可持续绿色增长的重要因素。

一　资源效率提升是长三角绿色发展的必然要求

资源利用是经济发展和人类福祉的核心。[①] 在联合国17个可持续发展目标（SDG）中，12个直接依赖于对各种自然资源的可持续管理。对于长三角三省一市这样典型的资源调入区域，在严峻的资源环境总量约束和中长期的经济下行压力下，通过改变资源利用方式，提高资源效率，是力图实现资源安全、降低经济发展环境负荷的可行路径，并能够在保护环境的同时实现经济长期持续发展。

（一）提高资源效率是降低经济发展环境负荷的必要途径

资源利用与生态环境系统的损坏之间存在密切联系。每年投入数十亿吨的原材料，产生的污染、土地退化和生物多样性丧失等后果，对生态环境影响巨大。

首先，化石燃料的开采和燃烧是造成人为气候变化的最大因素。全球能源以化石燃料——煤、石油和天然气——为主导，而它们是造成广泛负面环境影响的主要来源。

其次，矿产资源的开采也对环境产生重大影响。例如，通过冶炼厂烟囱

① UNEP, *Resource Efficiency: Potential and Economic Implications*, Nairobi: UNEP, 2016.

排放的有毒化合物释放到水、土壤和空气中，对人类健康和生物多样性产生相应的影响。农业中通过大量增加化肥投入实现耕地生产率的提高，诸如磷酸盐肥料的生产和施用会通过释放重金属和放射性核素造成污染。氮磷肥的大量施用造成了严重的污染，包括水体富营养化、大气臭氧增加、细颗粒物污染、地表水酸化、生物多样性丧失、温室气体排放等环境问题。

最后，大部分农业投入品的生产是能源密集型的，会增加二氧化碳排放量。自1990年以来大量施用的农药、杀菌剂等也对环境产生负面影响。土地密集利用也会降低土地本身的“生产能力”及其质量。根据联合国粮农组织的数据，在全球范围内，大约25%的土地高度退化或快速退化，大约8%的土地有中等程度的退化，而36%的土地有轻微程度的退化，仅有10%的土地开始改善，其余大约20%为荒地或湿地。①

（二）提高资源效率是改变资源利用方式的重大举措

过去的发展趋势表明，全球资源使用量在持续增加。根据联合国环境规划署（UNEP）的估计，1900～2005年，全球开采和使用的资源（包括矿石、矿物、化石燃料和生物质）数量增长了8倍。这是人口增长倍数的2倍，但低于GDP增长倍数（20世纪，按不变价格计算，GDP估计增长了19倍）。因此，这些统计数据提供了GDP与资源开采“相对脱钩”的长期证据。但这种相对的资源脱钩并不必然导致所使用资源的绝对减少。1970～2015年资源开采和GDP的变化趋势表明资源开采在持续强劲增长。尤其是自2000年以来，资源开采的增长似乎快于GDP的增长——这表明如果这种趋势持续下去，可能会“重新耦合”。②

在全球范围内，资源生产率实际上总体保持恒定，甚至自2000年以来略有下降。这反映了这样一个事实：在最近一段时间内，资源开采的增长速度快于GDP的增长速度。最近全球总体资源生产率下降是由于全球生产从

---

① UNEP, *Resource Efficiency: Potential and Economic Implications*, Nairobi: UNEP, 2016.

② UNEP, *Resource Efficiency: Potential and Economic Implications*, Nairobi: UNEP, 2016.

资源生产率高的国家向资源生产率低的国家转移，这是发展中国家和地区快速工业转型的结果。因此，尽管七国集团成员的资源生产率不断提高（可能部分是由于这些国家对资源的经济使用效率更高，也可能是从重工业和制造业向服务业结构性转变所致，也就是说由于服务业和进口制成品的份额不断增加，经济结构不断变化，它们的资源生产率可以提高），但是，这并不一定会在全球范围内提高资源生产率。

当前的趋势表明，全球人口的增长和平均财富的增加将继续推动资源的消费和使用。如前所述，预计到 2050 年，这些推动因素将使每年的资源开采量达到 1830 亿吨。年复一年地在全球范围内动员如此数量的资源将越来越具有挑战性。①

长三角地区是典型的资源调入区域，即使是煤炭生产规模达到 1.2 亿吨的安徽，其本地煤炭生产规模也仍然无法达到本地煤炭总体投入量的水平。通过公开数据分析发现，近年来长三角逐渐缩减本地资源投入，加大了从外地调入资源的力度。对外部资源的依赖程度加深会带来资源价格波动与资源难以充足供应的风险。长三角地区只有通过提高资源效率，改变资源利用方式，才能保障经济社会发展的资源安全。

（三）提高资源效率带来颇具效益的经济机会

首先，提高资源效率的技术和手段能够提高经济效率，节省净成本。从私人投资者的角度来看，实施所有被考虑的资源节约技术，到 2030 年全球每年将节省 2.9 万亿美元。所需的总投资 9000 亿美元“可能创造 900 万 ~ 2500 万个就业机会”。同时，有证据表明，提高资源效率将倾向于增强经济体的创新能力。

其次，提高资源效率，能够抵消部分对生态环境的负外部性。资源的开采和使用通常会导致负面的外部影响，采取提高资源效率的措施将减少这些外部性，提高经济效率，这比它们可能带来的其他收益（如节省成

① UNEP, *Resource Efficiency: Potential and Economic Implications*, Nairobi: UNEP, 2016.

本）更为重要。根据国际货币基金组织（IMF）估计，2015 年燃烧化石燃料引起气候变化和当地空气污染相关的外部成本约为 4 万亿美元。消除所有化石燃料补贴（也就是财政补贴包括由于外部性而产生的补贴）所带来的全球经济利益的潜在增长，估计为 1.4 万亿美元。通过提高能源效率而不是减少能源服务的提供，可以实现所需的大部分化石燃料消耗减少。[1]

最后，资源效率提高带来的成本降低具有积极的宏观经济影响，并有可能增加经济产出和就业。在建筑物、食物垃圾和运输领域中实施资源效率项目可以使欧洲的 GDP 增长 11%，到 2050 年增长 27%。证据表明，提高资源效率可以促进经济增长和就业。发展中国家许多资源利用领域效率相对较低，为相关经济领域提供了重大改进机会。[2]

长三角三省一市中被列入全国资源型城市的，江苏为徐州市、宿迁市和贾汪区，浙江为湖州市、武义县、青田县，安徽有 11 个地级市、1 个县级市和 1 个县。通过提高资源效率所带来的动能，为这些资源型城市的转型和绿色发展提供了可行路径。

二　长三角资源效率的现状与重点领域

以物质流分析（MFA）思想为基础，利用长三角三省一市省级层面矿产资源、生物质资源公开统计数据及投入产出数据，对长三角总体及各省级层面的资源效率进行核算和对比分析，并识别长三角资源效率提升的重点行业领域。

（一）资源效率物质流分析思想

UNEP 认为，资源是具有为人类提供商品和服务能力的物理世界的要

① Ellen MacArthur Foundation, *Growth Within: A Circular Economy Vision for A Competitive Europe*, London: Ellen MacArthur Foundation, 2015.

② McKinsey & Company, *Sustainability & Resource Productivity*, Chicago: McKinsey & Company, 2016.

素。[①] 因此，资源包括空气、水（海洋、淡水）和土地。土地由陆地空间（人类居住地或其他物种的栖息地）组成。次土壤资源包括金属矿石、非金属矿物和化石燃料。自然资源是在人类开采或加工之前由自然界提供的初始状态的资源形式（例如，金属矿石，而不是金属）。物质资源通常分为四大类——化石燃料、生物质、工业金属矿物质和工业非金属矿物质，其数量通常以吨计。本文拟主要针对物质资源开展研究。

目前分析资源效率主流的方法是物质流分析。2001 年欧盟委员会发布了经济系统物质流分析方法指引，发达国家和地区较多地利用 MFA 方法制定循环经济或资源效率的目标，如欧盟资源效率路线图、日本物质循环型社会行动计划等。近年来国内学者也针对不同省份或区域，开展了基于经济系统的物质流分析的相关研究和环境效率评价等。

表 1　区域物质流分析的简要框架

<table>
<tr><th>指标</th><th>大类</th><th>项目</th><th>细分指标</th><th>主要内容</th></tr>
<tr><td rowspan="3">物质资源投入总量（DMI）</td><td rowspan="3">物质资源投入总量 = 本地投入 + 外地调入（DMI = DE + I）</td><td rowspan="4">本地投入（DE）</td><td>1. 化石燃料</td><td>（1）原煤
（2）原油
（3）天然气</td></tr>
<tr><td>2. 工业金属矿物质</td><td>（1）铁矿石
（2）铝矿石
（3）铜矿石
（4）其他</td></tr>
<tr><td>3. 工业非金属矿物质</td><td>（1）化学化工原料
（2）初级形态的塑料
（3）玻璃、水泥等
（4）其他</td></tr>
<tr><td rowspan="3">直接物质消耗（DMC）</td><td rowspan="3">直接物质消耗 = 物质资源投入总量 - 本地调出（DMC = DMI - E）</td><td>4. 生物质</td><td>（1）农作物
（2）林产品
（3）水产品
（4）畜产品</td></tr>
<tr><td>外地调入 I</td><td colspan="2">化石燃料、工业矿物、生物质</td></tr>
<tr><td>本地调出 E</td><td colspan="2">化石燃料、工业矿物、生物质</td></tr>
</table>

资料来源：EC, *Economy-Wide Material Flow Accounts and Derived Indicators: A Methodological Guide*, Brussels: EC, 2001.

① UNEP, *Resource Efficiency: Potential and Economic Implications*, Nairobi: UNEP, 2016.

（二）长三角资源效率分析

本文以物质流分析的理论思想为基础，收集公开数据资料，对长三角本地投入的各类资源进行梳理，继而利用投入产出表的中间投入数据核算长三角三省一市的资源效率。

1. 长三角本地投入物质资源分析

通过长三角三省一市投入产出表可以发现，长三角三省一市都是典型的需要从外部调入资源的区域，即主要资源类型的中间投入金额远大于最终使用金额，表明需要大量的外部资源调入。

从能源类资源，即油气矿、煤炭矿资源来看，上海、江苏、安徽并不完全具备本地生产原油和原煤的能力。上海和江苏具有原油生产能力，江苏和安徽具有原煤生产能力（见图 1）。考察本地投入的趋势可以发现，长三角逐渐减少了本地投入能源类资源的量，加大了外地调入力度。

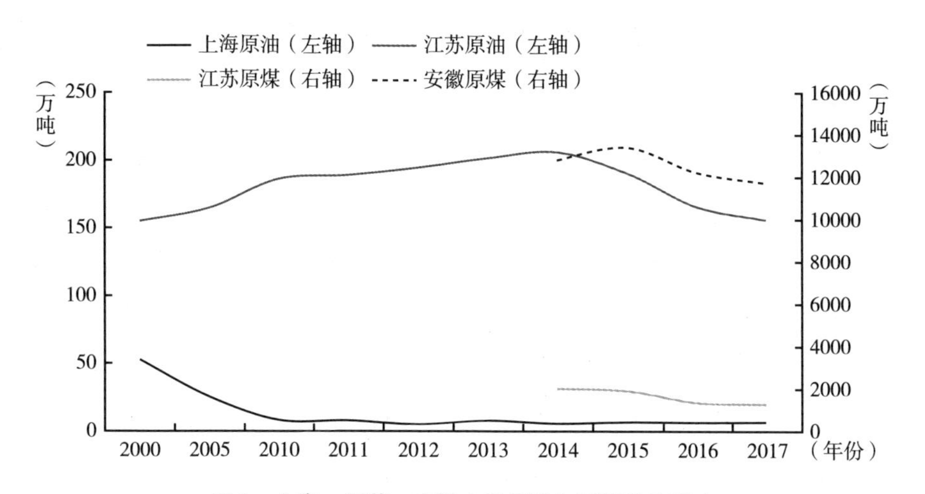

图 1　上海、江苏、安徽本地原油和原煤生产能力

资料来源：《中国能源统计年鉴》。

长三角地区能源资源的本地自给能力非常低。2017 年，长三角地区能源投入总量为 7.74 亿吨标准煤。自 2000 年以来，长三角地区能源投入总量增长了 2 倍。三省一市中，江苏增长 2.65 倍，是地区能源投入总量增长最快的（见图2）。上海增长1.16倍，增长相对较为温和。即使是煤炭生产规模达到1.2亿吨的安徽，其本地煤炭生产规模也仍然无法达到本地煤炭总体投入量的水平。这表明长三角即使是煤炭资源储量最高的安徽，也仍然是需要资源调入的区域。

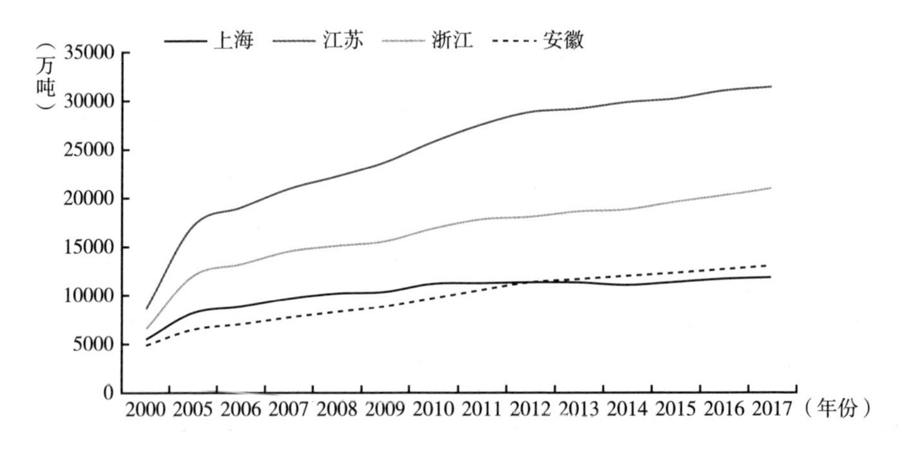

图2　长三角三省一市能源投入总量

资料来源：《中国能源统计年鉴》。

从非油气矿资源类型来看，长三角三省一市都拥有一定的本地投入能力，但各地本地投入量差异较大。浙江本地投入原矿产品的能力最高，但近十年来本地投入量波动比较明显，在2011年本地投入原矿产品数量达到近期峰值。苏浙沪两省一市近年来逐渐降低了本地投入原矿产品数量，安徽本地投入原矿产品数量有所增加。

由于统计数据的限制，本文主要考察木材和竹材两种生物质资源。三省一市中，上海基本没有本地投入生物质资源，个别年份有部分零星产品。长三角三省一市近年来木材资源本地投入量开始出现下降趋势，浙江和安徽的竹材资源本地投入量总体增长明显（见图3）。

2. 长三角资源效率比较分析

本文利用国家统计局公开出版的《中国地区投入产出表》（2002年、2007年、2012年）中长三角三省一市42个部门投入产出表，选择其中主要

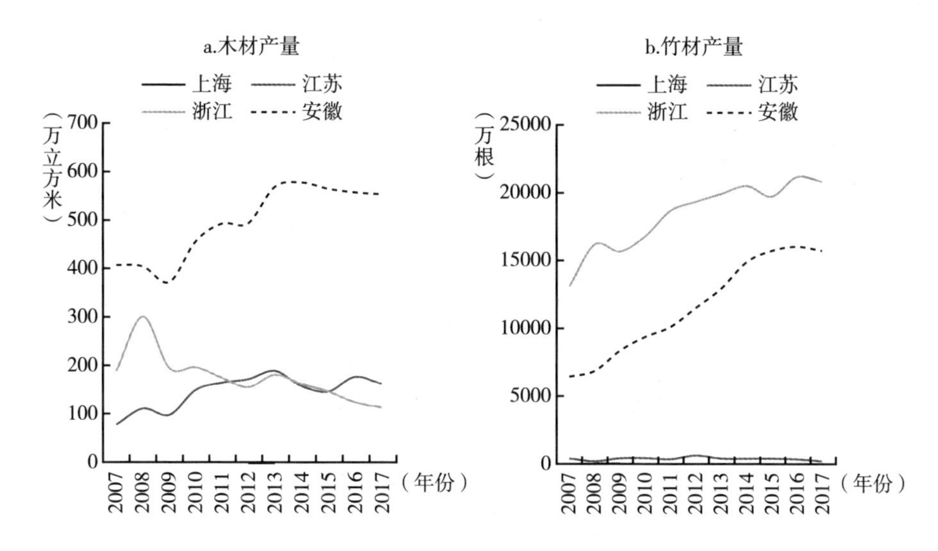

图 3　长三角三省一市本地投入的木材、竹材资源数量

资料来源：《中国林业统计年鉴》。

的物质资源提供部门，包括农林牧渔产品和服务、煤炭采选产品、石油和天然气开采产品、金属矿采选产品、非金属矿和其他矿采选产品这 5 个部门，以这 5 个部门的中间投入金额占单位 GDP 的比重核算资源效率。该投入产出表是价值形式而非流量形式，因而本文计算的资源效率指标是相对量指标，用单位 GDP 资源投入金额占比来表征，与欧盟统计局等机构发布的资源生产率核算指标（单位 GDP 资源投入量）有所差异。尽管如此，本文核算的资源效率与资源生产率核算指标有相似的内涵，单位 GDP 资源投入金额越高，说明经济发展所需要投入的资源越多，资源效率就越低。

研究发现，长三角三省一市资源效率呈现梯级分布，上海最高，其次为浙江、江苏，安徽最低（见图 4）。三省一市中，浙江资源效率总体略有上升，上海基本保持平稳，江苏有一定下降，安徽显著下降。

从资源投入总量看，长三角地区经济发展所需的生物质资源的投入程度总体呈下降趋势，而所需的煤炭矿资源、油气矿资源的投入程度总体呈上升趋势。三省一市呈现不同的资源使用格局：上海呈比较典型的能源密集型的资源使用特征，江苏呈复合型的资源使用特征，浙江是以能源密集型资源使

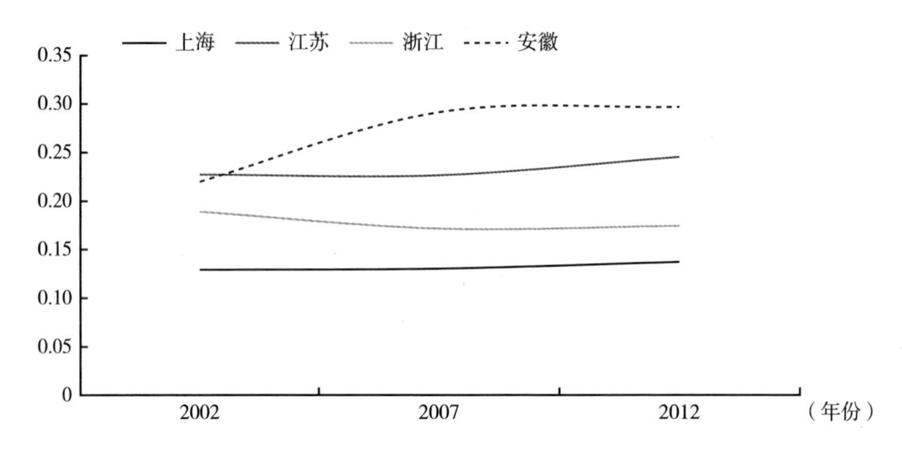

图4　长三角三省一市单位GDP物质资源投入金额

资料来源：根据《中国地区投入产出表》（2002年、2007年、2012年）计算。

用为主、有机质资源为辅的资源使用特征，安徽则是以有机质资源和煤炭矿资源为主体、多种矿产资源复合的资源使用特征。

从相对量来看，不同省市的经济发展对资源的投入密集程度也有所差异，2012年，三省一市中，安徽单位GDP投入的生物质资源、煤炭矿资源、金属矿资源最高；上海单位GDP投入的油气矿资源最高；江苏非金属及其他矿资源的投入密度最高（见表2）。

长三角地区经济发展所需的矿产资源投入仍处高位，需要引起关注。对于上海和浙江而言，应重点关注煤炭矿和油气矿资源的集约使用，提升煤炭和油气资源使用效率。对于江苏和安徽而言，各类资源都应进一步提高使用效率。

表2　长三角三省一市单位GDP投入的各类资源金额

项目	2002年	2007年	2012年	2002年	2007年	2012年
	上海			江苏		
生物质	0.046709	0.019825	0.013966	0.182833	0.104649	0.086442
煤炭矿	0.027954	0.026668	0.037909	0.014848	0.029188	0.054661
油气矿	0.032421	0.059452	0.062121	0.020369	0.041528	0.035002
金属矿	0.012703	0.010874	0.017191	0.003942	0.036987	0.030352
非金属及其他矿	0.00935	0.01342	0.005934	0.005316	0.014167	0.038848

续表

项目	2002 年	2007 年	2012 年	2002 年	2007 年	2012 年
	浙江			安徽		
生物质	0.118013	0.062083	0.062617	0.131641	0.140908	0.13259
煤炭矿	0.020619	0.040532	0.045385	0.045316	0.06781	0.085097
油气矿	0.029392	0.04985	0.044614	0.014116	0.019502	0.01583
金属矿	0.008872	0.006617	0.010468	0.010953	0.05376	0.036036
非金属及其他矿	0.012288	0.012673	0.011468	0.017913	0.009265	0.027146

资料来源：根据《中国地区投入产出表》（2002 年、2007 年、2012 年）计算。

（三）长三角资源效率提升的重点领域

上海主要资源投入密集行业（见表3）按照资源投入金额排序为石油、炼焦产品和核燃料加工品，电力、热力的生产和供应，金属冶炼和压延加工品，食品和烟草，化学产品。总体来看，上海需求最高的是油气矿资源，其次为煤炭矿资源，非金属及其他矿资源的需求相对较低。上海的行业资源使用特征也反映出上海以能源类资源为主的资源使用格局。

表3　2012 年上海主要资源投入密集行业

序号	生物质	煤炭矿	油气矿	金属矿	非金属及其他矿
1	食品和烟草	电力、热力的生产和供应	石油、炼焦产品和核燃料加工品	金属冶炼和压延加工品	非金属矿物制品
2	农林牧渔产品和服务	金属冶炼和压延加工品	化学产品	电气机械和器材	建筑
3	住宿和餐饮	燃气生产和供应	燃气生产和供应	金属制品	通信设备、计算机和其他电子设备
4	化学产品	化学产品	金属冶炼和压延加工品	非金属矿物制品	金属冶炼和压延加工品
5	水利、环境和公共设施管理	石油、炼焦产品和核燃料加工品	非金属矿物制品	金属制品、机械和设备修理服务	化学产品
6	木材加工品和家具	建筑	食品和烟草	交通运输设备	造纸印刷和文教体育用品
7	纺织业	非金属矿物制品	通用设备	通用设备	金属制品
8	居民服务、修理和其他服务	纺织业	金属制品	燃气生产和供应	电气机械和器材

续表

序号	生物质	煤炭矿	油气矿	金属矿	非金属及其他矿
9	建筑	专用设备	交通运输设备	食品和烟草	仪器仪表
10	文化、体育和娱乐	食品和烟草	通信设备、计算机和其他电子设备	仪器仪表	通用设备

资料来源：国家统计局国民经济核算司：《中国地区投入产出表2012》，中国统计出版社，2016。

江苏主要资源投入密集行业（见表4）按照资源投入金额排序为食品和烟草，金属冶炼和压延加工品，石油、炼焦产品和核燃料加工品，化学产品，电力、热力的生产和供应，纺织业，建筑。江苏的资源投入密集行业往往不是以单个资源为主，而是涵盖了多种资源类型。比较典型的是化学产品行业，在五种资源类型的投入密集行业排名中都位于前列，一定程度上表明江苏化学产业还是以初级投入品为主。同时，从各类型资源投入总量来看，生物质、煤炭矿是最高的，同时油气矿、金属矿、非金属及其他矿的资源也高额投入，相差不大。从总量上看，江苏经济社会发展的资源消耗总量非常大，并且多类型资源复合使用。

表4　2012年江苏主要资源投入密集行业

序号	生物质	煤炭矿	油气矿	金属矿	非金属及其他矿
1	食品和烟草	电力、热力的生产和供应	石油、炼焦产品和核燃料加工品	金属冶炼和压延加工品	建筑
2	纺织业	化学产品	化学产品	金属矿采选产品	化学产品
3	农林牧渔产品和服务	金属冶炼和压延加工品	金属冶炼和压延加工品	专用设备	非金属矿物制品
4	化学产品	石油、炼焦产品和核燃料加工品	非金属矿物制品	化学产品	非金属矿和其他矿采选产品
5	住宿和餐饮	非金属矿物制品	专用设备	金属制品	金属冶炼和压延加工品
6	建筑	煤炭采选产品	燃气生产和供应	非金属矿物制品	电气机械和器材
7	木材加工品和家具	造纸印刷和文教体育用品	金属制品	交通运输设备	通信设备、计算机和其他电子设备
8	水利、环境和公共设施管理	纺织业	通用设备	电气机械和器材	金属制品
9	租赁和商务服务	建筑	通信设备、计算机和其他电子设备	通信设备、计算机和其他电子设备	木材加工品和家具

续表

序号	生物质	煤炭矿	油气矿	金属矿	非金属及其他矿
10	居民服务、修理和其他服务	电气机械和器材	交通运输设备	通用设备	食品和烟草

资料来源：国家统计局国民经济核算司：《中国地区投入产出表2012》，中国统计出版社，2016。

浙江主要资源投入密集行业（见表5）按照资源投入金额排序为石油、炼焦产品和核燃料加工品，电力、热力的生产和供应，食品和烟草，化学产品，纺织业。浙江各类型资源的投入密集行业比较清晰，基本为特定资源类型的压延加工行业。例外的是化学产品行业，使用了多种资源类型，但从数据来看，化学产品行业密集使用的为油气矿资源和煤炭矿资源，以油气矿资源为主。可以看出浙江化学产品行业以石油化工为主。从总量上看，与江苏相比，浙江的资源消耗相对较低，有主导的资源类型。

表5　2012年浙江主要资源投入密集行业

序号	生物质	煤炭矿	油气矿	金属矿	非金属及其他矿
1	食品和烟草	电力、热力的生产和供应	石油、炼焦产品和核燃料加工品	金属冶炼和压延加工品	非金属矿物制品
2	纺织业	非金属矿物制品	化学产品	金属矿采选产品	建筑
3	住宿和餐饮	化学产品	燃气生产和供应	非金属矿物制品	非金属矿和其他矿采选产品
4	化学产品	金属冶炼和压延加工品	电力、热力的生产和供应	造纸印刷和文教体育用品	化学产品
5	农林牧渔产品和服务	其他制造产品	非金属矿物制品	交通运输设备	金属冶炼和压延加工品
6	木材加工品和家具	建筑	金属冶炼和压延加工品	化学产品	食品和烟草
7	建筑	纺织业	金属制品	金属制品	造纸印刷和文教体育用品
8	租赁和商务服务	造纸印刷和文教体育用品	纺织业	电气机械和器材	电气机械和器材
9	造纸印刷和文教体育用品	石油、炼焦产品和核燃料加工品	交通运输设备	废品废料	废品废料
10	纺织服装鞋帽皮革羽绒及其制品	食品和烟草	电气机械和器材	通用设备	金属制品

资料来源：国家统计局国民经济核算司：《中国地区投入产出表2012》，中国统计出版社，2016。

安徽主要资源投入密集行业（见表6）按照资源投入金额排序为食品和烟草，电力、热力的生产和供应，金属冶炼和压延加工品，农林牧渔产品和服务，非金属矿物制品，石油、炼焦产品和核燃料加工品，化学产品。安徽目前经济发展中资源型产业仍然是支柱产业之一。① 安徽化学产品行业对煤炭矿资源的使用约10倍于油气矿资源，表明安徽的化学工业以煤化工业为主体。从总量上看，安徽的资源消耗总量相比苏浙两省较低，但由于产出较少，资源使用效率也较低。

表6　2012年安徽主要资源投入密集行业

序号	生物质	煤炭矿	油气矿	金属矿	非金属及其他矿
1	食品和烟草	电力、热力的生产和供应	石油、炼焦产品和核燃料加工品	金属冶炼和压延加工品	非金属矿物制品
2	农林牧渔产品和服务	非金属矿物制品	非金属矿物制品	金属矿采选产品	建筑
3	木材加工品和家具	化学产品	化学产品	电气机械和器材	非金属矿和其他矿采选产品
4	交通运输、仓储和邮政	金属冶炼和压延加工品	金属冶炼和压延加工品	其他制造产品	化学产品
5	纺织业	煤炭采选产品	交通运输设备	化学产品	金属矿采选产品
6	住宿和餐饮	石油、炼焦产品和核燃料加工品	电气机械和器材	非金属矿物制品	电气机械和器材
7	化学产品	建筑	食品和烟草	煤炭采选产品	通信设备、计算机和其他电子设备
8	建筑	食品和烟草	金属制品	专用设备	食品和烟草
9	水利、环境和公共设施管理	公共管理、社会保障和社会组织	通用设备	通信设备、计算机和其他电子设备	金属冶炼和压延加工品
10	其他制造产品	废品废料	公共管理、社会保障和社会组织	通用设备	通用设备

资料来源：国家统计局国民经济核算司：《中国地区投入产出表2012》，中国统计出版社，2016。

① 李艳芬：《破解安徽省经济增长对传统资源型产业路径的依赖——基于安徽省投入产出表的动态分析》，《山东农业工程学院学报》2019年第5期，第59～67页。

通过分析三省一市资源使用的行业特征可以发现，长三角地区资源密集型行业主要可以分为三类：一是能源供应行业，包括电力、热力的生产和供应，燃气生产和供应等；二是资源延伸加工和使用行业，包括石油、炼焦产品和核燃料加工品，金属冶炼和压延加工品，金属制品，非金属矿物制品，食品和烟草，建筑；三是部分综合资源使用行业，如化学产品。这三类行业未来资源效率提升的空间较大。

三　制约长三角资源效率提升的因素剖析

通过梳理国内外文献和我国及长三角地区的实际情况，归纳出制约长三角资源效率提升的因素，分别是市场因素、监管因素、技术因素、消费者因素和供应链因素。

（一）市场因素

制约资源效率提升的市场因素主要体现为“低原材料价格”。[①] 经济体系仍然通过定价低于真实成本来鼓励资源的低效利用。与人工和物流成本相比，原材料和产生废物的成本相对较低。可以说，原材料价格低是引起市场失灵的根本原因。如果原材料价格上涨，传统产品相比高资源效率产品将不再具备明显的价格优势，将难以引起消费者的兴趣，因为消费者在做出购买决定时通常非常注重成本。另外，这也会激发企业对高资源效率产品做出更多研究和探索。

我国矿产品价格相对仍处于低位，截至2018年12月，全国矿产品价格指数尽管相比2015年有所回升，但相比2012年价格下降明显（见图5）。同时，我国现行的资源税税目和税率，除原油和原煤外，其余矿产资源的资源税从量计征，税率偏低，被认为应该进一步体现资源稀缺性和开采负外部

① Julian Kirchherra, Laura Piscicellia, and Ruben Boura, et al.,“Barriers to the Circular Economy: Evidence From the European Union (EU),” *Ecological Economics* 150 (2018): 264-272.

性,[①] 也应该对原材料价格低于真实成本的问题加以矫正。按照 2019 年 8 月 26 日全国人大通过的、自 2020 年 9 月 1 日正式实施的《中华人民共和国资源税法》,矿产资源的资源税从价计征,税率在 1% ~12% 的区间。事实上,即使是按照 12% 的税率,资源税完全从矿产开采企业传递到下游市场,矿产品价格也仍然低于 2012 年的水平。

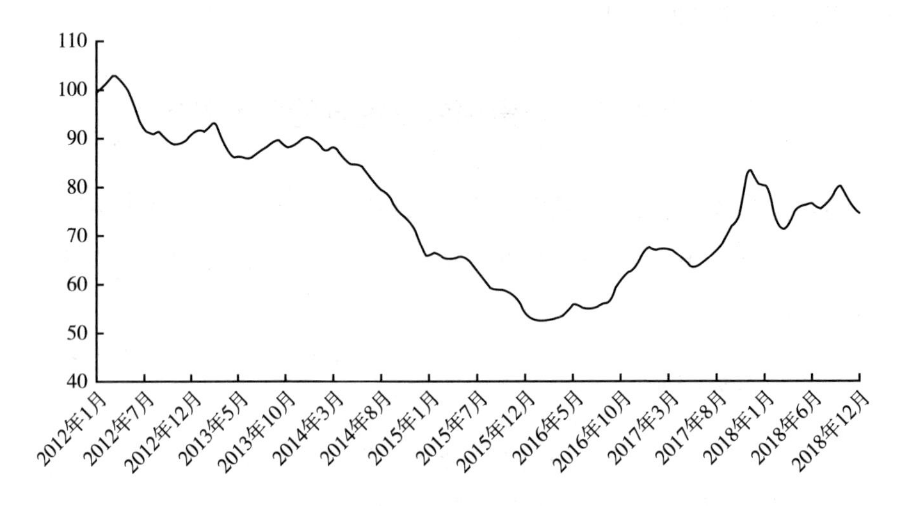

图 5 全国矿产品价格指数

注:2012 年 1 月价格指数为 100。

资料来源:冯丹丹、苏铁娜、胡德文等:《2018 年度矿产资源经济形势分析及展望》,《中国国土资源经济》2019 年第 1 期。

(二)监管因素

资源效率的重大进步必须基于监管领域中一系列因素的成功相互作用,例如一致的战略和目标、连贯的制度安排和政策等。

第一,对资源效率的认知存在分歧。在国家层面没有对资源效率做出明确规定的背景下,长三角三省一市的资源禀赋、经济发展阶段、资源利用效率存在着较大差异,各省份对提升资源效率的认识也会不同。对于资源型城

① 周波、范丛昕:《资源税改革相关问题探讨》,《税务研究》2019 年第 7 期,第 23 ~27 页。

市和地区而言，提高资源效率意味着资源开采量减少，也意味着产业收入减少和失业增加。①

第二，法律法规和标准可能存在潜在的制约。因为以往为管理线性物质资源供应链而建立的规则可能会阻止回收材料或二次材料重新进入供应链。地方资源效率相关标准严重缺乏，根据《中国国土资源统计年鉴》，截至2017年，长三角三省一市资源管理部门发布的各类标准仅有1条。

第三，缺乏对资源效率目标的指引。现有的目标往往针对矿产资源开发过程，缺乏对资源效率的明确规定。如根据自然资源部发布的《中国矿产资源报告（2019）》，截至2018年底，自然资源部共制定发布了46个矿种（矿类）合理开发利用“三率”最低指标要求。所谓“三率”，是指矿山开采回采率、选矿回收率和综合利用率这三项指标。其中综合利用率主要是指矿山开采过程中对共伴生矿产的综合利用和综合回收。可见“三率”指标是对矿产资源开采过程的集约性指标，而非矿产资源消费过程的约束性指标。再如国务院印发的《全国资源型城市可持续发展规划（2013～2020年）》（国发〔2013〕45号）对全国资源型城市可持续发展设定了主要指标，其中资源产出率的指标仅设置了到2020年的累计增长要求，而没有资源产出率具体指标的目标要求。

（三）技术因素

创新是使经济增长与资源消耗脱钩的重要手段，七国集团的所有成员都有支持资源效率创新的计划，既包括技术创新，也包括商业模式创新。大量文献认为拥有相关技术是提高资源效率、过渡到循环经济的先决条件，技术瓶颈是制约资源效率提升的最大根源。据经济合作与发展组织（OECD）进行的一项调查，有65%的受访者表示其计划的创新范围主要集中在废物和产品上。资源价值链上范围更广的上游部分没有受到同样的关注。②

---

① OECD, *Policy Guidance on Resource Efficiency*, Paris: OECD Publishing, 2016.

② OECD, *Report by the Environment Policy Committee on Implementation of the Recommendation of the Council on Resource Productivity*, Paris: OECD, 2014.

基础设施是资源效率提升的技术和物质条件，本文将基础设施也归为技术因素。目前基础设施缺乏多样性，如对固体废弃物的处理主要集中于废弃物处置，如将废弃物运到垃圾填埋场、垃圾焚烧厂，但是，对废弃物处置的过度依赖导致了一个不利于资源效率的结果，那就是减少了重复利用和回收的条件和动力。此外，燃烧废弃物使残留物仅能低价值应用和处置，破坏了从供应链中回收材料的可能。对于切实提升资源效率、实现循环经济，废弃物处置应该是最后的选择，而不是主导技术。①

（四）消费者因素

消费者在资源效率提升过程中扮演了关键角色。通过选择，亿万消费者可以支持或阻碍提升资源效率的新型产品和服务的价值实现。但从全球范围来看，消费者因素是一种制约因素。德国环境署委托进行的一项研究发现，当前的消费者保留新购买的产品的时间比以往缩短。欧洲科学院科学咨询理事会（EASAC）报告强调的一个主要障碍仍然是消费者的态度和行为总是受到时尚界、工业家、贸易商营销的影响和推动，而不是资源回收意识的推动；Vanner 等认为“有限的消费者接受”将是迄今为止循环经济进展有限的一种解释；Ranta 等认为“顾客更喜欢新产品”“消费者过快地改变主意”，导致企业不会去生产特别耐用的商品。霍金斯等、Borra 等、Kumar 和 Polonsky 认为消费者的兴趣和意识很难改变，这一发现足以令那些寄希望于循环经济的组织和个人感到担忧。

生态环境部环境与经济政策研究中心 2019 年发布的《公民生态环境行为调查报告（2019 年）》显示，我国居民虽然高度认可有利于提高资源效率的绿色消费行为的重要性，但受质量和价格等因素影响，践行度相对较低。仅五成受访者能够做到“选购绿色产品和耐用品、不买一次性用品和过度包装商品”，近六成受访者能够做到“购物时自带购物

---

① https://rrfw.org.uk/2018/01/08/is-the-uks-waste-infrastructure-ready-for-a-circular-economy/.

袋代替塑料袋”，仅两成受访者能够做到“改造利用、交流捐赠或买卖闲置物品”。因而，“缺乏消费者的兴趣和意识”可能会阻碍一些企业改变商业模式提高资源效率的意愿，从而成为提高资源效率的一大制约因素。

（五）供应链因素

资源生命周期的思想和相应的解决方案对于提升资源效率至关重要，这需要整个供应链的协作以及整个资源生命周期内的信息交换。在大多数国家，利益相关者在供应链中的参与被认为是资源效率提升的关键因素，并且已被表述为资源效率管理的四项原则之一。根据 OECD 的调查，65% 的受访国家表示，他们有确保利益相关者之间的合作机制，但其余 35% 的国家不知道这种做法或没有采取这种做法。①

长三角目前已经探索并形成了一些初步的供应链合作机制，但涉及的地理范围较小，抑或是涉及的领域较小，且都处于初始阶段。如国家电网上海市电力公司在青浦发布《长三角一体化发展 2019 年电力行动计划》，该行动计划聚焦长三角生态绿色一体化发展示范区的地理范围，即上海青浦区、江苏吴江区、浙江嘉善县；2018 年上海市循环经济协会、江苏省循环经济协会、浙江省绿色产业发展促进会、安徽省循环经济研究会共同签署了《长三角地区循环经济资源综合利用协同发展合作协议》，该协议主要聚焦大宗工业固废、城市污泥、电子废弃物的回收和循环利用，与本文所指的资源效率提升有较大的差异。

四　长三角资源效率提升的协同行动

在资源效率提升过程中，区域各级政府协同行动是必需的。这将为经济

① OECD, *Resource Productivity in the G8 and the OECD: A Report in the Framework of the Kobe 3R Action Plan*, Paris: OECD, 2016.

和环境可持续发展带来诸多益处。长三角地区应仿照七国集团建立资源效率联盟的做法，建立长三角三省一市资源效率联盟，公布《长三角资源效率上海框架》，在确立资源效率目标、制定财税政策、推动技术创新、加大基础设施投入、推动供应链参与等方面加强协同行动。而上海也应在其中发挥积极的、不可或缺的引领作用。

（一）资源效率的战略协同

鉴于资源效率将影响到众多部门，包括环境、经济、金融、就业等，需要统一的战略和倡议，以考虑到全面的资源效率及其中的特定资源类型的目标。这可能需要将资源效率纳入区域及各省份经济发展战略，包括可持续发展和绿色发展战略。[①] 建议仿照七国集团建立资源效率联盟的做法，建立长三角三省一市资源效率联盟，联盟首次会议在上海召开，会议发布《长三角资源效率上海宣言》，确定《长三角资源效率上海框架》或《长三角物质循环上海框架》，形成对资源效率推动地区高质量一体化发展具有重要意义的共识，发布区域提升资源效率的总体原则和行动倡议。

制定总体资源效率目标或涵盖关键资源（如矿产资源）的目标，可以有效地提高资源利用的效率。原因在于：第一，能够在政府、行业和社会之间建立对未来的共识；第二，能够监测资源效率提升的进程，评估各地区的资源使用效率；第三，定期发布一致的指标和结果，可以激励各地区竞相提升资源效率。[②] 建议资源效率联盟做出统一三省一市资源消费数据口径的要求，组织三省一市相关研究机构研究、编写三省一市资源效率报告及绘制资源效率路线图。资源效率的目标需要在资源全生命周期中得到体现，部分OECD成员国和欧盟的做法可资借鉴（见表7）。

---

① OECD, *Policy Guidance on Resource Efficiency*, Paris: OECD Publishing, 2016.

② OECD, *Policy Guidance on Resource Efficiency*, Paris: OECD Publishing, 2016.

表 7　部分 OECD 成员国和欧盟资源效率目标设定

国家和地区	资源开采	生产	资源生产率	消费	处置
日本	矿产资源生产率目标		在《物质循环社会基本计划》中设定目标，动态更新	领跑者计划，通过能效标准设立目标	在《物质循环社会基本计划》中设定目标，动态更新
荷兰	土地资源使用目标	减少污染、温室气体排放和土地使用的目标			
比利时	最大限度地减少有限资源使用的总体目标	以生态效率方式生产的公司数量的总体目标	优化可再生资源利用的总体目标	增加零售和政府部门可持续消费的总体目标	针对家庭和工业废物、建筑项目、报废汽车、轮胎、报废电子电气设备（WEEE）、电池和机油的广泛、可量化目标
芬兰	土方工程中使用的非金属矿产目标	新废物管理计划下的物质效率标准和相关开发计划	新废物管理计划下的物质效率标准和相关开发计划		针对市政废物、粪便和建筑项目的广泛、可量化目标
欧盟			欧盟资源效率路线图中设定的总体目标		针对生活垃圾、报废汽车、WEEE、电池和包装的广泛、可量化的目标
墨西哥	最大限度地减少有限资源使用的总体目标	没有具体目标，但是特殊管理废物和危险报废产品的生产商必须制订具体的废物管理计划	增加生产中可回收和可重复使用材料使用的总体目标		增加报废物替代处置方案并减少垃圾填埋场的总体目标

资料来源：OECD，*Sustainable Materials Management*，OECD Green Growth Policy Brief，2012。

（二）政策手段的导向协同

提高资源效率需要采取一套全面的政策措施。需要政策手段来内部化环境成本并提供有效利用资源的激励措施。要做到这一点需要采用能够产生连贯激励措施的政策组合。长三角三省一市决策者可以使用的主要政策工具类型是经济手段、行政手段、基于信息的方法（包括环境标签和信息计划、自愿协议等）和公共财政支持（见表8）。

长三角三省一市资源效率联盟组织相关研究机构研究、编写、发布《长三角资源效率政策指引》，政策的导向应突出如下方面。

第一，改变目前以废弃物末端处理为中心的管理理念，逐步树立“废物等级”管理理念，即根据不同废物处理方式的环境影响排列“废物等级”，处于最高优先级的是预防废物的产生，当废物产生后，应按环境影响依次考虑再利用、再循环、其他回收，最末端的是处置。其中预防、再利用和再循环是废弃物综合管理的关键环节。目前世界上主要发达国家和地区都以“废物等级”为指导制订废弃物综合管理计划，如美国、日本、欧盟等。

第二，应明确两方面的责任，并使其在社会中被普遍接受。一是“废弃物产生者责任”，即产生废弃物的个人及团体有责任对废弃物进行分类、再利用和回收。二是“生产者责任延伸”。为了加强废弃物管理，促进废弃物的预防和再利用，应强化生产者责任延伸制度。

第三，应以资源效率外部成本内部化、内部成本适度补偿为导向设计激励政策。包括而不限于地方公共资金优先考虑“废物等级”中高等级的废物预防、再利用、再循环等活动，逐步淘汰对环境有害的补贴，鼓励企业实行环境设计，降低制造过程中有害物质使用等自愿行动，地方公共采购向环境设计和再制造、再利用产品倾斜等。

表8　在资源生命周期不同阶段应用的政策工具的一些示例

项目	经济手段	行政手段	环境标签和信息计划	自愿协议	公共财政支持
开采	材料税/资源税	限制、禁止矿产资源开采	采矿业最佳实践	管理采矿业的环境影响	勘探税收、采矿税收
设计	预处理费	基于生命周期评价视角制定耐久性标准、可回收要求等	环境技术验证方案	研发伙伴计划	研发补助、研发税收减免等

续表

项目	经济手段	行政手段	环境标签和信息计划	自愿协议	公共财政支持
生产	产品税费	污染物排放或产品性能标准	中小企业咨询服务	开发更高效、更少污染生产方法的自愿协议	中小企业提供贷款
消费	押金退款制度、垃圾倾倒"现收现付"	限制或禁止不符合资源效率的产品	标签和认证制度	行为干预措施	购买生态标签产品和服务的补贴
循环	对原材料和再生材料区别征税	制定再生材料标准	二级原材料供需对接平台	工业共生协议	对材料再循环、工业共生研发的税收减免或补贴
处置	填埋税、可交易垃圾填埋场许可证	垃圾填埋的限制、禁令	有关产品拆解的信息共享	资源回收计划	对废弃物处理设施的低息贷款、补贴

资料来源：OECD，*Policy Guidance on Resource Efficiency*，Paris：OECD Publishing，2016。

（三）创新的方向协同

以更有效的方式来管理物料，即以更少的投入和更少的排放生产更多的产品，需要新技术和新工艺。创新设计方法，有可能在产品制造中实现更大幅度的材料减少。[①] 促进区域资源效率技术创新的方向协同，可借鉴加拿大可持续发展技术基金（SDTC）的做法。SDTC 为加拿大清洁技术项目提供资金，并在公司经理将新技术推向市场时对他们进行指导。它还开发并支持来自国内外行业、学术界和政府的合作伙伴网络。加拿大政府已向 SDTC 分配了 9.15 亿加元，并利用了合作伙伴提供的 18 亿加元。它支持了能源、运输、农业、林业和废物部门的 269 个项目。加拿大清洁技术行业由 800 多家公司组成，其中大多数是中小企业。[②]

创新提高资源效率的一个重要方面是开发新的商业模式。本文借鉴埃森哲战略的研究，提出长三角提高资源效率的商业模式创新方向。第一是循环

① OECD，*Policy Guidance on Resource Efficiency*，Paris：OECD Publishing，2016.

② OECD，*Policy Guidance on Resource Efficiency*，Paris：OECD Publishing，2016.

供应。提供可再生能源、生物基或完全可回收的投入材料，以替代单生命周期的输入。第二是资源回收。从处置的产品或副产品中回收有用的资源、能源。第三是产品寿命延长。通过维修、升级和转售来延长产品和组件的使用寿命。第四是共享平台。通过实现共享使用、访问来提高产品利用率。第五是“产品即服务”。提供产品权限并保留所有权，以内化循环资源生产力的收益。① 同时，实现这五大类型的商业模式创新也需要一系列的突破性技术创新作为基础（见表9）。

促进资源效率创新，需要将提升资源效率纳入区域创新政策，并定期评估所取得的成果；在省级公共研发计划中优先进行基础、长期、高风险的研究，并为跨学科计划提供支持；避开对新公司进入市场造成障碍的政策措施；建立有利的环境以促进中小企业的创新，采用资源节约型产品和流程；促进私营部门、大学和政府之间的研究伙伴关系；避免对特定技术的支持，而应该支持具有广泛应用范围的技术。

表9　商业模式创新的突破性技术创新需求

项目		循环供应	资源回收	产品寿命延长	共享平台	产品即服务
数字技术	移动技术			+ +	+ + +	
	M2M				+ +	+ +
	云				+ +	+ +
	社交互动			+	+ + +	+ +
	大数据	+			+ +	+ + +
混合技术	追溯系统		+ +	+ + +	+	
	3D 打印	+		+ +		
工程技术	模块化设计技术		+ +	+ +		+
	先进回收技术	+ +	+ + +			
	生命与材料科学	+ + +	+ +			

资料来源：*Circular Advantage：Innovative Business Models and Technologies to Create Value in a World without Limits to Growth*。

① Lacy, P. , et al. , *Circular Advantage：Innovative Business Models and Technologies to Create Value in a World without Limits to Growth*, Accenture：Chicago, IL, USA, 2014.

（四）基础设施的标准协同

长三角地区应根据“废物等级”理念，系统地部署建设或改进综合回收设施。使用统一标准更有效地回收和处理废弃物，包括家电、容器、包装的废弃物；建设大规模生物质回收设施及再利用设施；对各地区大型垃圾填埋场地进行改造，对已填埋的废弃物进行进一步回收和减量，以增加处置能力，延长处置场地寿命；建设资源海上运输基地，以港口为中心建设静脉产业物流网络等。资源效率联盟应发布以公共资金建设的基础设施的资源效率标准，将资源效率目标纳入建筑物和其他基础设施的建设过程，推动实现长三角地区资源效率基础设施的协同。

日本川崎生态城是一个以城市为单位的基础设施建设的典型范例，川崎生态城的做法是有效利用城市产生的住宅、商业和工业废弃物，并将这些废弃物回收为城市中可用于工业的原材料（水泥、钢铁等）。例如，回收塑料，将其用作高炉、混凝土模板和氨生产的还原剂。①

（五）多元参与的发动协同

长三角地区各级政府应注重发动涵盖资源整个生命周期的、全供应链的利益相关者参与资源效率提升的过程。包括设计师、供应商、回收商和翻新商、客户、消费者、政府代表、竞争对手和非政府组织以及其他行业或实践领域的代表。②

发达国家发动供应链利益相关者多元参与的做法可以借鉴。如美国可持续采购领导力委员会（SPLC）与公共、私营和民间社会部门的 150 多个组织合作，共同开发了一个共享计划，以指导、建立基准并提升可持续采购中的领导能力。SPLC 为采购专业人士提供资源，以制定机构的战略性采购决

---

① UNEP, *Resource Efficiency: Potential and Economic Implications*, Nairobi: UNEP, 2016.

② EPA, *Advancing Resource Efficiency in the Supply Chain-Observations and Opportunities for Action*, Washington: EPA, 2016.

策，从而在供应链中发送有关产品资源效率的集体协调信息。[①] 资源效率的思想和信息可以来自任何地方，因此这种交流必须频繁、开放且致力于提供解决方案，这一点至关重要。此外，在与供应链网络合作时，资源效率必须成为优先事项。从一线供应商那里获得承诺以支持资源效率措施，向下一级供应商做出承诺，可以刺激整个产品生命周期的进展。即使制造商在供应商协议中没有基于生命周期的特定资源效率目标，也应将资源效率和可持续性主题列入交流议程。

在识别了长三角资源效率提升的重点行业领域的基础上，以下收集了一些发达国家相关行业供应链合作的案例，以供参考。在采矿业和矿产资源压延加工方面，国际上一些富有远见的矿业和金属公司开始对资源效率做出预期并采取行动。一些公司开始开发新的循环模型以支持和响应不断变化的客户需求。如 Novelis 计划到 2020 年将其产品的可再循环含量从 33% 增加到 80%。它已与 Jaguar Land Rover 合作回收和再循环其铝废料，降低了铝和废物处理的成本；Arcelor Mittal 公司通过为短期项目租赁薄板桩来延长产品生命周期，并合作开发和扩展碳捕集与利用技术；Codelco 公司寻求根据碳足迹和生产的社会影响为铜定价，使材料非商品化并寻求响应客户的节能环保需求，其与 BMW 公司一起建立了负责任的铜计划。[②]

化学工业方面，“化学品租赁”是一种创新的方法，它偏向于提供服务、专有技术，而不是将重点放在出售和使用化学药品的数量。在奥地利，“化学品租赁”非常活跃，生产者出售化学品的功能，这是付款的主要依据。在此系统中，生产者和服务提供者的责任涵盖了产品整个生命周期的管理。[③]

---

① OECD, *Resource Productivity in the G8 and the OECD: A Report in the Framework of the Kobe 3R Action Plan*, Paris: OECD, 2016.

② Accenture Strategy, *Mining New Value from the Circular Economy*, 2019.

③ OECD, *Resource Productivity in the G8 and the OECD: A Report in the Framework of the Kobe 3R Action Plan*, Paris: OECD, 2016.

参考文献

毕军、黄和平、袁增伟等：《物质流分析与管理》，科学出版社，2009。

Accenture Strategy, *Mining New Value from the Circular Economy*, 2019.

EC, *Economy-Wide Material Flow Accounts and Derived Indicators: A Methodological Guide*, Brussels: EC, 2001.

EPA, *Advancing Resource Efficiency in the Supply Chain-Observations and Opportunities for Action*, Washington: EPA, 2016.

Eurostat, *Handbook for Estimating Raw Material Equivalents*, Brussels: Eurostat, 2018.

McKinsey & Company, *Sustainability & Resource Productivity*, Chicago: McKinsey & Company, 2016.

Julian Kirchherra, Laura Piscicellia, and Ruben Boura, et al., "Barriers to the Circular Economy: Evidence From the European Union (EU)," *Ecological Economics* 150 (2018).

OECD, *Policy Guidance on Resource Efficiency*, Paris: OECD Publishing, 2016.

OECD, *Resource Productivity in the G8 and the OECD: A Report in the Framework of the Kobe 3R Action Plan*, Paris: OECD, 2016.

OECD, *Sustainable Materials Management*, OECD Green Growth Policy Brief, 2012.

UNEP, *Resource Efficiency: Potential and Economic Implications*, Nairobi: UNEP, 2016.

B.4
长三角地区空间生态冲突演变与预警调控对策研究

吴 蒙*

摘 要： 当前，长三角一体化发展已上升为国家战略，建设世界级城市群仍然面临过去城市化扩张与产业用地布局无序蔓延、区域生态环境保护一体化建设相对滞后所遗留的生态环境短板。从区域空间资源的稀缺性、空间资源功能多宜性、城镇建设用地与生态用地在空间资源利用方面的竞争性入手，分析城市化过程中空间生态冲突形成机理，构建空间生态冲突测度模型，评价识别长三角城市化发展过程中的空间生态冲突演变特征与规律，并探讨具有针对性的冲突预警与规划调控对策，对长三角地区建设绿色美丽的世界级城市群具有重要的理论与现实意义。研究分析了 2000～2018 年长三角两省一市空间生态冲突格局的演变，结果如下：①长三角地区空间生态冲突主要集聚在上海、南京、杭州、苏州、无锡、常州、嘉兴、宁波等 8 个核心城市组成的“Z”形带状区域。②区域空间生态冲突目前已经由“点轴”冲突扩散模式演化至多中心网络化发展阶段。在此期间，空间生态冲突强度呈现波动上升趋势，总体仍处于可控范围。不同演化阶段，伴随城镇化发展策略与生态环境保护政策的相继出台，空间生态冲突的类型差异较为显著。③针对长三角地区空间生态冲突的

* 吴蒙，博士，上海社会科学院生态与可持续发展研究所助理研究员，研究方向为生态空间与生态城市。

稳定可控、基本可控、基本失控和严重失控四个冲突等级区域，提出了推进长三角生态环境治理制度体系一体化建设、强化区域不同等级空间生态冲突分区规划管控、完善长三角地区空间生态冲突相关预警调控机制三方面对策建议。

关键词： 长三角 城市化 生态系统服务 空间冲突

2018年11月5日，习近平总书记在首届中国国际进口博览会（以下简称进博会）上宣布，支持长江三角洲区域（以下简称长三角）一体化发展并上升为国家战略。2018年6月，长三角地区主要领导座谈会和长三角区域污染防治协作机制会议明确了“打好污染防治攻坚战、建设绿色美丽长三角”的重要工作部署，表明长三角地区取得在更高起点上推动更高质量一体化发展的历史新机遇，同时也面临突破生态环境问题制约，建设绿色美丽的世界级城市群的重要挑战。城市化发展是区域生态系统组成、结构与服务功能演变的核心驱动力，也是形成空间生态冲突的最直接原因。2000～2018年，长三角地区城市化发展过程中，城市群空间生态冲突主要集聚在上海、南京、杭州、苏州、无锡、常州、嘉兴、宁波等8个核心城市组成的“Z”形带状区域。空间生态冲突的演变与城市群空间结构发育的“点轴”模式保持一致：2000～2005年为“点轴”冲突的初始阶段；2005～2010年为“点轴”冲突的形成阶段；2010～2018年为空间生态冲突的多中心网络化发展阶段，在此期间，空间生态冲突强度呈现波动上升趋势，2010年之后上升趋势放缓，目前，局部地区空间生态冲突演化趋势仍未得到遏制，但总体仍处于可控范畴。

长三角地区空间生态冲突可以划分为稳定可控、基本可控、基本失控和严重失控四个冲突等级，针对当前城镇化发展策略与生态环境治理政策不断完善的形势，考虑不同空间生态冲突等级及其对生态系统服务的影响效应，研究提出了推进长三角生态环境治理制度体系一体化建设、强化区域不同等级级空间生态冲突分区规划管控、完善长三角地区空间生态冲突相关预警调控机制三方面对策建议。为加强绿色美丽长三角建设过程中的空间生态冲突预警、探索解决空间生态冲突问题的相关规划管控措施提供科学参考。

一 绿色美丽长三角建设面临空间生态冲突的制约

长三角地区以占国土面积2.14%的土地承载了全国11.7%的人口，产出约占全国GDP的20%，是我国单位土地面积经济贡献最大的地区之一，也是人类开发活动强度最大、各种资源能源消耗和污染物排放强度最高的地区之一。区域城市化发展过程中空间资源利用较为粗放、城镇建设用地无序扩张导致脆弱生态系统与重要生态空间大量被挤占或受损，生态系统结构与服务功能逐步退化，形成空间生态冲突，不仅影响了区域优质生态产品的供给，生态环境风险的增加也对城市群社会经济的可持续发展形成制约。

在2019年12月《长江三角洲区域一体化发展规划纲要》出台之前，长三角地区生态环境相关规划分属不同省市的不同部门，各省市之间各自为政，规划之间的重叠、冲突与矛盾突出。虽然各省市对长三角地区生态产品与生态系统服务的一体化供给、环境基础设施建设的一体化布局持高度认同态度，但在实际行动当中却难以达成深度合作，制约了区域城市化过程中生态环境治理和生态安全维护的协同发展。伴随着区域城市化过程空间生态冲突的持续演化，一系列生态环境问题引发共同关注。例如，当前长江沿岸各省市饮用水水源安全保障面临共同困境，跨界水污染导致环境冲突事件时有发生；长三角地区大气环境质量改善仅局限于特殊时期（进博会期间）的应急联防联控，常态化的协同治理长效机制建设仍不完善；长三角地区在城市化扩张过程中，城镇建设用地大量挤占耕地、湿地、林地等重要生态空间，生态系统结构与功能严重退化，近十年来耕地面积减少约10.6%，地表不透水面积增加导致沿海城市内涝、地表径流污染和城市热岛效应加剧，太湖流域富营养化严重、杭州湾近岸海域赤潮频发。

在此背景下，以区域生态空间格局优化和生态系统服务保护为目标，以改革开放以来城市化发展较为迅速的上海市、江苏省和浙江省两省一市为研究对象，分析基于生态系统服务的空间生态冲突演变时空特征与基本规律，为缓解绿色美丽长三角建设过程中的生态环境冲突提供规划管控对策建议，助力长三角地区推进新型城镇化高质量发展，建设成为绿色美丽的世界级城市群。

二　长三角地区城市化过程空间生态冲突格局演变

（一）空间冲突国内外研究进展

空间冲突源于地理学领域的人地关系研究，后被引入规划学、生态学、资源科学、环境科学、经济学等多学科领域，是影响区域可持续发展的关键因素。[①] 由于不同学科领域开展空间冲突相关问题研究的侧重点有所差异，目前，学术界对空间冲突概念的界定尚未统一。长期以来，大量有关土地利用空间冲突的研究，奠定了空间冲突研究基础。于伯华和吕昌河从资源环境管理视角将土地空间冲突定义为土地资源利用过程中各利益主体在土地利用方式、土地资源分配等诉求方面的不一致与不和谐，以及土地开发利用与资源环境矛盾的现象。[②] 周国华和彭佳捷对不同学科领域相关研究进行系统梳

---

① Gresch P., and Smith B., "Managing Spatial Conflict: The Planning System in Switzerland," *Progress in Planning* 23 (1985): 155 - 251; Zhang Y. J., Li A. J., and Fung T., "Using GIS and Multi-criteria Decision Analysis for Conflict Resolution in Land Use Planning," *Procedia Environmental Sciences* 13 (2012): 2264 - 2273; Qi X., Fu Y., and Wang R. Y., et al., "Improving the Sustainability of Agricultural Land Use: An integrated Framework for the Conflict between Food Security and Environmental Deterioration," *Applied Geography* 90 (2018): 214 - 223; 周国华、彭佳捷：《空间冲突的演变特征及影响效应——以长株潭城市群为例》，《地理科学进展》2012 年第 6 期，第 717 ~ 723 页。

② 于伯华、吕昌河：《土地利用冲突分析：概念与方法》，《地理科学进展》2006 年第 3 期，第 106 ~ 115 页。

理，将空间冲突定义为人地关系作用过程中，源于空间资源的稀缺性和空间功能的外溢性，伴随空间资源竞争产生的客观地理现象，并根据空间资源利用目标，划分为空间经济冲突、空间生态冲突、空间社会冲突及空间复合冲突，并根据瑞典乌普萨拉大学和平与冲突研究中心提出的冲突生命周期模型，提出空间冲突的倒“U”形演变过程，将空间冲突按照可控级别，分为稳定可控、基本可控、基本失控和严重失控四个层次。周国华和彭佳捷的概念界定是对各学科已有研究在空间层面上的集成与浓缩，为后续开展空间冲突相关研究提供了较为科学的理论分析框架。①

国内外学者主要从以下几个学科视角开展了空间冲突相关研究。地理学领域，主要从区域剥夺、② 空间竞争、③ 空间整合④等维度揭示了空间冲突的

① 周国华、彭佳捷：《空间冲突的演变特征及影响效应——以长株潭城市群为例》，《地理科学进展》2012 年第 6 期，第 717 ~ 732 页。

② Cabrera-Barona P. , Murphy T. , and Kienberger S. , et al. , “A Multi-criteria Spatial Deprivation Index to Support Health Inequality Analyses,” *International Journal of Health Geographics* 1 (2015): 11; Ouyang W. , Wang B. , and Tian L. , et al. , “Spatial Deprivation of Urban Public Services in Migrant Enclaves under the Context of a Rapidly Urbanizing China: An Evaluation Based on Suburban Shanghai,” *Cities* 60 (2017): 436 – 445; 方创琳、刘海燕：《快速城市化进程中的区域剥夺行为与调控路径》，《地理学报》2007 年第 8 期，第 849 ~ 860 页；袁媛、吴缚龙：《基于剥夺理论的城市社会空间评价与应用》，《城市规划学刊》2010 年第 1 期，第 71 ~ 77 页。

③ Debolini M. , Valette E. , and Francois M. , et al. , “Mapping Land use Competition in the Rural-urban Fringe and Future Perspectives on Land Policies: A Case Study of Meknès (Morocco)," *Land Use Policy* 47 (2015): 373 – 381; Moein M. , Asgarian A. , and Sakieh Y. , et al. , “Scenario-based Analysis of Land-use Competition in Central Iran: Finding the Trade-off between Urban Growth Patterns and Agricultural Productivity,” *Sustainable Cities and Society* 39 (2018): 557 – 567; 许春晓、王甫园、王开泳等：《旅游地空间竞争规律探究——以湖南省为例》，《地理研究》2017 年第 2 期，第 321 ~ 335。

④ 陈红霞、李国平、张丹：《京津冀区域空间格局及其优化整合分析》，《城市发展研究》2011 年第 11 期，第 74 ~ 79 页；张磊、万荣荣、胡海波等：《生态用地的环境功能及空间整合——以南京市为例》，《长江流域资源与环境》2011 年第 10 期，第 1222 ~ 1227 页；Wagner P. D. , Bhallamudi S. M. , and Narasimhan B. , et al. , “Dynamic Integration of Land Use Changes in a Hydrologic Assessment of a Rapidly Developing Indian Catchment,” *Science of the Total Environment* 539 (2016): 153 – 164; Tu S. , Long H. , and Zhang Y. , et al. , “Rural Restructuring at Village Level under Rapid Urbanization in Metropolitan Suburbs of China and its Implications for Innovations in Land Use Policy,” *Habitat International* 77 (2018): 143 – 152。

形成原因、存在形式、基本特征以及对社会经济发展与资源环境的影响；生态环境领域，主要利用景观生态学、生态区位、生态系统服务、资源环境溢出、生态风险等理论，研究不同利益群体之间空间资源利用的矛盾、空间资源开发利用与区域生态环境的冲突，从而提出区域生态安全格局优化与生态风险调控等方面的对策建议，[①] 为探索空间冲突形成机理与调控对策提供了重要参考；经济学领域，国内外学者从区域空间溢出视角探讨了城市化过程中人才、政策、资金、技术、资源等要素的空间溢出效应及其引起的经济安全、社会安全和生态安全问题，[②] 为探索城市化过程中人地关系稳定与和谐提供借鉴。整体来看，在当前全球倡导可持续发展的背景下，不同学科领域关于空间冲突的研究具有跨学科的特点，较为关注与生态环境领域的交叉与融合。

高度城市化地区空间冲突最为显著，城市群区域尤其值得关注。[③] 已有大量研究探讨了城市化过程中土地利用变化引起的生态系统组成、结构与过

① Turkelboom F. , Leone M. , and Jacobs S. , et al. , "When We Cannot Have it All: Ecosystem Services Trade-offs in the Context of Spatial Planning," *Ecosystem Services* 29 (2018): 566 - 578; 吴蒙、车越、杨凯:《基于生态系统服务价值的城市土地空间分区优化研究——以上海市宝山区为例》,《资源科学》2013 年第 12 期，第 2390 ~ 2396 页；王振波、梁龙武、方创琳等:《京津冀特大城市群生态安全格局时空演变特征及其影响因素》,《生态学报》2018 年第 12 期，第 4132 ~ 4144 页；陈晓、刘小鹏、王鹏等:《旱区生态移民空间冲突的生态风险研究——以宁夏红寺堡区为例》,《人文地理》2018 年第 5 期，第 106 ~ 113 页；廖李红、戴文远、陈娟等:《平潭岛快速城市化进程中三生空间冲突分析》,《资源科学》2017 年第 10 期，第 1823 ~ 1833 页。

② 刘帅、董会忠、刘明睿等:《城市规模对能源消耗的空间溢出效应》,《资源开发与市场》2018 年第 12 期，第 1701 ~ 1706 页；谢锐、陈严、韩峰等:《新型城镇化对城市生态环境质量的影响及时空效应》,《管理评论》2018 年第 1 期，第 230 ~ 241 页；齐昕、王雅莉:《城市化经济发展空间溢出效应的实证研究——基于"城"、"市" 和 "城市化" 的视角》,《财经研究》2013 年第 6 期，第 84 ~ 92 页；周侃、王强、樊杰:《经济集聚对区域水污染物排放的影响及溢出效应》,《自然资源学报》2019 年第 7 期，第 1483 ~ 1495 页。

③ 周国华、彭佳捷:《空间冲突的演变特征及影响效应——以长株潭城市群为例》,《地理科学进展》2012 年第 6 期，第 717 ~ 723 页；方创琳、刘海燕:《快速城市化进程中的区域剥夺行为与调控路径》,《地理学报》2007 年第 8 期，第 849 ~ 860 页；周德、徐建春、王莉:《环杭州湾城市群土地利用的空间冲突与复杂性》,《地理研究》2015 年第 9 期，第 1630 ~ 1642 页；彭佳捷、周国华、唐承丽等:《基于生态安全的快速城市化地区空间冲突测度——以长株潭城市群为例》,《自然资源学报》2012 年第 9 期，第 1507 ~ 1519 页。

程变化，分析评价了对区域生态系统服务及其功能的影响，揭示了城市化发展与生态系统服务之间的冲突关系与不同空间尺度上的影响效应。[①] 主要包括城镇建设用地扩张引起的生态系统服务功能与价值变化、[②] 协同与权衡、[③] 供需平衡[④]等方面的模拟与评价。城市化发展在对生态系统格局与服务功能产生剧烈影响的同时，生态系统服务与生态产品供给的变化也在影响着人类的土地开发利用方式。[⑤] 由此可知，城市化过程中土地利用变化引起的空间冲突，在冲突强度、方式、空间格局方面都应当处于复杂的动态演变过程中。随着当前"新型城镇化"上升为国家战略，未来城市化进程将进一步加快，如不从生态系统服务与功能保护视角针对空间生态冲突加以有效引导与调控，将对不同空间尺度上的自然生态系统产生影响，并制约区域"社会-经济-生态"复合系统的稳定性与可持续性。

---

① Costanza R., d'Arge R., and De Groot R., et al., "The Value of the World's Ecosystem Services and Natural Capital," *Nature* 6630 (1997): 253；李双成、刘金龙、张才玉等：《生态系统服务研究动态及地理学研究范式》，《地理学报》2012 年第 12 期，第 1618 ~ 1630 页；毛齐正、黄甘霖、邬建国：《城市生态系统服务研究综述》，《应用生态学报》2015 年第 4 期，第 1023 ~ 1033 页；方恺、吴次芳、董亮：《城市化进程中的土地自然资本利用动态分析》，《自然资源学报》2018 年第 1 期，第 1 ~ 13 页。

② 谢花林、姚干、何亚芬等：《基于 GIS 的关键性生态空间辨识——以鄱阳湖生态经济区为例》，《生态学报》2018 年第 16 期，第 5926 ~ 5937 页；杨远琴、任平、洪步庭：《基于生态安全的三峡库区重庆段土地利用冲突识别》，《长江流域资源与环境》2019 年第 2 期，第 322 ~ 332 页；张雪琪、满苏尔、沙比提等：《基于生态系统服务的叶尔羌河平原绿洲生态经济协调发展分析》，《环境科学研究》2018 年第 6 期，第 1114 ~ 1122 页。

③ Kim I., and Arnhold S., "Mapping Environmental Land Use Conflict Potentials and Ecosystem Services in Agricultural Watersheds," *Science of the Total Environment* 630 (2018): 827 - 838; Connor J. D., Bryan B. A., and Nolan M., et al., "Modelling Australian Land Use Competition and Ecosystem Services with Food Price Feedbacks at High Spatial Resolution," *Environmental Modelling & Software* 69 (2015): 141 - 154; Kovács E., Kelemen E., and Kalóczkai Á., et al., "Understanding the Links between Ecosystem Service Trade-offs and Conflicts in Protected Areas," *Ecosystem Services* 12 (2015): 117 - 127.

④ Castillo-Eguskitza N., Martín-López B., and Onaindia M., "A Comprehensive Assessment of Ecosystem Services: Integrating Supply, Demand and Interest in the Urdaibai Biosphere Reserve," *Ecological Indicators* 93 (2018): 1176 - 1189.

⑤ 方恺、吴次芳、董亮：《城市化进程中的土地自然资本利用动态分析》，《自然资源学报》2018 年第 1 期，第 1 ~ 13 页。

基于以上分析，本研究运用地理学、生态学、环境经济学的相关知识，综合考虑作为生态系统服务载体的空间资源的稀缺性、空间资源功能的多宜性、城镇建设用地与生态用地在空间资源利用方面的竞争性，分析城市化过程中空间生态冲突形成机理，构建空间生态冲突分析框架与测度模型，探讨城市化区域空间生态冲突的动态演变特征与规律，并提出相关预警调控对策。它可以为区域城市化发展过程中空间规划生态适宜性评价与区域生态环境冲突研究提供一定参考。

（二）研究思路与方法

1. 空间生态冲突分析理论框架

空间生态冲突的实质是作为生态系统服务载体的空间资源的稀缺性、空间资源功能的多宜性导致的城镇建设用地与生态用地在空间资源利用方面的博弈。空间资源的稀缺程度是客观原因。在有限空间范围内人口集聚、产业发展、城镇建设范围迅速扩张，驱动城镇建设用地大量挤占农业用地与各类生态用地，二者形成空间载体方面的竞争。空间资源具有功能多宜性和外部性特征，决定了开发利用目标在空间上具有叠加性，基于生态系统服务保护的空间开发利用与以城市化发展为导向的空间开发利用在空间资源利用目标上存在竞争，这种竞争是空间生态冲突演化的根本原因。城市化发展的空间扩散效应决定了空间生态冲突的演变方向。在全球范围内，城镇化发展多数遵循沿主要河流轴线、主要道路轴线扩散的基本规律，城镇建成区边缘通常是城镇化发展最为活跃的地区，二者在此类区域存在较为激烈的区位竞争。

根据城市化发展与生态系统服务保护的影响机理与作用过程，从空间资源稀缺程度、空间资源功能多宜性和空间开发扩散效应三个方面，构建空间生态冲突形成机理分析框架（见图 1），并以此为基础构建综合测度指数，用于评估快速城市化地区空间生态冲突的时空演变。

2. 空间生态冲突测度指数构建

基于研究构建的空间生态冲突分析理论框架，参考“风险源－风险受

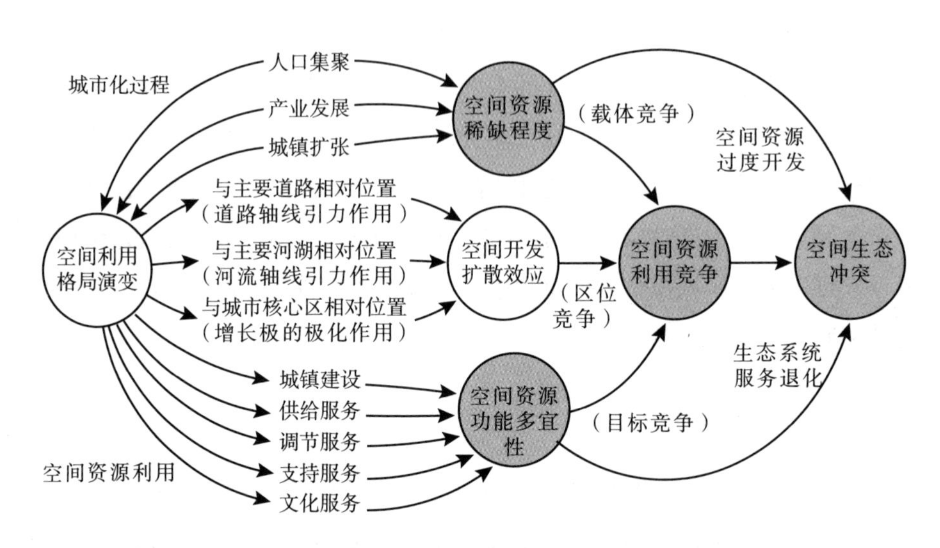

图1　城市化过程空间生态冲突形成机理分析框架

体－风险效应”的相对生态风险评价概念模型，构建相应的空间生态冲突测度模型。“风险源”是指区域面临的可能生态风险压力因子，“风险受体”指生态风险的受体或载体，“风险效应”指不同风险受体对风险源的效应表征。[①] 空间单元承受的城镇开发建设压力越大，生态风险暴露程度越高，则触发空间生态风险的可能性越大，区域生态系统服务受到的影响也越大，即空间生态冲突越强。研究选取社会经济发展与城镇建设用地扩张等方面的驱动因素来表征生态风险压力；选取反映区域城市化发展空间扩散特征的相关指标，表征受到风险源的压力时潜在风险发生的可能性；用生态系统服务价值变化来表征风险受体对当前风险源的生态响应，主要参考 Costanza 等和谢高地等的研究进行生态系统服务价值评估。

综合考虑研究尺度、研究范围、研究数据可获取性、土地利用数据空间分辨率等因素，为增强研究结果的可视化效果，利用 ArcGIS 空间分析工具，将长三角两省一市（江苏省、浙江省和上海市）共划分为 7710 个 5000 米 ×

① 彭佳捷、周国华、唐承丽等：《基于生态安全的快速城市化地区空间冲突测度——以长株潭城市群为例》，《自然资源学报》2012 年第 9 期，第 1507 ~ 1519 页。

5000 米的完整空间网格单元，计算各空间网格单元内的压力指标、暴露程度指标、生态系统服务价值和空间生态冲突指数，以定量评估其空间生态冲突水平。计算公式为：

$$ESC = \sum_{i=1}^{n} \sum_{j=1}^{m} (P_{ij} + E_{ij} - ESV_{ij}) \tag{1}$$

其中，ESC 表征空间生态冲突指数；P_{ij}表示 i 网格单元的 j 项压力指标，主要包括人口密度、经济密度、城镇建设用地所占比例；E_{ij}表示 i 网格单元的 j 项暴露程度指标，主要包括与区域主要道路的 Euclidean 距离、与主要河流的 Euclidean 距离、与城镇建成区边缘的 Euclidean 距离；ESV_{ij}表示 i 网格单元的 j 项生态系统服务价值，主要包括供给服务价值、调节服务价值、支持服务价值和文化服务价值四大类。

3. 资料来源与预处理

研究数据主要包括长三角两省一市人口密度栅格数据、经济密度栅格数据和土地利用数据，各包括 5 个时象，即 2000 年、2005 年、2010 年、2015 年和 2018 年，土地利用数据主要来源于中国科学院资源环境科学数据中心，空间分辨率为 100 米×100 米；人口密度和经济密度数据主要来源于中国科学院资源环境科学数据中心数据注册与出版系统，空间分辨率为 1000 米×1000 米。主要河流和道路、行政边界和地级以上居民点资料来源于 1∶100 万全国基础地理数据库，各省市不同年份主干道路与主要河湖数据难以全部获取，故暂未考虑其变化。研究前期通过遥感数据几何校正、投影转换、图像裁剪和网格化处理，共得到研究区域范围内各个时象的 7710 个 5000 米×5000 米的完整空间网格单元。

（三）研究结果与分析

将各评价指标标准化处理至 0～1 范围内，然后代入公式（1），并将最终冲突指数测算结果也标准化处理至 0～1 范围内，得到各个时象每一网格单元的空间生态冲突指数。在参照已有研究的基础上，根据研究得到的多时象冲突指数分布与变化特征，将冲突指数为［0，0.5］定义为稳定可控，

(0.5, 0.7] 定义为基本可控,(0.7, 0.8] 定义为基本失控,(0.8, 1] 定义为严重失控,进行空间生态冲突级别划分。

1. 长三角地区空间生态冲突时空演变特征

从时间维度来看,长三角两省一市5个时象的空间生态冲突指数测算结果显示,2000年、2005年、2010年、2015年和2018年空间生态冲突指数的平均值分别为0.514、0.530、0.543、0.538和0.548(见表1),表明长三角地区空间生态冲突强度总体呈现波动上升的趋势。其中,2000~2010年空间生态冲突指数快速上升,2010~2015年有所放缓,2015年之后,再次呈现快速上升趋势。总体来看,空间生态冲突强度仍属于可控级别。多年来,稳定可控级别的网格单元数量占比整体在40%左右,稳定可控和基本可控的网格单元数量占比始终在85%以上,此类区域对维持长三角地区生态安全以及生态系统服务的可持续性起到关键作用。与此同时,基本失控和严重失控两个冲突级别的网格单元比重总体呈递增趋势,严重失控级别的网格单元增幅最大,从2000年的1.36%迅速增加到2018年的5.65%,增长了315%,表明长三角局部地区空间生态冲突严重失控,并呈现持续扩张的趋势,此类区域是长三角未来加强生态系统恢复和重建的重点。

表1 长三角地区2000~2018年空间生态冲突指数测算结果

冲突级别	冲突阈值	网格单元数(个)					网格单元百分比(%)				
		2000年	2005年	2010年	2015年	2018年	2000年	2005年	2010年	2015年	2018年
稳定可控	[0, 0.5]	3418	3224	3077	3160	3096	44.33	41.82	39.91	40.99	40.16
基本可控	(0.5, 0.7]	3834	3861	3711	3677	3524	49.73	50.08	48.13	47.69	45.71
基本失控	(0.7, 0.8]	353	448	629	588	654	4.58	5.81	8.16	7.63	8.48
严重失控	(0.8, 1]	105	177	293	285	436	1.36	2.30	3.80	3.70	5.65
合计		7710	7710	7710	7710	7710	100	100	100	100	100
空间生态冲突指数均值		0.514	0.530	0.543	0.538	0.548					

从空间维度来看,长三角地区空间生态冲突演变与城市群空间结构发育的"点轴"模式保持一致。严重失控级别的网格单元主要分布在上海、南京、杭州、苏州、无锡、常州、嘉兴、宁波等8个核心城市组成的"Z"形

带状区域。参考“点轴系统”理论，分析2000~2018年长三角地区空间生态冲突格局演变的阶段特征，大致可以划分为三个阶段。第一阶段（2000~2005年）为“点轴”冲突的初始阶段。上述8个核心城市的建成区均处于严重失控级别，建成区边缘多数处于基本失控级别，呈现点圈式梯度扩散特征，并以沪宁、沪杭铁路与高速公路为依托，初步形成“沪宁扩散轴”和“沿杭州湾扩散轴”两条主要扩散轴，处于两个失控级别的网格单元向四周渐进扩散，并在距离核心城市一定距离的地方形成新的集聚。第二阶段（2005~2010年）为“点轴”冲突的形成阶段。随着城市化进程的加速，“沪宁扩散轴”“沿长江扩散轴”“沿杭州湾扩散轴”进一步发育，江苏省北部中小城市间形成多条新的扩散轴，不同规模的冲突轴线相互连接，局域空间冲突网络已初步形成。第三阶段（2010~2018年）为空间生态冲突的多中心网络化发展阶段。随着城市群空间一体化发展的不断演进，以核心城市为中心的局域空间冲突网络进一步发展，整体由轴向发展逐渐转向多中心网络化发展阶段，江苏省北部的空间冲突网络加快形成。此外，分析严重失控级别的网格单元变化特征可以发现，2000~2010年，新增严重失控级别的网格单元主要集聚在“沿长江扩散轴”和“沿杭州湾扩散轴”构成的“Z”形带状区域内，沿8个核心城市建成区的边缘进行扩散。而2010~2018年，新增严重失控级别的网格单元空间分布相对均匀，8个核心城市边缘地区的分布明显减少，而在江苏省中小城市边缘的分布显著增加。这进一步验证了随着城市化发展的演进，长三角地区空间生态冲突逐步由“点轴”扩散模式转向网络化扩散模式。

综上所述，城市化扩张是区域空间生态冲突演化的最直接动因，在不同演化阶段呈现差异化的影响效应，在冲突演化的初始阶段，核心城市边缘地区空间冲突范围和强度逐步增大，生态风险加剧；在冲突演化的形成阶段，农业生态空间和自然生态空间的完整性和连续性进一步遭受破坏；在冲突演化的网络化发展阶段，空间冲突集聚导致较大尺度上的、系统性的生态环境问题愈加严重。例如，这一时期集中出现的太湖富营养化暴发、长江生态系统退化与水环境污染、杭州湾近岸海域赤潮频发等。以上研究结论为探索城

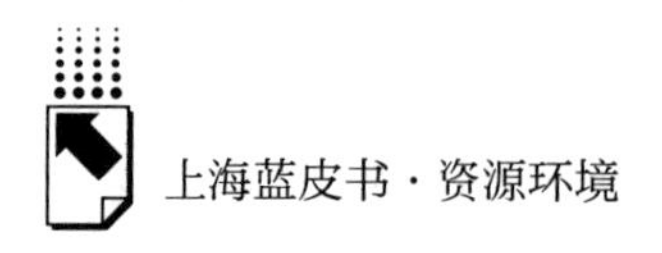

市群地区空间生态冲突演变规律、加强空间生态冲突预警与规划调控提供了一定的参考依据。

2. 长三角地区空间生态冲突类型差异特征

为研究城市化过程中空间生态冲突类型差异，本文分别计算了生态系统供给服务、调节服务、支持服务和文化服务空间生态冲突指数，并对不同冲突级别的网格单元数量变化进行统计分析，结果表明，在长三角城市化发展的不同时间段内，四类空间生态冲突的演变特征存在一定差异（见图2）。

横向比较不同冲突级别下各类型空间生态冲突在时间维度上的演变特征，有如下结果。

2000~2005年，各类型空间生态冲突主要由稳定可控级别转出为基本可控、基本失控和严重失控三个级别。在城市化发展影响下，向失控状态衰退的网格单元主要属于稳定可控级别。结合前文分析可知，这一阶段为"点轴"冲突的初始阶段，城镇化建设主要影响的是核心城市边缘地区具有重要生态系统服务功能的大量农田、水域和湿地生态系统等，在此过程中，供给服务、调节服务、支持服务和文化服务的稳定可控级别网格单元转出率依次为2.94%、3.23%、1.52%和1.57%，表明各类型生态系统服务受城市化发展影响程度最高的是调节服务，其次为供给服务，支持服务和文化服务受影响相对较小。

2005~2010年，各类型空间生态冲突主要由稳定可控和基本可控两个级别转出为基本失控和严重失控级别。城市化发展影响的区域范围进一步扩大，不仅影响城市建成区边缘地区，轴向扩散效应导致大量原先沿主要道路轴线、河流轴线的小城镇快速发展，区域空间生态冲突由原先的可控状态演化为基本失控和严重失控状态，"点轴"冲突格局形成。这一时期，供给服务、调节服务、支持服务和文化服务的可控级别网格单元转出率依次为3.81%、3.75%、3.93%和3.79%，稳定可控区域的调节服务受影响较大，而基本可控区域的支持服务、供给服务和文化服务受影响较大。

2010~2018年，这一阶段为空间生态冲突的多中心网络化发展阶段，主要特征是以核心城市为中心的局域空间冲突网络快速发展。2010年底印

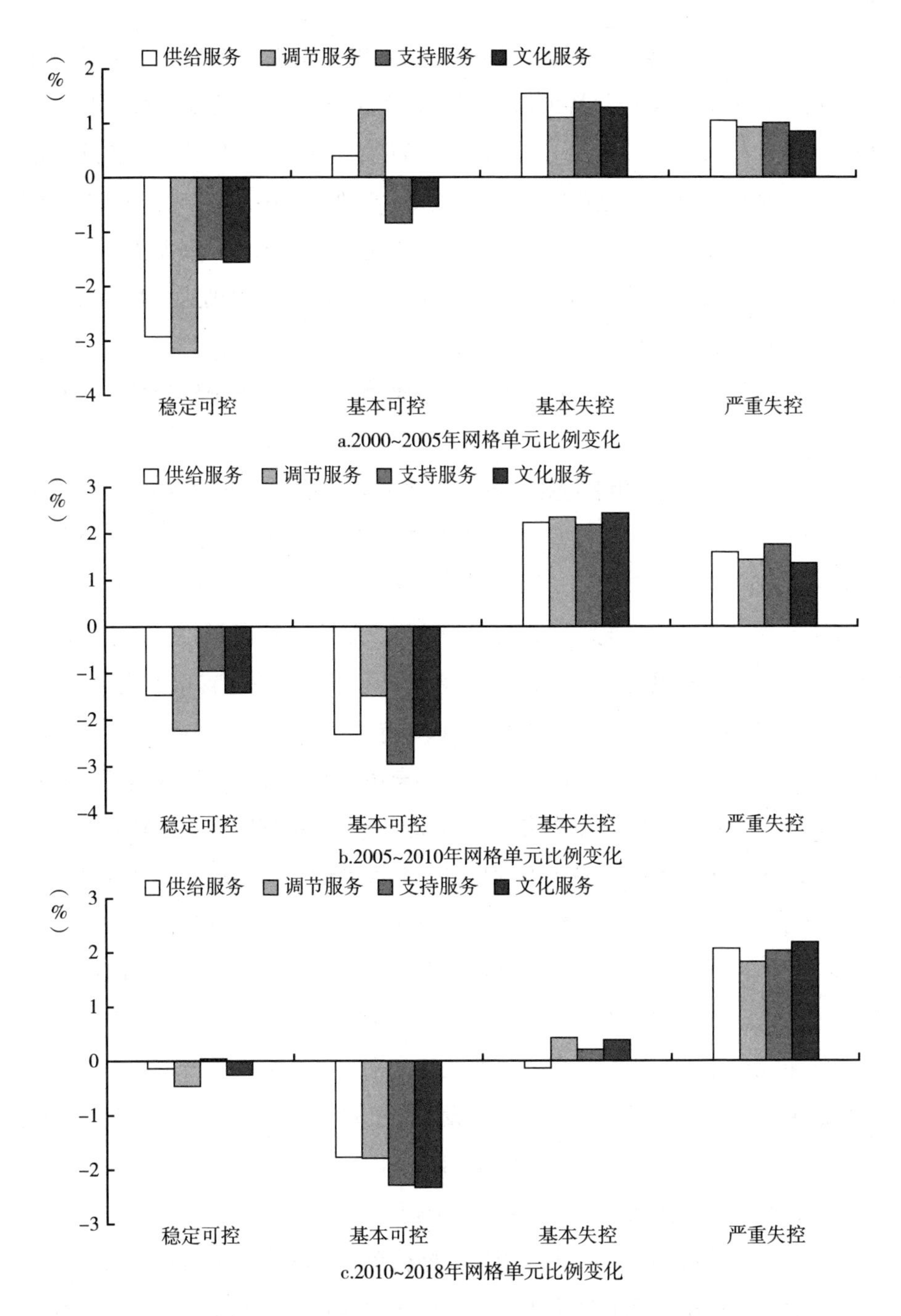

图 2　2000～2018 年不同空间生态冲突类型的阶段性演变特征

发的《全国主体功能区规划》明确了要构建以“两横三纵”为主体的城市化格局，提出推进长三角特大城市群建设，2013 年提出的新型城镇化发展战略，要求推进大中小城市、小城镇、新型农村社区协调发展。在此背景下，长三角城市群的大城市空间范围扩张逐步放缓，中小城市、小城镇和新农村建设发展相对迅速，其中，江苏省北部地区中小城市发展尤为明显。由此导致原先空间生态冲突为基本可控的中小城市和小城镇迅速由基本可控级别转化为严重失控级别。

纵向比较各个阶段不同冲突级别下各类型空间生态冲突演变特征，有如下结果。

2000～2018 年，四种类型空间生态冲突处于稳定可控冲突级别的网格单元转出率逐步减小，各个阶段稳定可控级别总的网格单元转出率分别是：2000～2005 年为 9.26%，2005～2010 年为 6.13%，2010～2018 年为 0.82%。这表明随着区域城市化发展的演进，稳定可控区域的空间生态冲突逐渐趋于稳定。观察各个阶段基本可控级别总的网格单元转出率变化情况，2000～2005 年为 -0.22%，2005～2010 年为 9.14%，2010～2018 年为 8.24%，表明基本可控区域的空间生态冲突虽然有所缓解，但依然没有得到有效遏制。观察各个阶段基本失控级别和严重失控级别网格单元转入率变化情况，2010～2018 年基本失控级别网格单元转入率明显减小，然而严重失控级别总的网格单元转入率依然呈增大趋势，2000～2005 年为 3.76%，2005～2010 年为 6.10%，2010～2018 年为 8.16%，遏制严重失控网格单元数量攀升是未来空间生态冲突调控的重点，结合 2000～2018 年新增严重失控网格单元分布情况进行分析，研究认为未来需要加强中小城市和小城镇空间生态冲突预警，通过新型城镇化建设，转变城镇化的空间发展理念，实施高质量发展，遏制城市化发展过程空间生态冲突的进一步失控。

3. 长三角地区空间生态冲突城市尺度差异

以基本失控级别和严重失控级别的网格单元之和占城市网格单元总数的比重来表征城市空间生态冲突水平，获得长三角两省一市 24 个城市（不含舟山市）5 个年份的空间生态冲突水平，从 5 个年份空间生态冲突水平的均值来看，排名前10的城市依次为上海市、无锡市、苏州市、南京市、嘉兴市、常州市、宁波市、宿迁市、泰州市、徐州市。2000～2018年，这些城市主要以2010年为拐点，空间生态冲突水平呈现先升高后降低的趋势。分析其原因，在2010年之前，以上海市为核心城市，苏州市、无锡市和常州市受其辐射作用，城市化发展迅速推进，互联网的蓬勃发展带动杭州市、嘉兴市、宁波市等城市化水平也不断提高，南京市作为省会城市，集聚效应不断加强，城市化的突飞猛进给生态系统带来了前所未有的压力。2010年之后，长三角地区城市化水平趋稳，城市化增速放缓。2012年党的十八大召开以来，我国进入生态文明建设的新时代，以习近平生态文明思想为指引，遵循“山水田林湖草是生命共同体”，系统开展生态系统保护与修复，与此同时，强化国土空间规划管控，划定“三区三界”，共同倒逼城镇化发展质量显著提升。在此背景下，长三角地区空间生态冲突逐步得到缓解。

从2018年各城市空间生态冲突水平来看，总体上，长三角南部的浙江省优于北部的江苏省，距离上海市越近的城市，空间生态冲突越强，目前长三角地区空间生态冲突呈现一定的集聚特征，中部的上海市、苏州市、无锡市、常州市、南京市、嘉兴市和泰州市城市化水平较高，空间生态冲突最强，未来亟须通过加强生态系统恢复与重建，改善区域生态系统服务功能；江苏省北部的徐州市、宿迁市、淮安市次之，此类城市虽然在2015年之后空间生态冲突逐步得到缓解，但中小城市周边严重失控网格单元数量显著增加。因此，需要加强城镇化建设过程中的空间生态冲突预警，避免空间生态冲突失控。

三　长三角地区空间生态冲突的治理对策

（一）推进长三角生态环境治理制度体系一体化建设

改革开放以来，长三角地区城市化发展过程中生态环境治理与保护的一体化建设相对滞后，空间生态冲突伴随着城市群一体化发展的推进，

已转向多中心网络化发展阶段。因此，亟须突破区域行政壁垒，通过区域生态环境治理制度体系的一体化建设，系统解决空间生态冲突问题。以全面提升生态环境质量和生态系统服务功能为目标、以促进山水田林湖草协同治理和生态空间有效管控为抓手，在现阶段已经出台的《长江三角洲区域一体化发展规划纲要》基础上，进一步完善长三角空间规划、生态环境治理与生态风险防范等重点领域的规划，并明确以空间规划为基础发挥指导作用和约束作用，加强两省一市相关规划与该空间规划的对接与协同。

第一，统筹考虑长三角地区城镇发展空间、农业生产空间和生态空间三类空间和城镇增长边界、永久基本农田边界和生态保护红线三类边界，优化城镇空间体系和产业空间布局，避免城镇化发展在不同空间尺度上对具有重要生态系统服务功能的空间资源进行挤占和破坏。要通过统一划定并加强生态红线区域的保护和修复，确保长三角地区生态空间面积只增不减，保护好区域生态安全底线。

第二，通过在规划层面上实施长江生态廊道建设、淮河－洪泽湖生态廊道建设、皖南－浙西－浙南山区绿色生态屏障建设、环太湖地区生态建设等跨界地区脆弱生态系统的共建共保，各省市联合建设自然保护地网络体系，提高空间生态冲突治理的完整性和系统性。

第三，由长三角各省市联合成立规划委员会，推进区域一体化发展规划和生态环境治理、生态风险防范等重点领域规划的落地落实，由各省市主要领导轮流担任主任，实现统一规划、实施和管理。明确各省市、各部门机构的责任，形成刚性约束的制度安排，推动跨部门、跨区域协同治理机制的完善。

（二）强化区域不同等级空间生态冲突分区规划管控

长三角地区城市化发展无序蔓延不仅引起城市尺度上空间生态冲突严重失控，在流域尺度和城市群尺度上对脆弱生态系统造成的影响也随着空间生态冲突的不断升级而形成一系列生态环境问题。因此，研究认为需要在已有主体功能区划和生态功能区划的基础上，根据空间生态冲突等级与影响效应差异，更精细化地采取分区规划管控措施。

针对稳定可控冲突级别的区域，需依托统一的生态保护红线划定与自然保护地体系构建，加强生态保育，保障重要生态系统服务的持续供应。此类区域诸如浙江省南部与西部山区、太湖流域、淮河洪泽湖区域，具有重要的生态系统调节服务功能，然而生态系统本身较为脆弱，容易受到人类开发活动干扰。以长江沿岸与环太湖地区为例，建议以共同水源地建设为载体，以供水安全保障和生态空间保护为共同目标，以环太湖、长江沿岸地区水生态修复为核心，加强跨界区域的森林、湿地等生态系统保护，实施共建、共保和共享。

针对基本可控冲突级别的区域，以农业用地为主，此类区域的村镇建设用地数量多、碎片化严重。随着我国城乡一体化发展与新农村建设的持续推进，乡镇道路与其他市政基础设施建设容易使农业生态空间的完整性与连续性遭受破坏。建议依托基本农田保护、村镇合并、农业用地规划管控，促进农业生态空间的规模化整合，并建设高标准农田林网，最大限度促进生态系统服务功能叠加。

针对基本失控冲突级别的区域，此类区域主要为中小城市与小城镇建成区及其周边。近年来，随着新型城镇化建设的大力推进，城镇建设用地范围与开发建设强度逐渐增大，大量区域由基本失控级别转化为严重失控级别。因此，亟须通过加强空间生态冲突预警，引导新型城镇化建设与区域生态环境保护的协同发展。

针对严重失控冲突级别的区域，主要为城镇建成区及其边缘区域。建议在城市更新改造过程中，依托生态城市、海绵城市、低碳城市等发展理念，加强城市生态基础设施建设水平与生态系统服务功能的共同提升。例如，依托海绵城市建设理念在规划源头实施城市“底线发展”，锚固城市生态根基，以低影响开发理念进行城市更新改造，建设“自然渗透、自然积存、自然净化”的海绵城市，提供雨水调蓄、热岛缓解、地表径流净化等重要的生态系统服务功能。

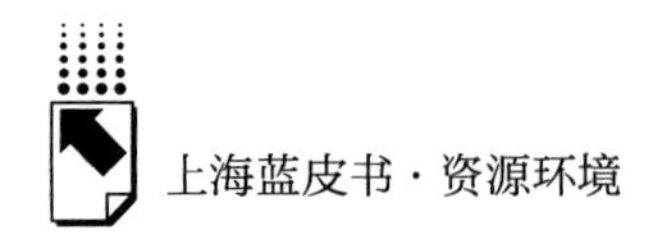

（三）完善长三角地区空间生态冲突相关预警调控机制

为系统应对长三角空间生态冲突问题，建议在各省市已有生态环境风险监督管理与预警调控机制基础上，从空间生态冲突视角完善相关预警调控机制。

第一，强化规划源头布局。依托《长江经济带发展规划纲要》《长江三角洲区域一体化发展规划纲要》，严格控制长三角地区的产业布局，统一划定开发利用红线，进行产业用地的集中化、规范化布局，避免低水平重复建设对有限空间资源的占用，为区域生态化建设保留底线空间。对长江沿岸化工产业分散布局、环境风险聚集的空间格局进行优化调整，遵循共抓大保护、不搞大开发的重要原则，共同推进长江生态廊道建设，保障长江沿岸城市水资源供给安全。

第二，推进长三角生态环境建设与管理标准的一体化。实施生态风险评价、生态环境保护规范的有效衔接，实行跨行政区的评价制度，建立一体化的备案制度，对于重大生态风险源应采取跨省市专家共同评价。推动区域生态保护与建设标准的一体化，例如跨界河岸带防护林建设、水源地保护区划定、生态保护红线划定等，通过建立长三角地区综合性的生态环境治理机构，实现统一行动和监督管理。在法制化保障方面，以《中华人民共和国长江保护法》为制度枢纽，促进跨行政区域、跨部门联合和多元主体共同参与，保障长三角地区自然生态系统和社会经济系统的可持续发展。

第三，要完善长三角地区跨界生态补偿机制和监测预警机制。在生态补偿方面，依托长三角生态绿色一体化发展示范区建设，开展跨界生态补偿体制机制创新，为其他跨界地区缓解空间生态冲突提供经验借鉴。建立一体化的生态风险监测预警和应急机制以及生态环境风险应急统一管理平台，打造长三角地区生态环境监测网络，对破坏生态保护红线、侵占基本农田和湿地或其他重要生态空间的违法行为实施常态化监测与监管，并建立配套的区域内应急队伍，确保能及时、准确、快速调动跨行政区域的处理处置力量，最大限度降低生态环境影响。

参考文献

周国华、彭佳捷：《空间冲突的演变特征及影响效应——以长株潭城市群为例》，《地理科学进展》2012 年第 6 期。

于伯华、吕昌河：《土地利用冲突分析：概念与方法》，《地理科学进展》2006 年第 3 期。

方创琳、刘海燕：《快速城市化进程中的区域剥夺行为与调控路径》，《地理学报》2007 年第 8 期。

袁媛、吴缚龙：《基于剥夺理论的城市社会空间评价与应用》，《城市规划学刊》2010 年第 1 期。

许春晓、王甫园、王开泳等：《旅游地空间竞争规律探究——以湖南省为例》，《地理研究》2017 年第 2 期。

陈红霞、李国平、张丹：《京津冀区域空间格局及其优化整合分析》，《城市发展研究》2011 年第 11 期。

张磊、万荣荣、胡海波等：《生态用地的环境功能及空间整合——以南京市为例》，《长江流域资源与环境》2011 年第 10 期。

吴蒙、车越、杨凯：《基于生态系统服务价值的城市土地空间分区优化研究——以上海市宝山区为例》，《资源科学》2013 年第 12 期。

王振波、梁龙武、方创琳等：《京津冀特大城市群生态安全格局时空演变特征及其影响因素》，《生态学报》2018 年第 12 期。

陈晓、刘小鹏、王鹏等：《旱区生态移民空间冲突的生态风险研究——以宁夏红寺堡区为例》，《人文地理》2018 年第 5 期。

廖李红、戴文远、陈娟等：《平潭岛快速城市化进程中三生空间冲突分析》，《资源科学》2017 年第 10 期。

刘帅、董会忠、刘明睿等：《城市规模对能源消耗的空间溢出效应》，《资源开发与市场》2018 年第 12 期。

谢锐、陈严、韩峰等：《新型城镇化对城市生态环境质量的影响及时空效应》，《管理评论》2018 年第 1 期。

齐昕、王雅莉：《城市化经济发展空间溢出效应的实证研究——基于“城”、“市”和“城市化”的视角》，《财经研究》2013 年第 6 期。

周侃、王强、樊杰：《经济集聚对区域水污染物排放的影响及溢出效应》，《自然资源学报》2019 年第 7 期。

周德、徐建春、王莉：《环杭州湾城市群土地利用的空间冲突与复杂性》，《地理研究》2015 年第 9 期。

彭佳捷、周国华、唐承丽等：《基于生态安全的快速城市化地区空间冲突测度——以长株潭城市群为例》，《自然资源学报》2012 年第 9 期。

王海鹰、秦奋、张新长：《广州市城市生态用地空间冲突与生态安全隐患情景分析》，《自然资源学报》2015 年第 8 期。

谢花林、姚干、何亚芬等：《基于 GIS 的关键性生态空间辨识——以鄱阳湖生态经济区为例》，《生态学报》2018 年第 16 期。

杨远琴、任平、洪步庭：《基于生态安全的三峡库区重庆段土地利用冲突识别》，《长江流域资源与环境》2019 年第 2 期。

张雪琪、满苏尔、沙比提等：《基于生态系统服务的叶尔羌河平原绿洲生态经济协调发展分析》，《环境科学研究》2018 年第 6 期。

李双成、刘金龙、张才玉等：《生态系统服务研究动态及地理学研究范式》，《地理学报》2012 年第 12 期。

毛齐正、黄甘霖、邬建国：《城市生态系统服务研究综述》，《应用生态学报》2015 年第 4 期。

方恺、吴次芳、董亮：《城市化进程中的土地自然资本利用动态分析》，《自然资源学报》2018 年第 1 期。

谢高地、甄霖、鲁春霞等：《一个基于专家知识的生态系统服务价值化方法》，《自然资源学报》2008 年第 5 期。

徐新良：《中国人口空间分布公里网格数据集》，中国科学院资源环境科学数据中心数据注册与出版系统，http://www. resdc. cn/DOI, 2017。

徐新良：《中国 GDP 空间分布公里网格数据集》，中国科学院资源环境科学数据中心数据注册与出版系统，http://www. resdc. cn/DOI, 2017。

Gresch P., and Smith B., "Managing Spatial Conflict: The Planning System in Switzerland," *Progress in Planning* 23 (1985).

Zhang Y. J., Li A. J., and Fung T., "Using GIS and Multi-criteria Decision Analysis for Conflict Resolution in Land Use Planning," *Procedia Environmental Sciences* 13 (2012).

Qi X., Fu Y., and Wang R. Y., et al., "Improving the Sustainability of Agricultural Land Use: An Integrated Framework for the Conflict between Food Security and Environmental Deterioration," *Applied Geography* 90 (2018).

Cabrera-Barona P., Murphy T., and Kienberger S., et al., "A Multi-criteria Spatial Deprivation Index to Support Health Inequality Analyses," *International Journal of Health Geographics* 1 (2015).

Ouyang W., Wang B., and Tian L., et al., "Spatial Deprivation of Urban Public Services in Migrant Enclaves under the Context of a Rapidly Urbanizing China: An Evaluation Based on Suburban Shanghai," *Cities* 60 (2017).

Debolini M. , Valette E. , and Francois M. , et al. , "Mapping Land Use Competition in the Rural-urban Fringe and Future Perspectives on Land Policies: A Case Study of Meknès (Morocco)," *Land Use Policy* 47 (2015).

Moein M. , Asgarian A. , and Sakieh Y. , et al. , "Scenario-based Analysis of Land-use Competition in Central Iran: Finding the Trade-off between Urban Growth Patterns and Agricultural Productivity," *Sustainable Cities and Society* 39 (2018).

Wagner P. D. , Bhallamudi S. M. , and Narasimhan B. , et al. , "Dynamic Integration of Land use Changes in a Hydrologic Assessment of a Rapidly Developing Indian Catchment," *Science of the Total Environment* 539 (2016).

Tu S. , Long H. , and Zhang Y. , et al. , "Rural Restructuring at Village Level under Papid Urbanization in Metropolitan Suburbs of China and its Implications for Innovations in Land Use Policy," *Habitat International* 77 (2018).

Turkelboom F. , Leone M. , and Jacobs S. , et al. , "When We Cannot Have it All: Ecosystem Services Trade-offs in the Context of Spatial Planning," *Ecosystem Services* 29 (2018).

Kim I. , and Arnhold S. , "Mapping Environmental Land Use Conflict Potentials and Ecosystem Services in Agricultural Watersheds," *Science of the Total Environment* 630 (2018).

Connor J. D. , Bryan B. A. , and Nolan M. , et al. , "Modelling Australian Land Use Competition and Ecosystem Services with Food Price Feedbacks at High Spatial Resolution," *Environmental Modelling & Software* 69 (2015).

Kovács E. , Kelemen E. , and Kalóczkai Á. , et al. , "Understanding the Links between Ecosystem Service Trade-offs and Conflicts in Protected Areas," *Ecosystem Services* 12 (2015).

Castillo-Eguskitza N. , Martín-López B. , and Onaindia M. , "A Comprehensive Assessment of Ecosystem Services: Integrating Supply, Demand and Interest in the Urdaibai Biosphere Reserve," *Ecological Indicators* 93 (2018).

Costanza R. , d'Arge R. , and De Groot R. , et al. , "The Value of the World's Ecosystem Services and Natural Capital," *Nature* 6630 (1997).

B.5 长三角绿色供应链推进的实践与机制

胡冬雯　王 婧　黄丽华*

摘　要：　本文阐述了绿色供应链的作用机制，分析了长三角推行绿色供应链机制的重要意义，包括能培育长三角地区产业群的绿色发展理念和意识、全面推动污染防治进程以及助力产业经济结构调整和有序发展，列举了近几年长三角地区在政府、行业和工业园区三个层面开展绿色供应链实践的情况和启示，提出了目前长三角推进绿色供应链的瓶颈问题和突破建议。

关键词：　长三角　绿色供应链　污染防治

绿色供应链作为一种相对新颖的企业环境管理理念，最初起源于20世纪90年代。当时正处于大部分西方发达国家进入经济发展的后工业时期，社会发展目标从经济规模趋向性逐渐向经济质量驱动性转变。随着相关理论体系的建立，绿色供应链的实践开始在全球产业链发达领域显现蓬勃的生命活力，出现了许多来自行业和企业的独特运营模式，成为当代企业环境创新管理的一个重要抓手和载体。经过数十年的理论建设和实践验证，无论学术界还是企业界都基本能达成共识：绿色供应链是

* 胡冬雯，上海市环境科学研究院高级工程师，研究方向为环境政策；王婧，上海市环境科学研究院工程师，研究方向为环境政策；黄丽华，上海市生态环境局主任级科员，研究方向为环境政策。

一种产业经济和生态环境共生发展的模式，是一种强调超越单个企业管理边界的系统性管理手段和机制，是可以贯穿目前整个环境污染防治命题的有效工具。

一 长三角绿色供应链的推行意义

2018 年 6 月 1 日，在长三角地区主要领导座谈会上，发布了《长三角地区一体化发展三年行动计划（2018～2020 年）》。该计划提出了要推动长三角地区更高质量的一体化发展，在区域规划、基础设施、城镇体系、要素市场、产业布局、科技创新、公共服务、生态保护等方面开展全方位的整体推进。绿色供应链作为产业链上环境保护的管理工具及创新机制，可以为长三角实现绿色一体化发展提供一种有益的推行路径，具体如下。

（一）培育长三角地区产业群的绿色发展理念和意识

长三角地区是全国产业经济最发达的地区，上海、江苏、浙江和安徽三省一市的经济总量约占全国经济总量的 23%（2018 年），[①] 行业门类齐全，供应链完整，从布局上几乎涵盖了目前我国所有的经济行业分类，并且呈现产业高度集聚和供应链结构复杂而完整的基本格局。绿色供应链打破了生态环境管理原本以污染源为单位的管理界限，使绿色发展的理念传导路径从原先的“自上而下”的政府主导模式切换到“生产责任延伸”的企业主导模式。这种模式能有效解决跨行政区域和跨行业边界的环境责任传递障碍，大幅拓展绿色发展理念的传播范围和深度，不仅使一些产业链中的核心企业主动担负起供应链上的环境责任，也有助于处于经济相对欠发达地区的中小型供应商企业获得先进的环境管理意识，这与长三角各行业的供应链管理布局需求形成高度匹配的协同效应。

① 资料来源于《中国统计年鉴 2019》。

（二）成为长三角全面推动污染防治进程的有效机制和手段

“十三五”以来，全国将打好“污染防治攻坚战”作为国家开展污染防治工作的主要战略，着眼于环境各大要素开展了大规模的环境综合整治运动，大力弥补了原本环境基础设施能力不足的情况，提高了环境治理的水平。然而，随着大体量的末端治理工程逐渐完善，进一步改善环境质量需求的着力点势必会从污染的“治”转向“防”，相应的机制手段也会从“治理主导”转向“管理为重”。绿色供应链可以为这种思路的转变提供一条有效的路径，其强调在产品设计、采购、生产、包装、物流、营销、使用和回收的全生命周期开展环境管理的模式，能将企业的环境管理视角从末端排放转到全过程管控，从体系结构上把环境保护上升到和企业商务战略管理同样重要的地位，从内容逻辑上把原来一直处于公众盲点的管理性减排真正纳入生态环境保护布局中。这也是长三角地区实现生态环境进一步稳步提升可以发力的重要方向。

（三）成为推动长三角产业经济结构调整和有序发展的助力器

长期以来，受地区发展定位和产业布局等主导因素影响，长三角地区的产业布局呈现集聚性和辐射性的特征，其中以上海作为金融中心、贸易中心和航运中心的“核心城”及以苏州、无锡、常州等上海周边地区作为制造业“承载地”的战略定位更加体现长三角一体化发展的总体思路。绿色供应链制度从天然禀赋上就具有上下游环境优化选择基因，可以有效规避行业中的环保劣势企业，从源头形成生态环境门槛，提高整个供应链的环境绩效。同时，绿色供应链所强调的经济与环境的共赢机制，会从供应链稳定发展的角度支持环境违规风险小、环保信誉市场认可度高和受环境规制政策影响小的节点企业发展，所以整体上会帮助淘汰一些生态环境代价较高且经济附加值低下的行业及企业，体现出供应链本身对经济利益和环境保护的协同需求。

二　长三角绿色供应链的实践与启示

（一）政府实践——以上海为例

上海在长三角区域的产业区位有别于其他三省，从供应链的布局结构看，企业总部机构云集上海。据上海市外商投资协会统计，2019 年在上海设立总部的跨国公司有 677 家，外资研发中心有 444 家，是全中国外资总部型机构数量最多的城市。[①] 同时，上海也是大量国企和民企总部驻扎之地，由此带来的“总部经济”对长三角的产业布局产生了明显的辐射性影响。由于上海在 20 世纪末开始实施“退二进三”（第二产业退出，发展第三产业）的战略部署，长三角其他地区承接了这些经济体总部的供应链职能，逐渐形成了多产业交织并相互依存的供应链格局。所以，当 2012 年绿色供应链理念刚刚进入中国高层领导决策建议的时候，中央政府就有意在上海先行先试，探索一条适合中国推行的绿色供应链发展之路。[②]

2013 年，上海开始推进绿色供应链的试点工作，一开始以龙头企业试点项目为切入点，推动了上海本地的一家龙头汽车制造企业、一家家居商贸企业和一家有 3000 多家门店的零售连锁企业进行绿色供应链的项目设计，在此基础上编制了一系列技术规范和评价标准，用于推广经验和提升同类企业的供应链环境管理水平（见图 1）。经过 3 年的试点，上海在 2016 年推出了“100 + 绿色链动”计划，由上海市环保局、上海市经信委和上海市商务委等相关部门搭建平台，鼓励全行业更多的企业来分享供应链上的绿色案例。该计划由政府、企业和社会机构共同参与，最终拉动了 100 多家核心企业参与案例分享与实践推进，其中很多企业是各自行业的标杆或龙头企业，由此带动供应链上 1 万多家企业提升了环境管理水平。2017 年，上海在企

---

① http://www.saefi.org.cn/.

② 资料来源于中国环境与发展国际合作委员会官方调研。

业试点和面上推广的基础上，将“大数据”技术与供应链环境管理思路相结合，搭建了具有绿色智能化、绿色协同化、绿色市场化的供应链绿享服务平台，实现了面向全国供应链上环境信息的查询和风险评估服务。

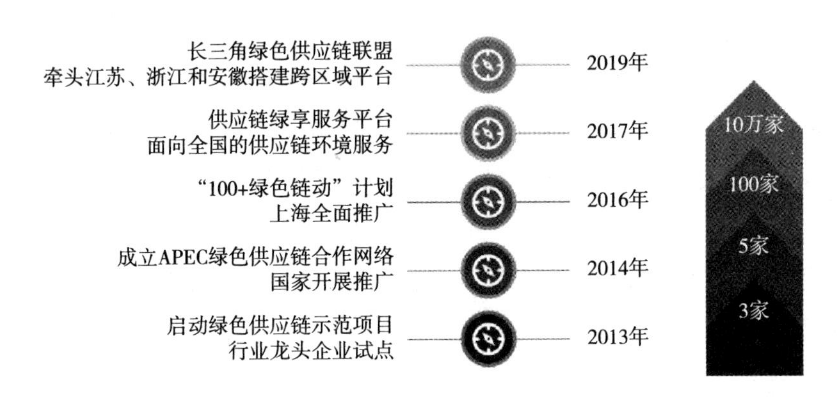

图1　上海市绿色供应链实践推进路径

从试点模式上看，上海推行的是“自下而上”的实践路径：首先从企业试点开始，以企业为主体开展绿色供应链的实施，政府在绿色供应链推进的过程中扮演搭平台、搞宣传和服务企业的角色，使绿色供应链的推进主导权回到供应链本身，企业发展需求催生市场响应，同时也挖掘出行业种类丰富多彩的绿色供应链实践经验，从正向鼓励的角度来逐步推进。在推进维度上，政府可以利用更多的政策资源及技术资源来开展各个行业绿色供应链的管理能力建设。由于绿色供应链机制的跨行业性，一些行业边界的沟通和协商都可以借政府的平台进行有效协作，政府的核心作用是引导和鼓励。

（二）行业实践——以汽车制造行业为例

目前，以上海为中心的长三角汽车产业集群，已经聚集了100多个年工业产值超百亿元的产业园区，囊括了上汽、吉利、奇瑞、江淮、众泰等传统领军者，以及蔚来、爱驰、威马、拜腾、前途、合众、奇点、游侠、零跑等新势力，围绕整车企业的众多零部件制造商也都聚集在此。根据《长三角地区一体化发展三年行动计划（2018～2020年）》，在2020年，长三角地区计划新能源汽车整车产能占到全国市场的30%以上。从行业特征来说，汽车制造行业的供应链以整车制造商为核心，属于制造商主导型供应链，每一辆汽车所需的零部件一般在1万～2万件，所牵涉的一级供应商可达到上千家的规模。与此同时，长三角是全国汽车销售的重要市场集聚地，2018年中国汽车行业协会统计年报①显示，全国的汽车销售量中有1/3是在长三角地区产生的，这意味着长三角拥有汽车产品从设计、生产、物流、消费和报废的全部供应链环节，且每个供应链节点的市场需求都十分巨大。近年来，由于环保规制和督查执法的推进，汽车制造行业供应链环保案件频发，环境合规和绿色发展仿佛在一夜之间成为供应链管理的重中之重。相较其他行业，这种对环境保护的敏感反应在汽车制造行业的供应链中显得尤为突出。

汽车行业是中国甚至全球最早开始践行绿色供应链管理策略的群体，所以也成为长三角地区推行绿色供应链管理最广泛、最深入的一个行业。以上海的上汽通用为例，早在2008年就启动了“绿动未来”的绿色供应链总体战略，每年在其几百家长三角的供应商中根据环境绩效表现评选出“绿色供应商”，并把这些给予供应商的环保荣誉与本身的商务采购结合，推动供应商每年开展节能减排尝试。以浙江杭州的吉利汽车为例，将全系车型植入“生态造车”理念，推行汽车产品的全生命周期评价，在设计阶段就融入AQS尾气监控、车内外$PM_{2.5}$监控和车内TVOC监控等技术，其帝豪GS、帝豪GL、帝豪百万款、博越、博瑞GE、领克016车型获得了2018年工信部的绿色设计产品标识。总部同在长三角的沃尔沃汽车，从供应商的物流网络出发，打造可循环物流包装体系，推动供应链上的包装共享，取消一次性纸包装，代之以可循环塑料包装，创造了包装材料在抵达零部件供应目的地之后，可以被区域内的其他厂商共享的模式。此举帮助沃尔沃汽车在2019年上半年减少了将近800吨的包材使用，同时也帮助包材供应商从2019年上半年减少了约42万度电的使用。

① 资料来源于上海市汽车行业协会网站（https://www.shata.org/）。

2018年10月16日，商务部等8部门公布了全国供应链创新与应用试点城市和企业评审结果。长三角地区有3家与汽车供应链有关的企业入选《全国供应链创新与应用试点企业名单》。[①] 除此之外，长三角地区还有很多促进汽车行业供应链绿色化的地方标准陆续出台，其涉及的领域不仅是传统意义上的绿色生产，也已经对供应链的前端和后端，甚至汽车的售后及回收展开了政策层面的推进（见表1）。

表1　长三角地区与汽车行业绿色供应链相关的标准

序号	标准名称	标准编号	地区	实施日期
1	《电动汽车动力蓄电池回收利用规范》	DB 31/T 1053—2017	上海市	2017年10月1日
2	《汽车制造业(涂装)大气污染物排放标准》	DB 31/859—2014	上海市	2015年1月1日
3	《节能环保型小排量汽车技术条件》	DB 31/T 390—2007	上海市	2007年12月1日
4	《在用汽车尾气排放性能维护技术规范》	DB 32/T 3195—2017	江苏省	2017年3月20日
5	《表面涂装(汽车制造业)挥发性有机物排放标准》	DB 32/2862—2016	江苏省	2016年2月1日
6	《在用汽车排气污染物限值及检测方法(遥测法)》	DB 32/T 2288—2013	江苏省	2013年6月10日
7	《报废汽车回收拆解基地管理规范》	DB 34/T 3173—2018	安徽省	2018年9月8日
8	《在用汽车排气污染物限值及检测方法(遥测法)》	DB 34/T 1743—2012	安徽省	2012年12月6日

（三）工业园区实践——以上海化工园区和苏州工业园区为例

工业园区环境管理与供应链环境管理在体系上其实并不存在直接的联系，但随着国家“生态工业园区”和“绿色园区”相关试点示范工作的推进，逐渐衍生出一些园区层面开展可持续供应链管理的实践创新来。园区内的管理组织部门一方面督促整个供应链的绿化，另一方面利用园区内各种优势形成无废料工艺或少废料工艺的园区内设计，使进入工厂的各种自然资源和原料得到最优使用，实现物质的良性循环和能量的充分利用，提高企业投

① 资料来源于工信部网站（http://www.miit.gov.cn/）。

入产出链上各环节物质、能量转换率，从而使企业成为少投入、少消耗、少污染而又多产的现代企业生态有机整体。

以上海化学工业园区为例，上海化学工业园区一期开发建设10平方公里，重点发展石油和天然气化工，二期开发13.4平方公里，发展新材料、精细化工等石油深加工产品，三期新围地6平方公里，结合一期发展，以乙烯项目为龙头，发展乙烯下游深加工产品链，形成石油化工深加工、异氰酸酯、聚碳酸酯等三大系列产品。为了消化吸收化工园区内产生的“废物”，化工园区引进建材生产企业，将过去用填埋处理的天原烧碱项目产生的盐泥，用来生产人行道板，大大提升人行道板的强度和耐磨性；聚合物生产过程中产生的废树脂，送去焚烧生产蒸汽回收利用；不同于传统的氯气和乙烯直接反应生产聚氯乙烯，在上海化工园区，氯气先送到巴斯夫生产出MDI/TDI，同时回收副产品氯化氢。这些氯化氢送回天原公司，与乙烯反应生产氯乙烯。该工艺利用MDI/TDI的副产品做原料，降低了生产成本，同时使氯的利用率增加了1倍，经济效益和环境效益均十分显著。①

以苏州工业园区为例，苏州工业园区地处长三角一体化发展通道的核心区域，经济体量连续5年处于全国经济开发区的前三名，园内不仅有大批先进制造业的龙头企业，也承接了大量的长三角地区支柱产业的核心供应链企业。2018年，苏州工业园区推出了园区“绿色供应链领跑计划”，借助“绿云智造”的技术平台，为园区内的制造型企业提供技术外包、金融对接和供应商谈判等业务，以园区层面为载体帮助企业开展供应链上的环境管理，一定程度上成为园区内企业的“供应链环保管家”。在机制建设上，园区管委会和地方政府起到关键性的作用，不仅搭建了园区“企业社会责任联盟”平台，还依托技术力量成立了园区“绿色供应链”协会，发挥了政府、企业和机构的协同作用。

---

① 邓玉琴：《化工企业绿色供应链管理模式研究》，硕士学位论文，大连理工大学，2008。

三　长三角绿色供应链机制建设的瓶颈及突破方向

（一）供应链环境信息流共享亟待大力推进

国内外一些著名的绿色供应链案例基本伴随着极为敏感的供应链环境信息曝光。2013 年苹果公司的供应链污染事件和 2017 年舍弗勒供应商环境违法停产事件都是行业内典型的供应链上环境信息长期不对称带来的连锁效应。一些行业龙头企业已经深刻领悟到供应链的环境管理的重要性和必要性，但却苦于缺乏有效的信息流支撑而无从着手推进供应商环境行为的改善。根据笔者开展的 51 家中国 500 强企业供应链管理部门的调研，有 80% 以上的企业表示，“因为无法获得供应商的环境信息，所以限制了对供应商的环境行为进行干涉和管束”。这一现象在跨行政区的供应链上更为突出。经调查，长三角地区不同省份对于企业环境信息披露的要求、范围、格式、内容和平台不尽相同，对于大量供应链布局在苏浙皖三省的总部企业或供应链管理层来说，要依据官方提供的企业环境信息披露渠道开展管理不仅在操作层面不友好，而且管理支出的成本巨大。

案例 1　舍弗勒供应链断供事件

2017 年 9 月，全球汽车零配件知名供应商舍弗勒集团的中国公司致公函给上海市地方政府，称其上游一家原材料供应商上海界龙金属拉丝有限公司因环保问题遭遇关停，舍弗勒面临严重的供应链断供危机，并称这次断供会导致“49 家中国的汽车品牌、200 多款汽车车型”因此遭遇停产，会造成“3000 亿元的产值损失”。后经调查，被勒令关停的上海界龙金属拉丝有限公司是一家“未批先建”的企业，从未开展过环境影响评价，且在近两年内多次被当地政府勒令整改和关闭，而舍弗勒对此毫不知情。

事件起始于舍弗勒不对称的信息渠道，最后终结于其下游客户各大汽车品牌对政府处置的全力支持。事件发生两年后回顾，这个事件的舆论影响远大于实际对舍弗勒供应链的经营，激起了整个汽车行业对于供应商环保合规的重视。据不完全统计，包括上汽通用、上汽大众、吉利、沃尔沃等长三角知名汽车品牌在近两年都开始建立自身供应商的环保合规审核制度，并开始进行供应商的环境信息档案管理。

目前，全国尚未建立统一的企业环境信息披露平台，仅有一些专题类的环境信息，如排污许可证信息、重点监管企业在线监测信息等，在信息的质量和内容方面还存在诸多不足，而供应链上企业尤其关注的环境执法类信息往往被置于各地地方政府门类不一的网站上，不易找寻，时效性也非常差。由于企业信息的所有权和政府信息公开行政体制的问题，目前要实现全国统一的企业环境信息披露制度尚有难度，但长三角一体化战略的推进为在长三角地区率先统一企业环境信息披露机制提供了有利的条件。结合长三角一体化各项机制体制的创新，可以勾画三省一市企业环境信息披露共享的平台，并借此平台统一长三角地区环境监察、环境监测和环境信用评价的基础信息架构，为三省一市切实推进“三监联动”一体化迈出坚实的第一步。

（二）供应链上绿色金融机制存在巨大的创新空间

根据供应链管理的基本原理，绿色供应链的实施策略可分为两个层次：一是通过绿色供应链中信息流的有效传递实现整条供应链环境风险防范，二是通过绿色供应链各节点的资源共享实现上下游企业之间的环境绩效共赢。然而，在现实经营中，各节点企业之间的经济能力、环境影响、经营话语权和环境责任意识是截然不同的，单一供应链往往同时存在个别行业龙头企业和许多环境敏感性不一的中小型企业，环境管理水平和环境投入潜力差异巨大，要实现供应链整体环境绩效的提升，必须打破传统的以单个污染源为边界的污染防治机制，谋求可以撬动整条供应链的创新模式。

案例 2　汇丰银行和沃尔玛的可持续供应链融资计划

2018 年，全球商贸巨头沃尔玛集团提出至 2030 年在其供应链上减排温室气体10亿吨的雄伟目标。为此，沃尔玛联合汇丰银行推出了创新性的基于供应链的绿色金融机制。在该机制中，沃尔玛对其供应商开展“可持续发展指数”评价，评价结果作为汇丰银行对这些供应商进行放贷的依据，供应商可以根据“可持续发展评分”申请汇丰银行的融资优惠利率。

汇丰对沃尔玛的供应链的放贷项目并不一定涉及绿色环保，但却将供应商的环境表现作为放贷的前置条件，有沃尔玛的评价作为担保，一方面降低了资金坏账的风险，另一方面对企业的社会责任做了营销。

供应链绿色金融主要包括供应链上的绿色信贷和供应链上的环境责任延伸保险。“绿色信贷”方面，在区域经济发展水平不均等的国情下，会形成同一条供应链上部分企业所在区域拥有良好的生态资源和廉价劳动力，而部分企业所在区域生态资源稀缺却拥有大量的资本优势。供应链中拥有绿色发展理念的企业不会忽视这样的差异性带来的商业机会，会致力于从原材料的产销到和上下环节的合作供应商之间形成良好的绿色供应链供给模式，从而产生良好的经济效益且可以不对当地的环境造成很大的危害。环境责任延伸保险方面，在当前国内上位法无法逾越、强制性环境污染责任保险尚未落地的现实背景下，以供应链为单元推行绿色保险不失为更有操作性、更有驱动力的组织单元。由核心企业的环境风险意识起步，传导到整条供应链，使供应链上企业在环境风险的重视程度方面达成共识，这是目前推行绿色保险的一个有益方向。

长三角是全国金融中心所在地，除金融机构云集的上海之外，浙江也是全国绿色金融十分活跃的区域，从区位来说浙江省拥有良好的绿色金融推进土壤，从形式来说，供应链上的绿色金融既是金融的一种变异模式，又具备有别于传统绿色金融的商业逻辑，是十分具有创新性的融合领域。

（三）供应链绿色逆物流发展应率先打破僵局

逆物流可定义为通过减量化、回收、再生、再利用及处置等方式替代或补充供应链中原本正向递进的供应关系，在物理流动上扮演着产品的退回、维修再制、再生、废弃物清理和有害物质管理的角色。[①] 绿色供应链的闭环结构中，逆物流担负着至关重要的作用。这个环节是目前绿色供应链实践中技术难度最高、边际收益最低、政策机制支持最弱的部分。虽然国家和地方出台了许多支持循环经济和废弃物回收的政策，但从各个行业实践效果看并不理想，许多消费端的废弃产品并没有形成有效的逆物流，诸如电子产品、纺织产品、塑料制品等资源剩余价值较高的消费品的回收、利用和再生尚处于缺乏规制和无序发展的状态，导致这些行业供应链的经营乱象较多，时常发生一些公共舆论事件。公众对再生产品和再制造产品的不理解，阻碍了市场及政策推进的积极性，使逆物流的推进更加艰难。

案例3　Zara废纺供应链的试点项目

Zara作为全球知名的服装快消品牌，在欧洲拥有一条完整的废旧纺织品的回收再生链，其利用自己品牌回收的废旧衣物及生产链将废纺品打造成再生衣物子品牌，完成了供应链的闭环运营。2017年，Zara在中国开展试点，在长三角搭建了一条闭环供应链，包括将门店广布的上海作为消费端收集点，利用当地废纺品回收物流链，完成衣物的收集和分拣，并在浙江省杭州市余杭区寻找到再生工厂实现纺织品再生，并在中国市场启动推广再生衣物的品牌。

从一些阶段性的总结可以发现，试点项目产生了良好的社会效益，让更多的消费者注意到废纺品的回收利用，也在一定程度上提升了消费者对再生纺织品的接受度。但在实际操作过程中，也不得不面对大量混纺废品的再利用技术门槛和回收再生的成本障碍问题。

长三角是全国消费经济最发达的地区，一些新兴领域的新消费模式也多起源于此。据统计，全国在册的电商企业中有42%位于长三角地区，由此产生的物流包装废弃物污染已经成为一个非常严峻的社会问题，需要建立有

① 逆物流的概念来源于美国物流管理协会。

效机制进行控制和约束。同时，长三角区域基本具备了一些消费终端供应链闭环逆物流产业部署，如位于浙江的废纺再生产业、位于江苏的电子设备再生工厂等，所以需要打通废弃物管理在行政区划方面的体制障碍，形成长三角内可自循环的消费品逆物流链，从政策上予以扶持，补贴当前消费品逆物流的成本，推动逆物流市场尽快完成价值链传递自消化。

四 结语

伴随着江苏、浙江和安徽近十年来的快速发展和大力度的产业政策，部分地区的工业园区与上海的一批“头部”企业构成总部与生产基地的关系，形成长三角新兴制造的“腹地”，也在市场规律的推动下形成了大量行业交织的供应链结构。提升长三角重点产业国际竞争力，需要顺应全球产业发展的大势，除内部求同存异协同发展，更要适应国际市场。绿色供应链管理由于其天然的跨行业、跨区域的属性，可以成为长三角推动产业经济绿色发展的有效工具。从政府和企业两个维度积极探索基于绿色供应链推进的创新机制，打破固有管理思维，从更宏观的格局制定策略，着眼于长远，注重行业之间的环境协同，开展有益尝试，可能是接下来进一步推进长三角一体化发展值得考虑的路径。

参考文献

周国梅、张建宇：《中国绿色供应链管理：政策与实践创新》，中国环境出版社，2016。

朱庆华、闫洪：《绿色供应链管理：理论与实践》，科学出版社，2013。

曹海英：《零售商主导型绿色供应链管理》，人民邮电出版社，2014。

中国电子信息产业发展研究院：《中国制造业绿色供应链发展研究报告》，电子工业出版社，2018。

胡冬雯：《上海推行绿色供应链管理的意义及实践路径》，《生态经济》2017年第2期。

专 题 篇

Chapter of Special Reports

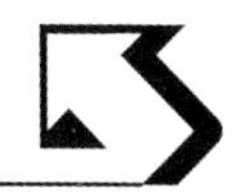

B.6

长三角环境污染第三方治理服务市场一体化机制研究

曹莉萍*

摘　要： 环境污染第三方治理模式是运用经济手段解决环境问题的有效模式，其服务市场的可持续发展与区域市场的一体化建设将为中国打好污染防治攻坚战奠定重要基础。长三角地区作为中国重点区域之一和改革开放的先行地区，区域内环境污染第三方治理服务市场的一体化建设将推动整个区域生态环境一体化进程。因此，本文在长三角一体化发展国家战略视角下，基于长三角环境污染第三方治理服务市场一体化的必要性、内涵、建设现状和特点，首先，科学地测度长三角环

* 曹莉萍，博士，上海社会科学院生态与可持续发展研究所副研究员，研究方向为可持续发展与管理、气候治理与低碳发展。

境污染第三方治理服务市场一体化发展的影响因素。其次，通过分析这些影响因素的根源发现，长三角环境污染第三方治理服务市场一体化建设需要对环境治理服务标准、区域环境合作治理机制、区域环境监管执法三个影响区域市场行为的因素进行改革，包括构建长三角污染达标排放及技术标准互认机制、探索区域环境污染第三方治理多元主体合作治理机制、建设长三角统一的区域环境监管执法程序等建设路径。最后，基于长三角环境污染第三方治理服务市场一体化建设路径，本文认为需要从长三角和上海两个层面共同推进长三角环境污染第三方治理服务市场一体化发展：在长三角层面，三省一市共同推进长三角区域市场平台建设；在上海层面，上海要发挥在开拓绿色技术源头、建设服务贸易平台、协调区域事务等方面的作用，服务和推进长三角环境污染第三方治理服务市场一体化体系建设。

关键词： 长三角环境污染　第三方治理　市场一体化

引　言

长三角一体化发展已经上升为国家战略，并与京津冀城市群、粤港澳大湾区一体化发展齐名。建设绿色美丽长三角是对长三角生态环境保护领域提出的高质量发展要求，根据我国提出的“五位一体”总体布局，区域生态绿色一体化也应是长三角实现一体化发展的题中之义。进入21世纪后由经济全球化推动的长三角区域一体化，[①] 其本质是经济问题。环境问题是经济

① 胡彬：《长三角区域高质量一体化：背景、挑战与内涵》，《科学发展》2019年第4期，第67～76页。

问题的一部分，因而与满足美好生态环境保护需求相适应的环境污染治理和生态修复服务产业，以及随之而来的环境服务市场密不可分。

在我国，专业的环境污染治理、生态修复第三方服务实践是从20世纪90年代随着节能减排第三方服务如合同能源管理服务的兴起，从环境污染治理、生态修复等环境公共服务中独立出来，在党的十八大提出生态文明建设的战略布局下，大气、水、固废、土壤污染治理等原本由政府提供的公共环境服务逐渐转变为由高效的市场来提供。2013年，环境污染第三方治理概念在党的十八届三中全会上被明确提出，各地方企业、工业园区环境污染第三方治理实践如雨后春笋般涌现出来，这些环境污染第三方治理服务的发展促使各具地理空间特色的地方市场形成。2015年，国务院发布《关于推行环境污染第三方治理的意见》，为在全国铺开推进环境污染第三方治理服务奠定了政策基础。随着环境污染第三方治理实践的推广，第三方治理在企业、工业园区环境污染治理和生态修复领域的绩效优势逐步显现。2017年8月，环保部又出台了《关于推进环境污染第三方治理的实施意见》，对我国现阶段第三方治理模式的实践提出了专业化的指导意见，解决了以往实践中主体责任界定不明晰、政府职能定位不清、价格机制和制度规则不完善导致的市场失灵等问题，推动我国环境治理能力和水平的提升。然而，2018年，严格的资本监管使环保产业经历了前所未有的“寒冬”，失去资本力量支持的环境污染第三方治理服务企业也失去了可持续的竞争优势，近半数环保企业净利润下滑或出现亏损，地方环境污染第三方治理服务市场多呈现点状服务。但《中国环保产业发展状况报告（2018）》的数据显示，企业、园区的环境污染第三方治理服务发展迅猛，已成为产业发展的主导力量。随着服务领域不断扩大，环境服务正在由传统的单元式服务向综合服务延伸。2019年7月，国家发展改革委办公厅与生态环境部办公厅发布《关于深入推进园区环境污染第三方治理的通知》，选择京津冀、长江经济带、粤港澳大湾区一批重点园区（含经济技术开发区）深入推进环境污染第三方治理模式，培育壮大节能环保产业。同时，随着中央环保督察叠加“回头看”工作的推进，第三方治理服务被注入了新的活力。其中，长江经济带地区重点在化工、印染等园区开展环境污染第三方治理，作为大气、水、固废污染防治环境服务企业集中的长三角地区，区域环境污染第三方治理服务综合市场的雏形逐渐显现出来。这一区域市场的建立不仅能为具有国家战略定位的长三角地区打好污染防治攻坚战提供市场化手段，也将为基于碳排权、排污权、水权等环境要素交易的区域市场的建立奠定基础。

一 长三角环境污染第三方治理服务市场一体化的必要性

党的十九大报告指出，新时代社会主要矛盾已经转化为人民日益增长的美好生活需要和不平衡不充分的发展之间的矛盾，那么体现在生态环境领域，即为优美的生态生活环境需要和区域不平衡不充分的发展之间的矛盾。近年来，随着长三角地区环境污染第三方治理服务的推进，区域环境质量得到进一步的改善。在水环境方面，长三角地区的废水排放量在2015年之后呈现明显的下降趋势（见图1），水环境中主要污染物，如化学需氧量（COD）（见图2）、氨氮（见图3）、总氮（N）（见图4）、总磷（P）（见图5）近年总体呈现下降趋势，有的甚至已经达到了历史最低点；大气环境中主要污染物，如二氧化硫（SO_2）（见图6）、氮氧化物（NO_x）（见图7）、烟（粉）尘排放量（见图8）也总体呈现下降趋势，但是，近三年由于来自机动车、船舶、飞机等NO_x流动源污染物的增加，NO_x污染出现了反弹现象，并且成为新兴污染物$PM_{2.5}$主要成因；在固废方面，长三角地区的生活垃圾清运量却呈现上升趋势（见图9）。2018年，长三角地区分布了393家省级以上工业集聚区（园区）（见图10），约占全国数量的15.8%、长江经济带数量的35.8%。这些工业集聚区（园区）及入园企业存在着不同程度的环境污染问题和环境风险，例如，2018年安徽贵池前江工业园区固废直排长江、2019年江苏响水县生态化工园区天嘉宜化工有限公司发生爆炸事故影响周边大气和水环境。因此，即使长三角区域环境质量已经呈现大幅度改善，但仍存在与美好生活需要不相符的环境问题亟待解决，直面长三角地区生态环境治理服务需求，提供更健康、更高品质的多元化、市场化环境服务将是未来环保产业发展的主要方向之一，那么建设区域性环保市场，尤其是发展环境污染第三方治理服务市场势在必行。

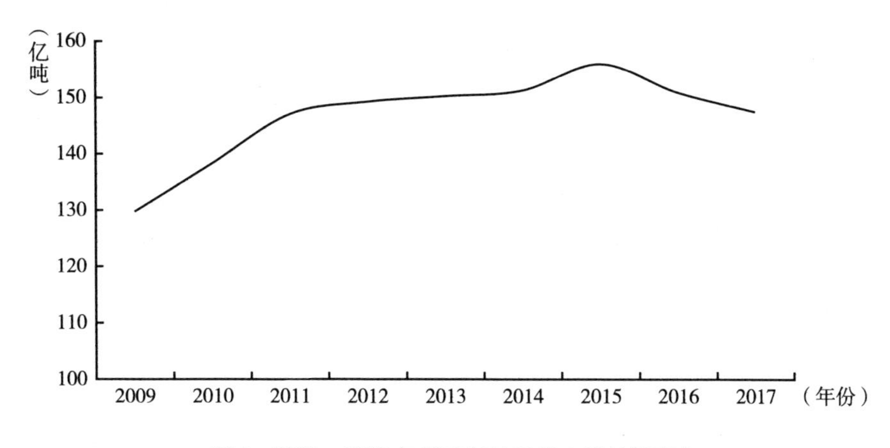

图 1　2009～2017 年长三角地区废水排放量变化

资料来源：国家统计局网站（http://data.stats.gov.cn/）。

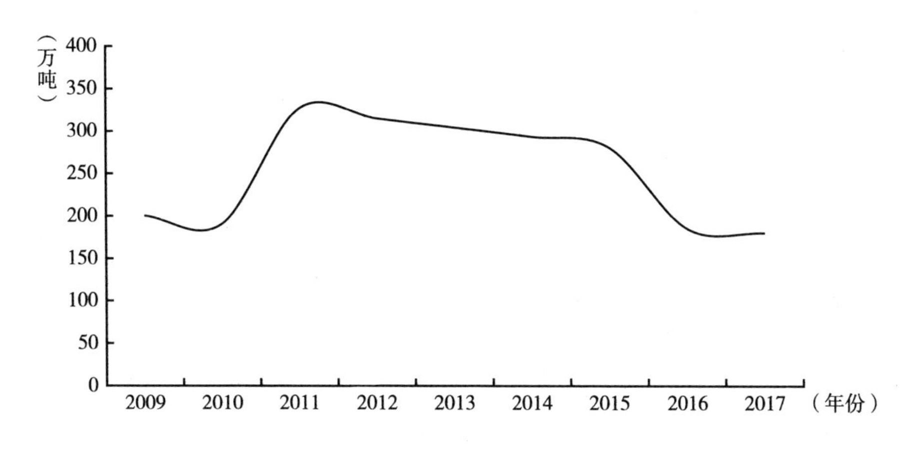

图 2　2009～2017 年长三角地区化学需氧量（COD）排放量变化

资料来源：国家统计局网站（http://data.stats.gov.cn/）。

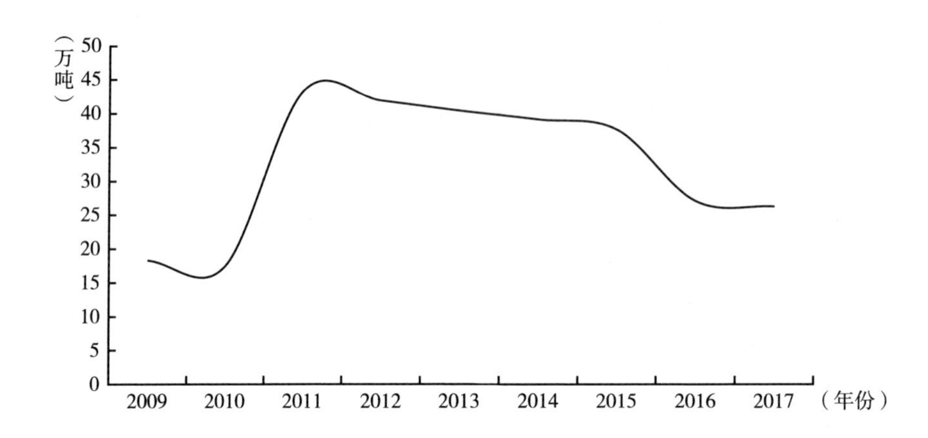

图3　2009～2017年长三角地区氨氮排放量变化

资料来源：国家统计局网站（http://data.stats.gov.cn/）。

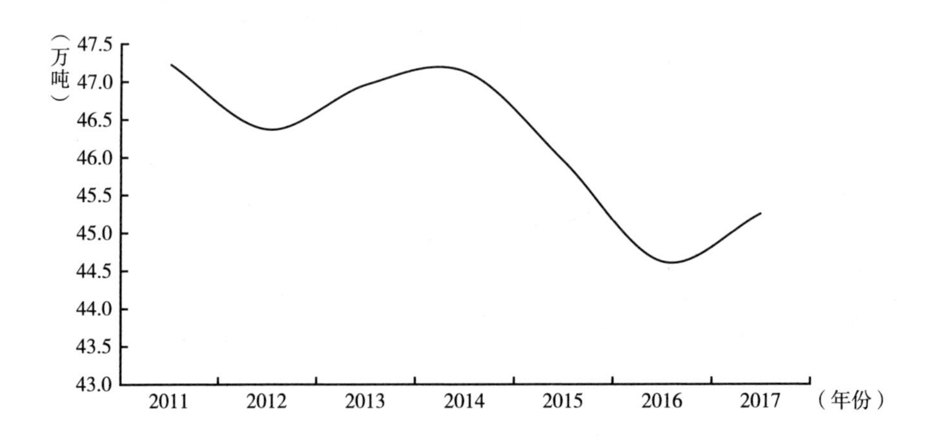

图4　2011～2017年长三角地区总氮（N）排放量变化

资料来源：国家统计局网站（http://data.stats.gov.cn/）。

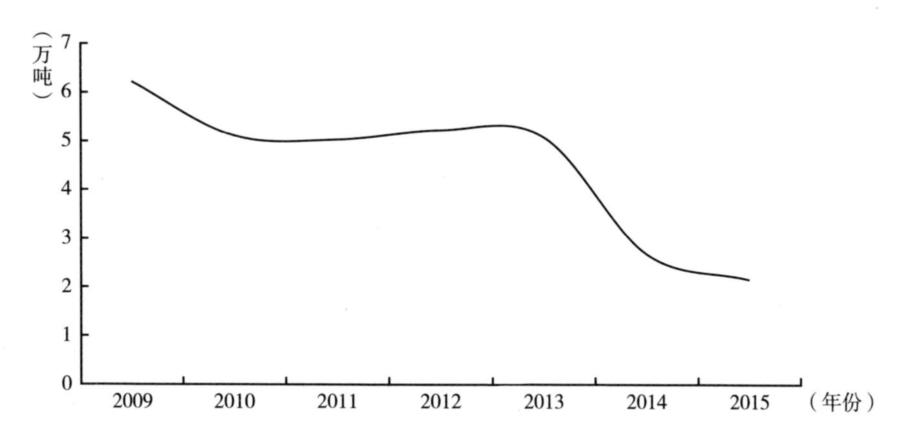

图 5　2009～2015 年长三角地区总磷（P）排放量变化

资料来源：国家统计局网站（http://data. stats. gov. cn/）。

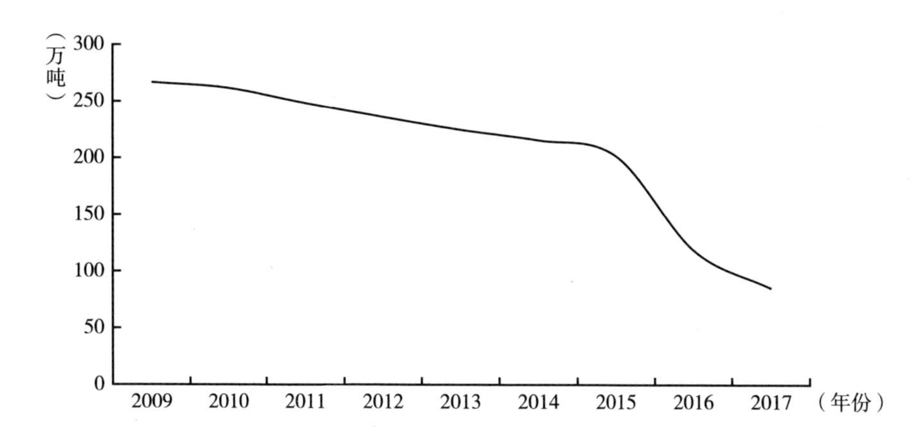

图 6　2009～2017 年长三角地区二氧化硫（SO_2）排放量变化

资料来源：国家统计局网站（http://data. stats. gov. cn/）。

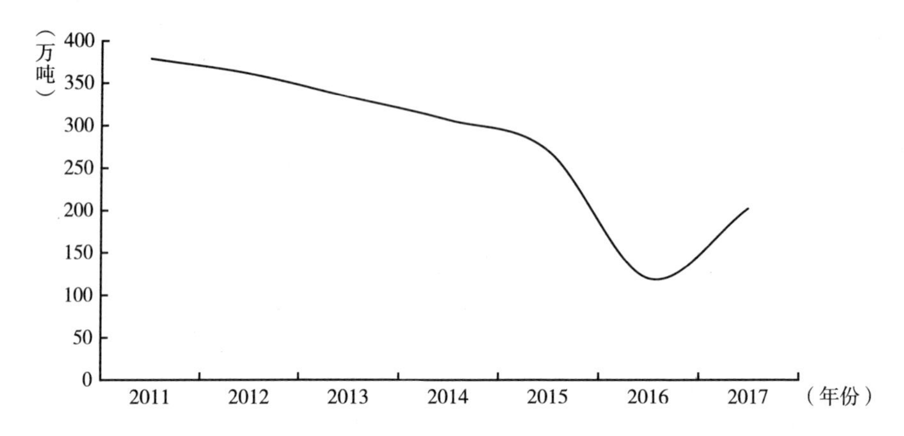

图7　2011～2017年长三角地区氮氧化物（NO_x）排放量变化

资料来源：国家统计局网站（http://data.stats.gov.cn/）。

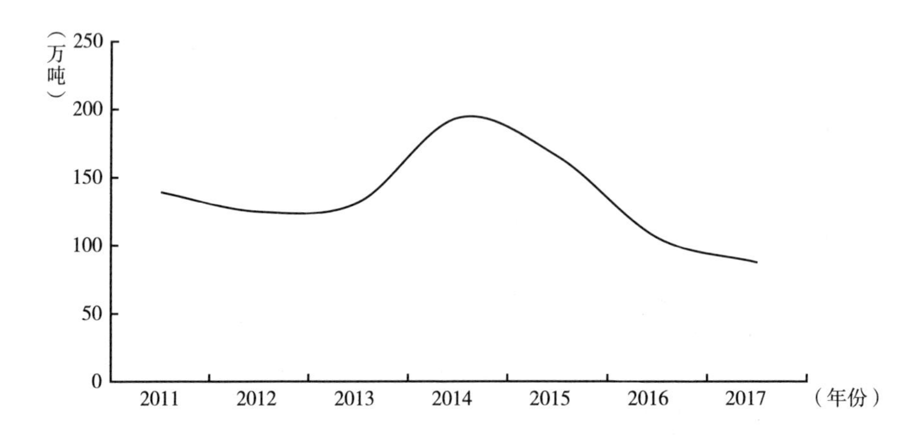

图8　2011～2017年长三角地区烟（粉）尘排放量变化

资料来源：国家统计局网站（http://data.stats.gov.cn/）。

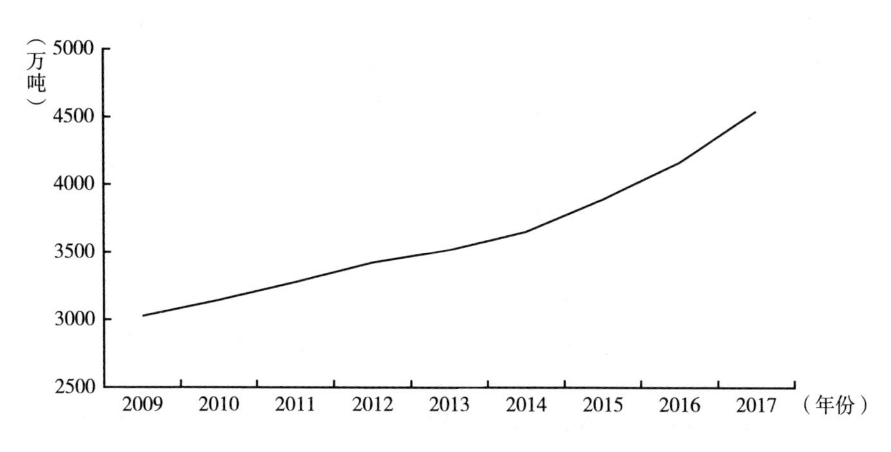

图9　2009～2017年长三角地区生活垃圾清运量变化

资料来源：国家统计局网站（http://data.stats.gov.cn/）。

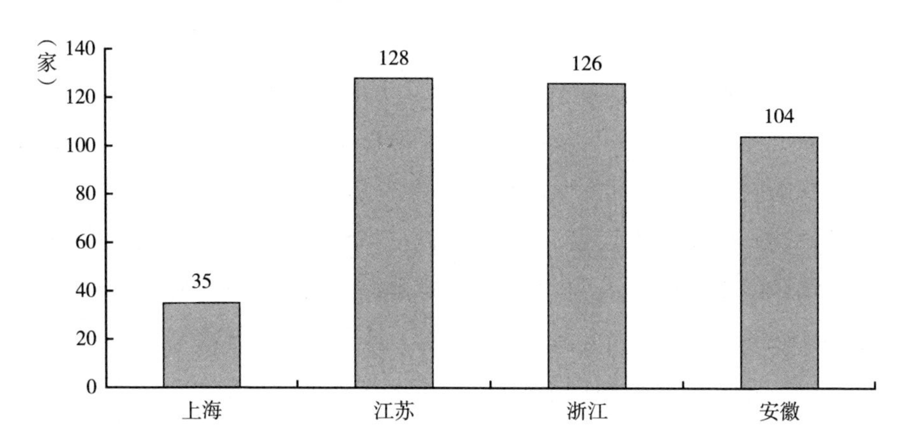

图10　2018年长三角三省一市省级以上工业集聚区（园区）数量分布

资料来源：国家统计局网站（http://data.stats.gov.cn/）。

二　长三角环境污染第三方治理服务市场一体化内涵、建设现状和特点

自党的十八届三中全会以来，《中共中央关于全面深化改革若干重大问题的决定》提出，建立统一开放、竞争有序的市场体系，使市场在资

源配置中起决定性作用，从而进一步推进我国商品与要素跨区域自由流动，完善市场一体化体系建设。在生态文明战略指导下，环境要素已然成为生产效用函数中重要的决定因素，培育环境服务付费模式的环境污染第三方治理服务市场和在地方市场基础上构建区域协同发展的环境污染第三方治理服务市场，是长三角地区采用市场机制打好污染防治攻坚战的重要经济手段。

（一）长三角环境污染第三方治理服务市场一体化的内涵

市场一体化对效率的改善与经济增长的促进具有重要的理论基础。[①] 国务院发展研究中心课题组认为，市场一体化意味着一个区域内的不同市场主体的行为离不开共同的供求关系的调节，区域之间市场边界消失，商品与生产要素能够呈无障碍流动的状态。而区域市场一体化意味着一国（或重要区域）之内市场的统一，包含了区域的市场化与不同区域的一体化两个内涵，反映了商品与要素跨区域流动的无障碍与无歧视。其中，市场化反映了私有产权的确认，是区际要素流动的基础，一体化则是发挥区域规模效应、消除外部性干扰并最终实现商品与要素跨区域流动回报最大化的根本动力。区域市场一体化具有统一性、开放性、竞争性以及秩序性等特点。[②] 本文中所指的区域环境污染第三方治理服务市场一体化则是指区域内各地方政府相关部门以签订区域合作协议或者联合制定区域环境治理服务市场法律政策、标准的方式，通过开放环境污染第三方治理服务市场，促进优质环境污染第三方治理服务所需要的人才、技术、资金等要素流动，消除区域内市场行政壁垒和地方保护，获得区域环境贸易利益的行动。

（二）长三角环境污染第三方治理服务市场一体化建设现状和特点

目前，我国对环境污染第三方治理服务市场的认识多从环境污染第三方

---

① 孙博文：《长江经济带市场一体化的经济增长效应研究》，博士学位论文，武汉大学，2017。

② 李雪松、孙博文：《密度、距离、分割与区域市场一体化——来自长江经济带的实证》，《宏观经济研究》2015 年第 6 期，第 117 ~128 页。

治理服务的供给方——环保产业——视角进行分析，也有少数对于环境污染第三方治理服务项目效用进行研究，且以案例分类汇总和经验分析的研究方法为主。但是，对于区域环境污染第三方服务市场现状的系统分析几乎没有，因此，研究长三角区域环境污染第三方治理服务市场将是环境污染第三方治理服务市场研究的一个新视角。

1. 长三角环境污染第三方治理服务市场一体化建设现状

长三角区域环保产业起步早、发展基础好，是环境污染第三方服务重点集聚的地区。① 从长三角统计数据来看，长三角区域从事水利、环境和公共设施管理业的单位数量和固定资产投资规模总体呈现上升趋势，2017 年单位数量达到 30819 家、从业人员 40.86 万人、固定资产投资规模达 13480 亿元（见图 11）。

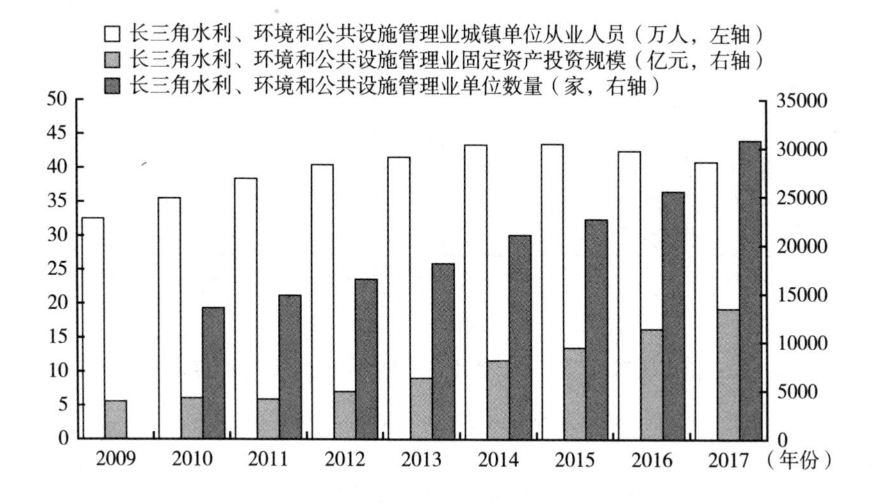

图 11　2009～2017 年长三角水利、环境和公共设施管理业总体规模

资料来源：国家统计局网站（http://data. stats. gov. cn/）。

① 薛婕、周景博、曹宝等：《中国环境保护产业重点发展区域的经济绩效评价》，《环境污染与防治》2016 年第 2 期，第 98～105 页。

虽然长三角环境服务业总体规模大，经济效益优于全国平均水平，但其市场绩效相比于珠三角、环渤海等重点区域仍然较低。① 同时，从长三角环境污染第三方治理服务细分市场来看，运用产业经济学中的结构-行为-绩效（SCP）模型发现，目前环境污染第三方治理服务业市场集中度较高的细分行业包括：环境咨询服务业，其行业市场集中度 CR_4 值在 25% 左右；环境工程建设服务业，其行业市场集中度 CR_4 值在 15% 左右；污染治理及环保设施运行服务业，其行业市场集中度 CR_4 值在 10% 左右（见图 12）。但是，从营业收入来看，污染治理及环保设施运行服务业收入占比最高，环境工程建设服务业收入占比次之，环境咨询服务业收入占比排在第三。

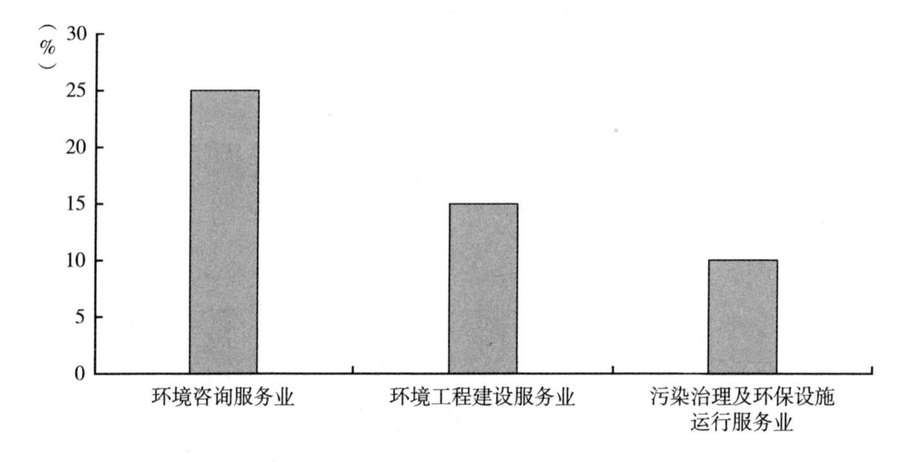

图 12　长三角环境污染第三方治理服务业细分行业市场集中度 CR_4 值前三名

资料来源：第四次全国环境保护及相关产业基本情况调查数据。

目前，中国环境服务业已经成为基于美好生态环境需求，为环境保护、污染防治提供总体解决方案的系统服务产业，长三角环境污染第三方治理服务行业主要涉及大气、水、固废三大污染防治的环境领域。其中，全国的大气污染第三方治理企业主要集中在长三角地区；水污染第三方治理企业集中

① 薛婕、周景博、曹宝等：《中国环境保护产业重点发展区域的经济绩效评价》，《环境污染与防治》2016 年第 2 期，第 98～105 页。

在沿长江源头城市群一直延伸到长三角城市；在固废防治领域，长三角地区相关的环境污染第三方治理企业主要集中在安徽地区。①

2. 长三角环境污染第三方治理服务市场一体化建设特点

分析长三角三省一市环境服务业市场可以发现，各地方的环境服务产业发展不仅在行政区划上存在较大差异，而且在不同环境领域、不同市场细分领域也呈现差别化发展的特点。

首先，从长三角上市环保企业数量来看，2017 年、2018 年长三角地区从事环境污染第三方治理服务的上市环保企业数量占到全国的 34%，② 且主要分布在江苏和浙江，但上市环保企业数量 2018 年较 2017 年有所下降（见图 13）。从长三角三省一市统计数据来看，苏、浙、皖在环境服务单位数量和固定资产投资规模上都远超上海（见图 14、见图 15），但是在环境服务单位从业人员平均人数上，上海远超苏、浙、皖三地。

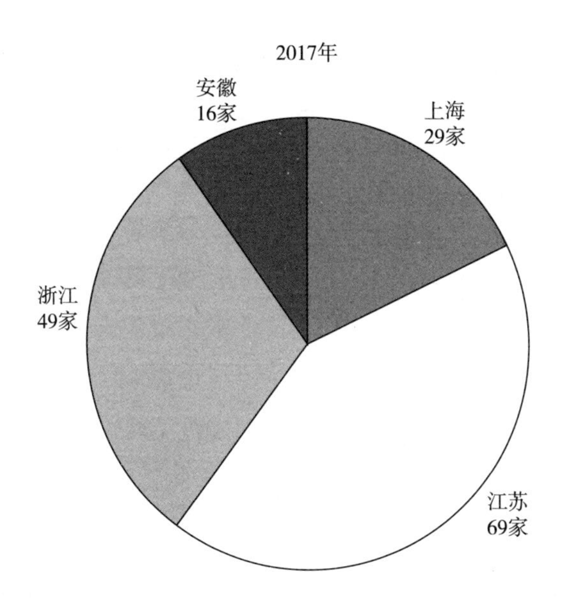

① 中国环境保护产业协会：《中国环境保护产业分析报告（2018）》，2018。

② 资料来源于 2017 年、2018 年《环保产业景气报告：A 股环保上市企业》《环保产业景气报告：新三板环保企业》，其中环保产业为狭义范畴，涉及环境污染防治领域。

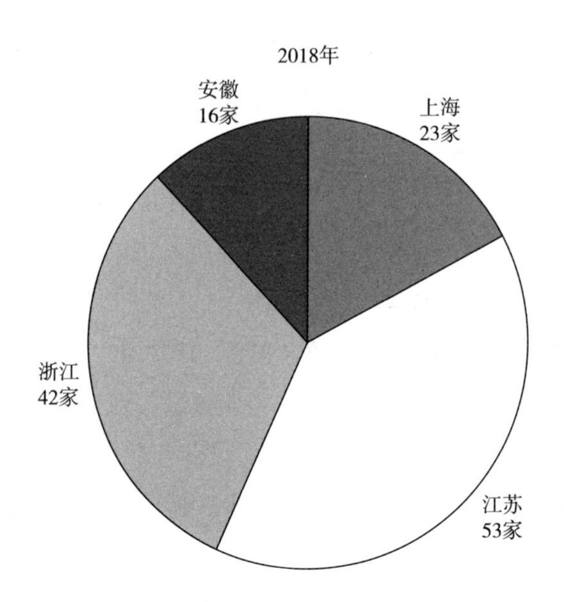

图 13　2017 年、2018 年长三角上市环保企业数量与空间分布

资料来源：2017 年、2018 年《环保产业景气报告：A 股环保上市企业》《环保产业景气报告：新三板环保企业》。

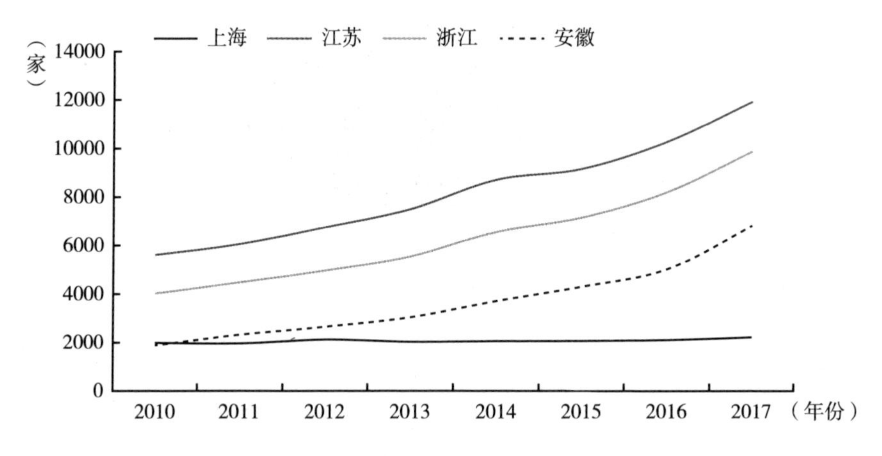

图 14　2010～2017 年长三角三省一市水利、环境和公共设施管理业单位数量

资料来源：国家统计局网站（http://data.stats.gov.cn/）。

其次，从 2019 年上半年长三角三省一市在 A 股上市的环保企业细分市场来看，A 股上市的环保企业在环境服务领域主要有以下 5 个细分市场：大气污

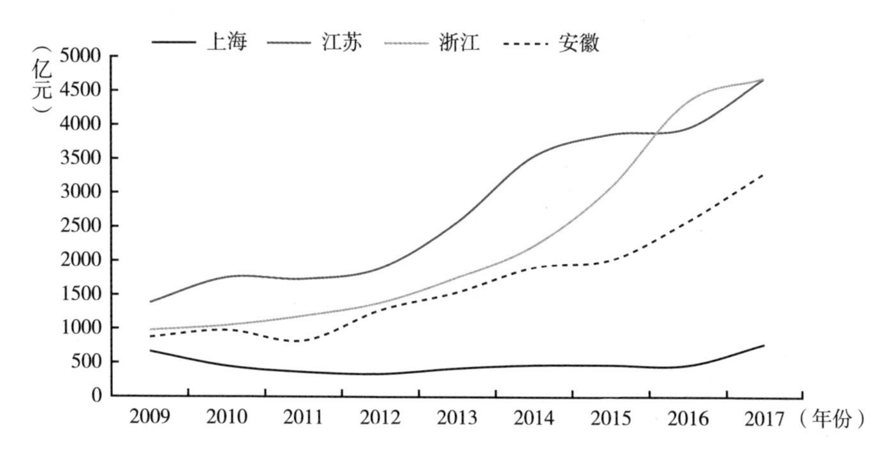

图 15　2009～2017 年长三角三省一市水利、环境和公共设施管理业固定资产投资规模

资料来源：国家统计局网站（http://data. stats. gov. cn/）。

染防治、水污染防治、固废处理与资源化、环境监测与检测、环境修复。2019年上半年，从事大气污染防治服务的上市企业主要集中在江苏和浙江，主营业务收入达 52.07 亿万元；从事水污染防治服务的上市企业在三省一市分布较为均匀，主营业务收入达 60.01 亿万元；从事固废处理与资源化服务的上市企业主要分布在江苏、浙江，上海、安徽也有涉及，主营业务收入达 143.3 亿万元；从事环境监测与检测以及环境修复服务的上市企业则主要分布在江苏、浙江两地，这两项环境服务主营业务收入达 23.11 亿万元。从总体规模来看，在 A 股上市的环保企业主要集中江苏、浙江两地（见表 1、图 16）。

表 1　2019 年上半年长三角三省一市在 A 股上市的环保企业细分市场数量

项目	上海	江苏	浙江	安徽
大气污染防治	0	5	4	0
水污染防治	5	6	2	3
固废处理与资源化	1	3	4	1
环境监测与检测	0	1	2	0
环境修复	0	1	1	0
合　计	6	16	13	4

资料来源：2019 年第一季度、第二季度《环保产业景气报告：A 股环保上市企业》。

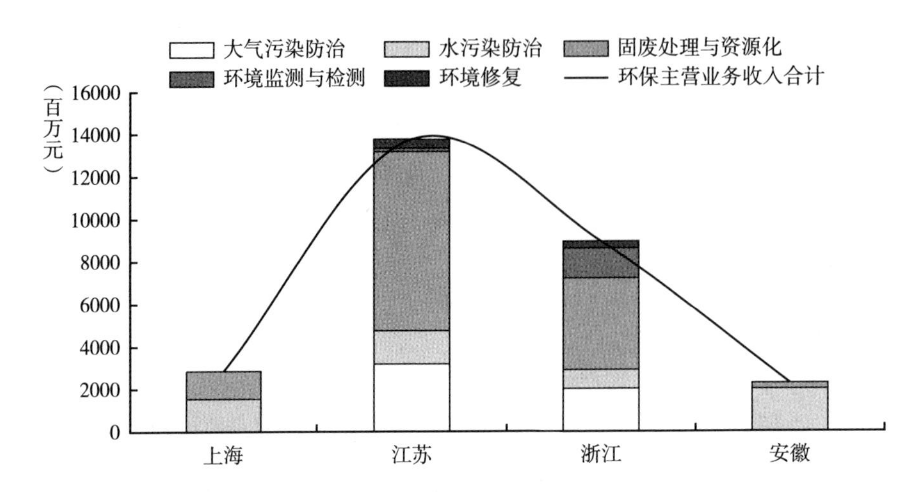

图16　2019年上半年长三角三省一市在A股上市的环保企业市场规模比较

资料来源：2019年第一季度、第二季度《环保产业景气报告：A股环保上市企业》。

最后，从2019年上半年长三角三省一市在A股上市的环保企业细分市场主营业务收入来看，自2019年1月31日上海人大通过“史上最严”的垃圾分类措施——《上海生活垃圾管理条例》后，长三角地区的生活垃圾第三方治理服务行业也随之发展起来。由此可知，第一，2019年上半年在A股上市的环保企业中固废处理与资源化服务已然成为区域环境污染第三方治理服务产业主要盈利点；第二，水污染防治服务仍是长三角三省一市环境污染第三方治理服务的重要内容；第三，长三角地区大气环境污染治理形势整体转好，主要污染物排放量总体呈现下降趋势，大气污染防治服务需求仍主要集中在江苏、浙江两地；第四，在“互联网+”技术应用领先的浙江，其环境监测与检测服务成为长三角地区环境污染第三方治理行业的领导者（见图17）。

总体来看，长三角三省一市环境污染第三方治理服务业细分领域和细分市场发展呈现空间不均衡特点，且上海与安徽环境服务市场、江苏与浙江环境服务市场在细分产业结构上存在同构性。随着企业、社会对生态环境服务需求的多元化，长三角环境污染第三方治理服务行业需要进行补短板、降本增效等供给侧改革，从而推进区域市场一体化体系建设。

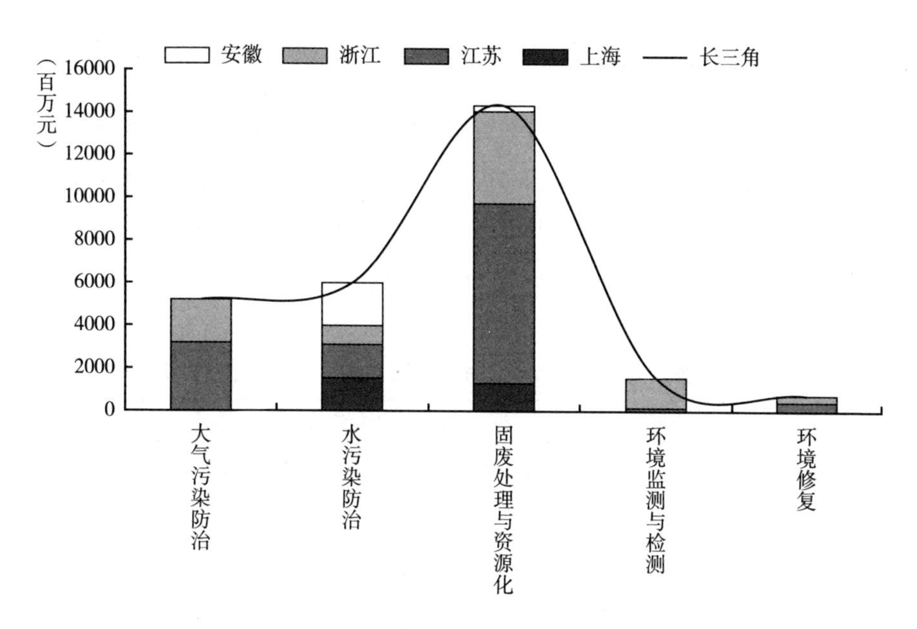

图 17　2019 年上半年长三角三省一市在 A 股上市的环保企业细分市场主营业务收入比较

资料来源：2019 年第一季度、第二季度《环保产业景气报告：A 股环保上市企业》。

三　长三角环境污染第三方治理服务市场一体化影响因素测度

长三角环境污染第三方治理服务市场一体化是长三角市场一体化的一部分，长三角市场一体化又是长三角一体化的重要构成部分。然而，对于地方政府而言，环境污染第三方治理服务更多的是满足人民对于生态环境质量改善的需求及企业环境治理水平提升的要求，其市场一体化建设有别于其他一般商品服务市场，更多需要地方政府之间的协调合作，以及制定相应的跨行政区域的市场一体化保障制度。因此，需要采用科学的指标体系对长三角环境污染第三方治理服务市场一体化影响因素进行测度并分析其根源，从而探索其一体化建设的重要路径。

（一）长三角环境污染第三方治理服务市场一体化影响因素

本文选取上海社会科学院朱平芳构建的长三角一体化评价指标体系中测度市场一体化水平指标，对指标进行修正形成新的指标体系。该体系包括环境污染第三方治理服务人才、技术、融资三方面市场一体化影响因素（见表2），以科学测度长三角环境污染第三方治理服务市场一体化水平。

表2　长三角环境污染第三方治理服务市场一体化指标体系

指数	指标	指标说明	指标指向
长三角环境污染第三方治理服务市场统一性	长三角环境服务业劳动力市场开放度	由三省一市水利、环境服务产业从业人员年均工资相对地区就业人员年均工资的差值替代	正向指标
	长三角环境技术市场	三省一市环境科研人员人均技术市场成交额	正向指标
	长三角环境服务业投融资能力	三省一市工业污染治理投资完成额	正向指标

资料来源：根据《长三角一体化评价的指标探索及其新发现》中长三角一体化评价指标进行修正。

首先，从长三角环境治理服务行业从业人员月均工资来看，三省一市的环境治理服务行业月均工资水平存在较大差异，尤其是上海与安徽地区环境治理服务行业从业人员平均工资水平相差较大。2017年，上海地区环境治理服务行业从业人员的月均工资水平为12208元，几乎是安徽地区月均工资水平的2倍（见图18）；同时，本文采用水利、环境服务产业从业人员年均工资相对地区就业人员年均工资的差值代表劳动力市场开放度，差值越大，开放度越高。那么，上海环境服务业劳动力市场开放度要远高于其他三个省份，安徽环境服务业劳动力市场开放度较低（见图19）。

其次，从科研技术市场的成交额来看，目前我国环境领域关键技术大多处于小试阶段（见图20），即使在整体科研技术创新能力较高的长三角地区，其科研人员人均技术市场成交额总体呈上升趋势，但近年来仍低于全国平均水平；2017年长三角地区科研人员人均技术市场成交额为29万元，低于全国32万元的水平，其中除了上海、江苏高于长三角平均水平和全国水

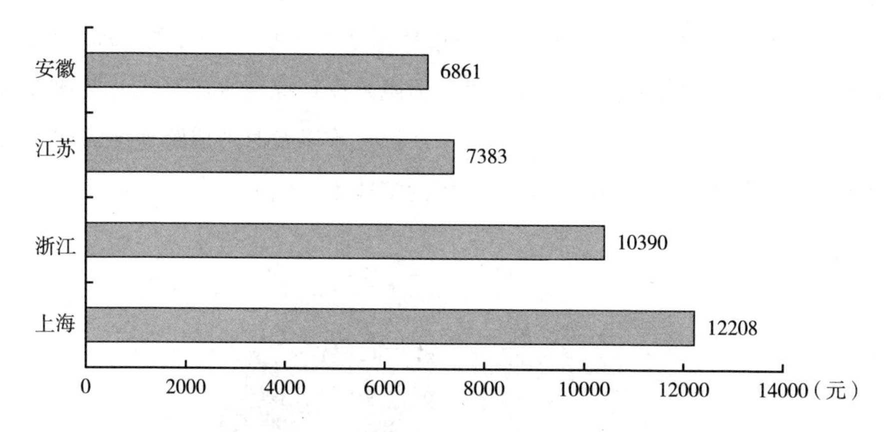

图 18　2017 年长三角三省一市环境治理服务行业月均工资水平

资料来源：《2017 年环保行业薪酬报告》。

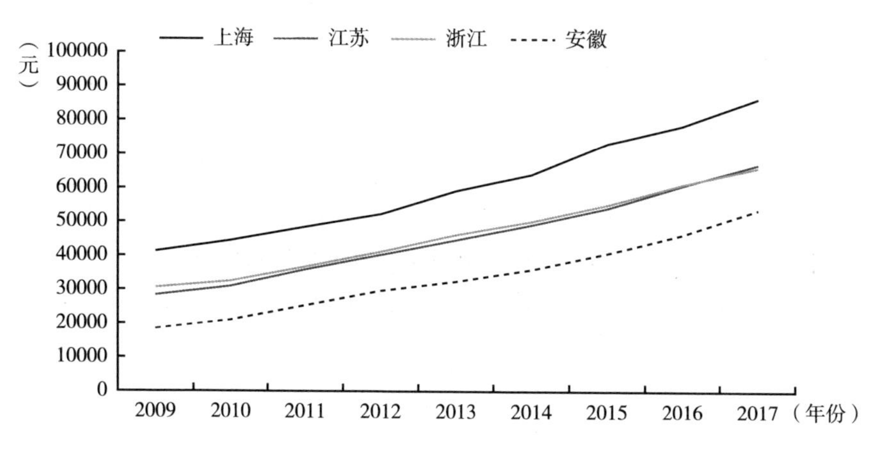

图 19　长三角三省一市水利、环境服务产业年均工资水平

资料来源：国家统计局网站（http://data. stats. gov. cn/）。

平，安徽、浙江科研人员人均技术市场成交额均低于长三角平均水平和全国水平（见图 21）。而且，环境污染第三方治理服务行业从业人员呈现高学历、高级技术职称人员占比高，研发、管理及工程技术人才需求大的特点，由于技术性和专业化程度高，对高层次人才的依存度较高。[①]《2017 年环保

① 中国环境保护产业协会：《中国环境保护产业发展报告（2018）》，2018。

行业薪酬报告》显示，长三角三省一市环保从业人员占全国的30%，长三角依托人才的技术创新潜力十分巨大，但亟须在环保技术成果产业转化层面加以推进，同时，创新的环境治理技术及标准难以及时形成跨地区认同，从而造成长三角地区环境技术创新与运用的整体水平较低。

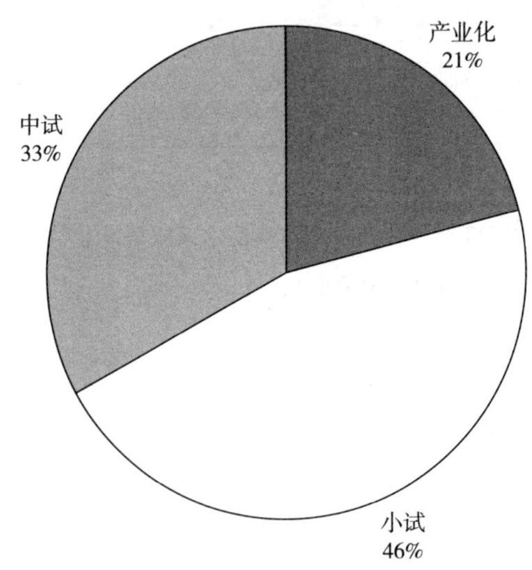

图20　2018年我国环境领域关键技术产业化阶段

资料来源：《环境领域2018年技术预测报告》。

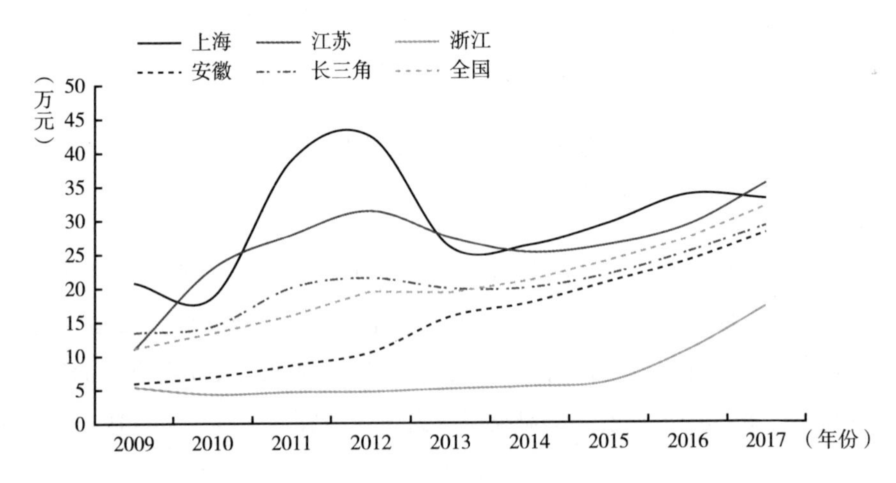

图21　全国及长三角三省一市科研人员人均技术市场成交额比较

资料来源：国家统计局网站（http://data. stats. gov. cn/）。

最后，当前水污染治理、大气污染治理、固体废弃物处置领域是长三角环境污染第三方治理服务市场关注的重点投资领域。从长三角地区工业污染治理完成投资额来看，总体呈波动上升趋势（见图22），但与2016年相比，2017年长三角工业污染治理完成投资额下降33.3%，其中苏、浙、皖地区工业污染治理完成投资额下降幅度较大，分别下降40%、38.7%、37.7%，上海工业污染治理完成投资额下降13.7%。分析其宏观因素，在2018年环保行业进入“寒冬”期，长三角地区许多环境污染第三方治理企业在金融去杠杆、PPP清库存、强化监管等多因素作用下遭受重创，直到现在还未走出融资瓶颈，并引发了长三角区域环境污染第三方治理服务各行业的重新洗牌。

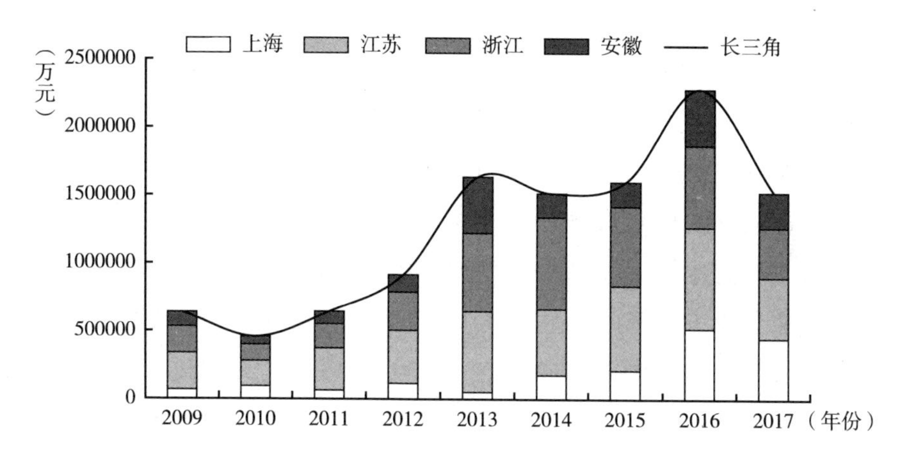

图22　2009～2017年长三角三省一市工业污染治理完成投资额变化

资料来源：国家统计局网站（http://data.stats.gov.cn/）。

综上所述，目前长三角环境污染第三方治理服务市场正处在有序开放阶段，但区域内各地方环保产业同构性较明显，而且环境治理服务供给侧仍存在三方面问题：①长三角多数地方环境服务业劳动力市场开放度较低，从而造成环境服务业人力资源流动性较差；②长三角环境科研技术创新能力有待提高，且环境治理技术创新及标准在不同行政区内认可度低，新技术区域推广难度大；③环境污染第三方治理企业融资难、融资贵，金融机构普遍对生态环保 PPP 项目停贷，大幅压缩“非标”融资活动，一些银行信贷审批的周期明显变长，环境污染第三方治理企业特别是民营环保企业融资的前置性条件变得更加苛刻，部分项目融资成本高达 11%，接近或超过环保行业正常利润水平。

（二）长三角环境污染第三方治理服务市场一体化影响因素的根源

分析影响长三角环境污染第三方治理服务市场一体化发展背后的深层次因素发现，环境技术评判标准及保障制度不完善，市场供给主体单一、融资渠道有限，市场内生动力不足、存在行政壁垒等因素影响着长三角环境污染第三方治理服务市场一体化体系的建设。

1. 环境技术评判标准及保障制度不完善

目前，长三角地区环境污染第三方治理服务市场发展不充分、不完善，尚未建立有利于各类主体公平竞争的市场。其首要原因是环境污染第三方治理服务涉及的环境技术地方评判标准不统一，导致长三角地区环境污染第三方治理服务创新技术因其治理污染达标排放标准与区域内地方环境质量改善需求不匹配而遭弃用；一些地方缺乏对标准制定的深入系统研究，甚至个别标准照搬照套国外标准，不完全符合区域内实际环境质量改善要求，客观上制约了区域环境污染第三方治理服务业的发展。同时，环境技术服务的知识产权保护制度存在缺陷，一些小微企业往往模仿新型环境污染治理技术，在不同行政区市场之间形成低价竞争，扰乱长三角区域内环境污染第三方治理服务市场秩序。

2. 市场供给主体单一，融资渠道有限

长三角环境污染第三方治理服务市场供给主体也比较单一，70% 为小微型的环境技术企业、环境咨询服务企业、污染治理设施运营企业，其融资能力有限，在全球经济环境发生较大变化时难以承受高昂的融资成本，因此给环境污染第三方治理服务项目的可持续发展造成了不确定性。此外，长三角区域环境污染第三方治理企业融资以银行贷款及信用贷款为代表的间接融资方式为主，还包括设施（设备）租赁模式、财政和银行联合式“环保贷”、环保 PPP 项目资产证券化（ABS）、银团贷款等融资服务模式创新。但是，在缺乏保险市场主体担保下，小微型环境污染第三方治理企业较难获得这些创新性融资。

3. 市场内生动力不足，存在行政壁垒

由于环境技术评判标准及相应保障制度不完善、融资受限等，长三角地区环境污染第三方治理企业往往缺乏环境技术研发积极性，对于先进环境技术和设备的应用也不具有可持续性，提出的环境治理整体解决方案的绩效存在较大的不确定性，从而导致长三角排污主体采用环境污染第三方治理服务积极性低，加剧了融资成本的升高。再加上长三角行政分割导致一些地方环保执法和监管缺乏联动性，环境服务市场交易的标准体系缺乏互认互通，许多环境污染第三方治理企业对项目切入较难，交易成本高，致使长三角区域环境污染第三方治理服务产业的营商环境堪忧。

四　长三角环境污染第三方治理服务市场一体化建设路径

针对影响长三角环境污染第三方治理服务市场一体化建设因素的根源，本文认为长三角环境污染第三方治理服务市场需要在水、大气、固废三个重点生态环境治理服务需求领域，把握服务供给侧在人才、技术、资金三个方面市场一体化的建设。根据产业经济学 SCP 模型，对环境污染第三方治理服务市场一体化体系中关键影响因素，即环境治理服务标准、区域环境合作治理机制、区域环境监管执法三个影响区域市场行为的因素进行改革。

（一）构建长三角污染达标排放及技术标准互认机制

在水环境、大气环境治理过程中，污染治理后的排放标准一直是排污企业和第三方治理企业关注的焦点，笔者在跟踪具体项目过程中，首先，发现对于国家和地方、地方与地方之间的排放达标标准之间存在差异项目，第三方治理企业更多按照项目实施地的地方排放达标标准进行治理，从而使第三方治理效果虽然达到了合同标的，但仍不符合国家标准排放要求。因此，长三角地区环保企业在推行环境污染第三方治理服务时，需要及时更新国家和地区的污染排放标准，以较高的达标排放标准确定项目合同标的。其次，第三方治理企业的环境治理技术水平及其市场价值因保障制度的不完善，往往不被长三角地区其他地方排污企业认可，从而迫使一些小微第三方治理企业为获得项目不得不参与低价竞争，既扰乱了第三方治理服务市场竞争秩序，又不能保证低价获得的项目拥有可持续的资金支持。因此，长三角地区地方环保部门在增强对地方环境技术标准评判认定的基础上，需要与其他地方环保部门建立环境技术标准互认机制，从而在长三角环境污染第三方治理服务市场上形成统一的环境技术标准及其价值认定，引导环境服务市场价格良性波动。

（二）探索区域环境污染第三方治理多元主体合作治理机制

长三角地区从事环境污染第三方治理服务的市场主体是中小微污染治理企业，这些企业一部分从环境技术服务企业发展而来，在融资、商业谈判等能力方面较为薄弱；一部分从环境咨询服务企业发展而来，在环境技术研发、项目后期运维管理等能力方面较为薄弱；还有一部分从污染设备运营管理服务企业发展而来，同样在融资、技术研发、应急管理等能力方面较为薄弱。而现在的环境污染问题越来越趋向综合性、突发性，治理周期较长，需要不同的市场主体共同参与来解决。因此，环境污染第三方治理服务市场需求主体要对服务供给主体进行多元化探索，针对每个污染治理项目，既要与具有商业谈判能力的环境咨询服务企业和具有长期运营管理服务经验的企业进行合作，也要引入环境污染第三方治理服务项目担保主体及相应的保险主体提升小微型第三方治理主体的融资能力，还要引入第三方评估主体对每个污染治理服务项目进行项目绩效评估，形成多元主体合作治理机制，从而不断提升环境污染第三方治理服务项目的可持续性。

（三）建设长三角统一的区域环境监管执法程序

环境污染第三方治理服务项目介入之初与之后的评估，第三方治理企业需要对环境污染第三方治理服务实施的对象及其周边生态环境质量与地方污染达标排放的指标进行比对，从而才能准确确定项目的合同标的及项目实施后的绩效，包括环境、经济、社会三个方面。然而，对大气环境、水环境而言，由于这些环境所承载的自然资源具有流动性，如果没有在长三角区域内制定统一的污染达标排放标准及相应的监管执法规则，就会因跨界环境问题及产生的跨界责任推诿给区域生态环境这一公共产品带来“公地悲剧”的后果。因此，长三角环保部门在联合制定统一的污染达标排放标准之前，各地环境执法部门先要联合制定统一的区域环境监管执法程序，消除因行政区划而受阻的联合监管和执法问题，使排污企业明确不达标排污和偷排、漏排的同等后果，也使第三方治理企业有目标、有信心、有决心实施环境污染第三方治理服务项目，从而提升环境污染治理供需双方共同推进长三角区域跨界环境污染第三方治理服务项目的动力。

五　推进长三角环境污染第三方治理服务市场一体化发展的对策建议

基于长三角环境污染第三方治理服务市场一体化体系影响因素与建设路径，本文认为需要从长三角和上海两个层面共同推进长三角环境污染第三方治理服务市场一体化发展。

（一）三省一市共同推进长三角区域市场平台建设

在长三角区域层面，三省一市需要借助 2018 年成立的“长三角区域合作办公室”（简称“长三办”）常设机构，发挥这个跨行政区划常设机构在生态环境治理方面的协调、协商功能，协助建设长三角环境污染第三方治理服务市场环境技术标准库，构建促进区域市场主体交易合作和监管区域环境污染第三方治理服务绩效的统一平台。

1. 基于绿色技术银行，建设长三角环境技术标准库

长三角区域三省一市地方政府需要从自身做起，加大环境科技成果示范

与转化力度，配合长三角一体化发展国家战略，加大对实现长三角地区绿色发展的技术支持。并将三省一市地方确定的先进绿色环境技术通过绿色技术银行进行再鉴定，将适用于长三角地区的环境治理技术总结归纳，形成重点区域环境技术标准库，成为绿色技术银行数据库中的一部分。绿色技术银行将为长三角环境治理技术确定统一的最低市场价格标准，引导市场主体合理定价竞标。

2. 培育新型第三方治理服务创新主体与其交易平台

长三角区域三省一市各地方市场要在现有环境咨询服务、环境技术服务、污染设施运营服务、废旧资源回收处置服务、环境贸易与金融服务等企业主体基础上，充分发挥市场机制。通过体制机制创新，例如创建基于水权、碳排放权、排污权等环境要素交易的横向生态补偿机制以及长三角地区环境风险新型共享机制，培育社会、NGO 等创新型主体，统筹考虑区域跨界典型环境问题，联合长三角各地发展改革委、经信委等部门，构建环境污染第三方治理服务项目交易平台，促进长三角环境污染第三方治理服务市场的大发展。

3. 构建区域环境污染第三方治理服务绩效监管统一平台

虽然国家 2018 年已经发布电镀工业、农副食品加工业、农药制造工业、平板玻璃工业、有色金属工业等多个行业排污单位自行监测技术指南，长三角区域三省一市都已在生态环保部门设置了大气环境、水环境质量的实时监测系统，但这并不意味着地方政府能够全方位监测到区域内所有排污企业污染达标排放的状况。同时，根据《固定污染源排污许可分类管理名录（2017 年版）》，生态环境部要求农副食品加工业，酒、饮料和精制茶制造业，家具制造业，水的生产和供应业等 19 个行业在 2019 年底之前取得国家排污许可证，并要求这些行业的企业达标排放，为此这些企业大多引入环境污染第三方治理服务项目以使自己排污达标。然而，在地方政府实际现场监测中，经常发现部分行政管辖区和非行政管辖区企业存在超标排放现象，导致企业周边，尤其是跨界地区大气、水、土壤生态环境遭受破坏。因此，各地方生态环保部门不仅要对所在行政区域的生态环境质量进行实时监测，同时，需要联合各地方经信委对实施环境污染第三方治理服务项目的绩效进行监管，并采集绩效监管数据，形成长三角环境污染第三方治理服务绩效大数据平台，从而共同防范长三角区域内可能发生的环境风险。

（二）上海发挥服务区域环境污染第三方治理服务市场一体化建设作用

上海作为长三角地区改革开放的领头羊，更要身先士卒从供给侧改革入手，利用自身金融和经济中心的优势，发挥在开拓绿色技术源头、建设服务贸易平台、协调区域事务等方面的作用，服务和推进长三角环境污染第三方治理服务市场一体化体系建设。

1. 完善绿色技术银行信息平台，促进区域环境技术产业化应用

根据 2017 年总部落户上海的绿色技术银行最新数据，目前绿色环境技术存在供需不平衡现象，由于很多绿色环境技术仍处于中试、小试阶段，绿色环境技术在数量上明显供过于求。这为建立长三角区域绿色环境技术库提供了一个契机，上海市科学技术委员会、上海科学技术交流中心、高校科研单位等要不断完善绿色技术银行中的绿色环境技术库，将适合长三角环境污染治理的绿色环境技术集中起来并对其标准进行认定，使长三角区域排污企业明确环境技术市场价值和治理项目的绩效，从而提高排污企业采用环境污染第三方治理主体提供的整体解决方案的积极性，并率先在长三角地区推进环境技术的大规模产业化，满足环境治理服务需要。

2. 增强上海服务长三角环境污染第三方治理服务贸易平台建设的作用

上海要充分汲取在自贸区建设中的经验，在 2019 年 11 月 1 日刚揭牌的长三角生态绿色一体化发展示范区内建设专业的长三角环境污染第三方治理服务贸易平台，在区域环境污染第三方治理服务贸易发展过程中发挥区域辐射和引领作用，同时做好面向国际的开放式贸易创新。在当今国际贸易摩擦和“逆全球化”背景下，上海需要抓住共建绿色“一带一路”合作契机，利用示范区内项目贸易平台将长三角区域环境污染第三方治理服务项目推介到“一带一路”沿线国家，从挖掘内需到开拓国际市场，发挥上海作为全

球贸易中心的作用。

3. 发挥上海金融和经济中心功能，以市场手段消除行政壁垒

上海要运用好“长三办”对跨界事务协调、协商功能，发挥全球金融中心、经济中心的定位功能，对跨界环境污染第三方治理服务项目给予金融、税收等政策和法律制度上的支持，例如，探索长三角区域内多元化、市场化的生态补偿法律保障制度，推进基于环境要素交易的跨界环境治理服务项目顺利实施和可持续性发展。同时，上海要用好排污许可证这个政策工具，对长三角环境污染第三方治理服务市场产生的排污权进行合理配置，用市场的手段消除跨界环境污染第三方治理服务项目的行政壁垒。因此，上海要提升建设统一平台能力，为率先构建起具有统一排污权标准和市场规则的长三角区域排污权交易平台做好准备工作。

参考文献

胡彬：《长三角区域高质量一体化：背景、挑战与内涵》，《科学发展》2019 年第 4 期。

孙博文：《长江经济带市场一体化的经济增长效应研究》，博士学位论文，武汉大学，2017。

李雪松、孙博文：《密度、距离、分割与区域市场一体化——来自长江经济带的实证》，《宏观经济研究》2015 年第 6 期。

孙博文、李雪松、伍新木等：《长江经济带市场一体化与经济增长互动研究》，《预测》2016 年第 1 期。

薛婕、周景博、曹宝等：《中国环境保护产业重点发展区域的经济绩效评价》，《环境污染与防治》2016 年第 2 期。

裴莹莹、罗宏、薛婕等：《中国环境服务业的 SCP 范式分析》，《中国环境管理》2018 年第 3 期。

B.7
长三角水环境治理的 PPP 模式及优化路径研究

张文博*

摘　要： 长三角地区是我国最早开始探索环境治理 PPP 模式的地区之一，也是环境治理 PPP 模式应用较为成熟的地区。财政部 PPP 项目数据显示，目前长三角水环境治理 PPP 项目数量已经超过了京津冀和珠三角地区之和，占 PPP 项目总数的比例也超过全国平均水平。长三角地区水环境治理 PPP 项目中污水处理类项目占比较高。长三角水环境治理 PPP 项目实施和运营中也暴露出配套法规条例不健全，融资模式较为单一，监管、定价、收益和风险管控机制不完善等诸多问题，未来可以从制度体系、履约监管、价格形成机制、风险分担和补偿以及投融资方式等方面进一步优化 PPP 项目的管理制度和推进模式。

关键词： 长三角地区　水环境治理　公私合营

随着生态环境建设的持续深入推进，长三角地区水环境治理进入攻坚期和瓶颈期，水环境治理的目标进一步提升，治理难度和成本进一步增加，所需要的治理资金投入也更大，迫切需要社会资本的参与。PPP 模式通过引入社会资本共同参与环境治理，实现了政府与社会资本共担风险、共享利益，

* 张文博，博士，上海社会科学院生态与可持续发展研究所助理研究员，研究方向为绿色经济与生态城市。

是破解环境治理项目资金难题的有效途径。2017 年多部门联合出台文件，要求在水污染治理领域全面实施 PPP 模式，水污染治理领域的 PPP 模式进入加速推进阶段。长三角地区对环境治理的 PPP 模式探索较早，水环境治理类 PPP 项目的数量较多，但在实施过程中也暴露出配套法规条例不健全，融资模式单一，监管、定价、收益和风险管控机制不完善等诸多问题。作为我国市场化水平最高、投融资模式创新能力较强的地区之一，长三角地区肩负着环境治理市场化改革的历史重任，有能力也有责任通过制度创新，探索出水环境治理 PPP 模式的优化路径。

一　水环境治理 PPP 模式的应用背景

PPP 模式也称政府和社会资本合作，是政府引入社会资本参与公共基础设施建设的项目运作模式。作为公共设施投融资机制的重要类型，PPP 模式在环境治理中能够有效解决政府治理资金来源短缺、投资效率不高等问题，是环境治理市场化机制的重要构成（见表 1）。传统模式下，污水处理等环境治理是以政府财政支出为主，在建设－运行模式下，政府往往需要先期投入较多的资金，治理技术的更新和应用也较为滞后，导致环境治理效率低下。PPP 模式引入社会资本共同参与环境治理，政府与社会资本共担风险、共享利益，一方面解决了政府治理资金投入压力过大的问题，另一方面实现了政府的角色转换，有利于提升环境治理的效率。

表 1　传统模式和 PPP 模式对比

项目	传统模式	PPP 模式
资金来源	财政支出和政府负债	社会资本出资和银行融资
政府角色	公用设施融资人、提供者、监管者、付费者	监管者、付费者
项目模式	分项目招标（河道分段、分期治理）	总包居多（生态治理、海绵城市建设、黑臭水体治理）

资料来源：《2019 年我国污水处理行业 PPP 模式现状发展及趋势分析》，立鼎产业研究网，2019 年 4 月 22 日。

国家鼓励和支持环境治理领域应用PPP模式，2014年出台的《国务院关于创新重点领域投融资机制鼓励社会投资的指导意见》将生态环保领域作为PPP模式应用的重点领域。2015年4月9日，财政部、环境保护部发布《关于推进水污染防治领域政府和社会资本合作的实施意见》，提出“鼓励水污染防治领域推进PPP工作”“充分发挥市场机制作用，鼓励和引导社会资本参与水污染防治项目建设和运营”。[①] 从2014年财政部、国家发展改革委开始推广PPP模式，到2019年三季度，财政部PPP项目管理库累计项目9249个，投资额14.1万亿元。PPP项目库中，累计投资额前五位的行业是交通运输、市政工程、城镇综合开发、生态建设和环境保护、旅游。其中由于不同地区上报口径的不同，在市政工程、生态建设和环境保护这两个行业中，均涵盖污水处理项目。在财政部公布的PPP示范项目中，2014年第一批22个，污水处理相关项目2个；2015年第二批162个，污水处理相关项目17个；2016年第三批513个，污水处理相关项目40个；2018年第四批396个，污水处理相关项目36个（见图1），占比9.09%，总投资约150亿元。这些项目的实施，吸引和带动了大量的社会资本投入污水处理行业，有效地推动了水污染治理领域的项目建设。

2017年7月，财政部、住房和城乡建设部、农业部、环境保护部联合发布《关于政府参与的污水、垃圾处理项目全面实施PPP模式的通知》（财建〔2017〕455号），提出“发挥市场机制决定性作用和更好发挥政府作用，提高政府参与效率，充分吸引社会资本投资参与，提升环境公共服务质量”“以全面实施为核心，在污水、垃圾处理领域全方位引入市场机制，推进PPP模式应用，对污水和垃圾收集、转运、处理、处置各环节进行系统整合，实现污水处理厂网一体和垃圾处理清洁便利，有效实施绩效考核和按效付费，通过PPP模式提升相关公共服务质量和效率。以因地制宜为基础，加大引导支持力度，强化按效付费机制，政府和社会资本双方按照市场机制

① 《关于推进水污染防治领域政府和社会资本合作的实施意见》，中国政府网，2015年4月9日。

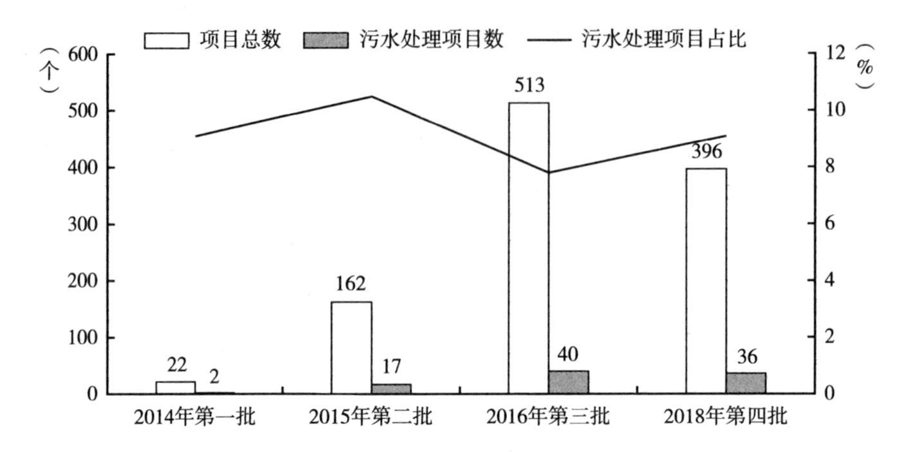

图1　PPP示范项目及污水处理项目占比情况

资料来源：财政部。

原则协商确定PPP模式实现方式”。[①] 随着该文件的贯彻实施，预计将释放超过3000亿元的项目存量，水污染治理领域的PPP模式将加速推进，企业参与PPP项目的数量和投资金额将进一步增长。

二　长三角水环境治理PPP模式的应用现状

长三角地区是我国最早开始探索和试点PPP模式的地区，应用PPP模式的项目总数远高于京津冀和珠三角等地。长三角地区水网密布、城镇化水平较高，与水环境治理相关的PPP项目总数已经超过了京津冀和珠三角地区的总和，水环境治理相关项目占PPP项目总数的比重也高于全国平均水平。长三角水环境治理PPP项目在安徽省立项最多，投向行业也以相对成熟的市政污水处理为主，水环境综合整治的项目相对较少。目前长三角水环境治理PPP项目投资回报机制仍然是以政府付费模式为主，但是可行性缺口补助类项目的比重增速较快，未来将会成为水环境治理类PPP项目的主要投资回报机制。

① 《关于政府参与的污水、垃圾处理项目全面实施PPP模式的通知》，中国政府网，2017年7月19日。

（一）总体状况

长三角地区是最早开始探索和试点PPP模式的地区，江苏、安徽等省份都较早开展了相关项目的试点。各省份都在国家文件的指导下，出台了本省份的《创新重点领域投融资机制鼓励社会投资的实施意见》《关于在公共服务领域推广政府与社会资本合作模式的实施意见》等文件，并制定了相应的配套措施。各地也建立了相应的项目储备制度，其中江苏省建立了省、市两级PPP项目储备库，省级项目储备库包含300多个项目，总投资近5000亿元，安徽省入库项目480个，总投资3750亿元，有127个项目被纳入国家发展改革委项目库，总投资2068亿元，入选项目个数和投资额均居全国前列。

目前PPP模式在长三角地区已经得到广泛的应用，项目所在的行业主要集中在市政建设、交通基础设施、生态环境等领域，其中水环境治理相关项目占PPP项目的比例逐渐增加。根据财政部政府和社会资本合作中心PPP项目库信息，长三角三省一市（包括计划单列的宁波）入库项目1384个，其中，涉及污水处理的项目192个，涉及水环境综合整治的项目39个，两项合计水环境治理相关项目总数为231个，占入库项目数的16.69%。从项目进展来看，目前处于执行阶段的项目162个，占总数的70.13%，处于准备阶段的项目27个，占总数的11.69%，处于采购阶段的项目42个，占总数的18.18%。

与全国平均水平和京津冀、珠三角等地相比，长三角地区水环境治理相关项目数较多，占PPP项目总数的比例高于全国平均水平（见表2）。从水环境治理相关项目数来看，长三角地区水环境治理相关项目数量为231个，约为京津冀水环境治理相关项目数的2.6倍，也远高于珠三角地区，一方面说明长三角地区水环境治理的任务较重，另一方面说明PPP模式已经在长三角地区水环境治理相关项目推进中较为普及。从项目数的占比来看，长三角地区水环境治理相关项目数占PPP项目总数的比例高于全国平均水平，说明相比中西部省份，长三角地区在交通基础设施、市政设施等方面已经相对完善，投入比重相对较低，而生态环境建设相关项目的投入比重有所上升。京津冀、珠三角等经济发达地区的情况也与长三角地区相近，其中京津冀地区水环境治理相关项目数占比为18.20%，珠三角地区（此处以广东省数据代替）占比为20.04%。随着国家相关文件要求在政府参与的污水、垃圾处理项目中全面实施PPP模式，水环境治理相关项目数量将进一步增加，比重会进一步提升。

表2　水环境治理PPP项目数占比

单位：个，%

地区	水环境治理相关项目数	PPP项目总数	占比
京津冀	89	489	18.20
长三角	231	1384	16.69
珠三角(广东省)	102	509	20.04
全国	1234	9248	13.34

注：数据截至2019年11月。

资料来源：根据财政部政府和社会资本合作中心PPP项目库信息整理。

（二）项目地区分布特征

长三角水环境治理PPP项目主要集中于安徽省，安徽省的水环境治理PPP项目最多，上海市应用PPP模式的水环境治理项目最少。根据财政部政府和社会资本合作中心PPP项目库的数据，截止到2019年，长三角地区水环境治理PPP项目总数为231个，安徽省水环境治理PPP项目数为114个，占长三角地区水环境治理PPP项目总数的49.4%，其中污水处理项目数为91个，占长三角地区污水处理项目总数的47.4%，水环境综合整治项目数为23个，占长三角地区水环境综合整治项目总数的59.0%，上海市水环境治理PPP项目最少，仅上海嘉定南翔污水处理厂一期工程1个污水处理项目，仅占长三角地区水环境治理PPP项目总数的0.4%（见表3）。从投资总额来看，安徽省水环境综合整治项目投资额约为327亿元，约占长三角地区的一半，而浙江省项目投资额约为84亿元，仅占13%。长三角各省市水环境治理PPP项目的分布情况与各省市的经济增速密切相关，安徽省的经济增长速度最快，对污水处理等市政设施的需求也随之增加，这与全国水环境治理 PPP 项目的情况基本吻合，项目数量较多的云南、四川等地同时也是经济增速较高、发展较快的省份。上海水环境治理 PPP 项目数量较少，是因为市政设施建设时间较早，在 PPP 模式推广阶段已经完成了大部分相关设施建设，在国家推进污水处理等项目向 PPP 模式转型的要求下，项目数量将会增加。

表 3　长三角各省市水环境治理 PPP 项目情况

项目	项目总数		污水处理项目		水环境综合整治项目		水环境综合整治项目	
	数量(个)	占比(%)	数量(个)	占比(%)	数量(个)	占比(%)	投资额(万元)	占比(%)
长三角	231	—	192	—	39	—	6500973	—
上海	1	0.4	1	0.5	0	0.0	0	0.0
江苏	56	24.2	47	24.5	9	23.1	2381341	36.6
浙江	60	26.0	53	27.6	7	17.9	845046	13.0
安徽	114	49.4	91	47.4	23	59.0	3274586	50.4

注：数据截至 2019 年 11 月。

资料来源：根据财政部政府和社会资本合作中心 PPP 项目库信息整理。

（三）项目投向行业特征

从项目投向行业来看，长三角地区水环境治理 PPP 项目是以污水处理项目为主，水环境综合整治的项目较少。2014～2019 年，长三角地区涉及污水处理的 PPP 项目共 192 个，涉及水环境综合整治的 PPP 项目共 39 个。其中污水处理项目大多是以市政工程项目的形式开工建设，192 个污水处理项目中有 172 个属于市政工程项目，主要投向污水处理厂及配套管网建设。属于生态环境建设项目，投向黑臭水体综合治理、水环境综合整治的项目仅占项目总数的 1/5 左右。从项目金额来看，水环境综合整治项目投资额达到 650 亿元，其中安徽省阜阳市城区水系综合整治（含黑臭水体治理）PPP 项目的总投资达到 132 亿元，包含截污管道、水环境工程、水生态修复工程等多项内容。

长三角地区水环境治理 PPP 项目中污水处理相关项目比重较大，一是因为长三角地区快速城镇化对市政基础设施的需求增加，城市配套的污水处理项目也随之增加，尤其是以安徽省为代表的快速城镇化地区，污水处理项目总数远多于苏浙沪两省一市；二是因为政策文件打开了存量市场的大门，《关于政府参与的污水、垃圾处理项目全面实施 PPP 模式的通知》提出“有序推进存量项目转型为 PPP 模式”，存量污水处理厂转型将会成为社会资本竞争的新领域，存量项目将会成为水环境治理 PPP 项目的重点；三是污水处理项目应用 PPP 模式已经相对成熟，污水处理设施的处理成本、处理绩效核算更加明确，社会资本对其收益和风险更加熟悉，而水环境综合整治项目中水质标准、水生态环境改善等指标的影响因素较多，社会资本需要承担的风险也更大，导致社会资本的投入意愿下降。

（四）投资回报机制特征

从回报机制来看，政府市场混合付费的比重逐渐增加。社会资本在 PPP 项目中获得投资回报的资金来源主要有使用者付费、可行性缺口补助和政府付费。可行性缺口补助（Viability Gap Funding）又称为政府市场混合付费项目，即政府以财政补贴、股份投入、优惠贷款等形式对社会资本进行补偿，以满足其成本回收和合理收益的诉求。目前长三角地区水环境治理以政府购买服务为主，其中政府付费的项目约占 66%，可行性缺口补助的项目约占 33%，而使用者付费的项目仅约占 1%。由于水环境治理具有较强的公益性，项目本身难以按照市场化定价来收取费用，必须要通过政府购买服务来实现收益。单一的政府付费回报机制，一方面可能增加政府的资金投入，另一方面可能因 PPP 项目而增加政府债务。

三 长三角水环境治理 PPP 模式存在的问题

环境治理领域 PPP 模式的应用时间落后于其他领域，这也导致配套法律法规较为缺乏，出现了与之相适应的监管机制、定价和收益机制、风险管控机制有待进一步完善等诸多问题。同时，目前 PPP 模式在融资模式和资金退出方式上的欠缺，也影响了社会资本进入的信心。

（一）专门性的法律法规体系尚不健全

由于 PPP 项目具有运作时间长、涉及主体多、投资回报机制复杂等特点，在实施过程中往往容易产生各种争议，需要有明确的法律法规体系来规范和约束 PPP 项目执行过程中各方的权利和义务。目前我国 PPP 模式的运作缺乏国家法律法规层面的支持，PPP 项目的管理仍参照《中华人民共和国政府采购法》《中华人民共和国招标投标法》等，这些法律是针对特许经营、招标等特点而设计，对 PPP 项目推进中可能存在的价格调整、政府融资等情况没有明确的界定，导致 PPP 项目建设中存在很多法律法规问题。具体而言，一是没有明确界定项目推进过程中各个阶段政府、社会资本等主体的责任、义务，导致合作过程中双方违约成本较低，增加了违约风险；二是法律与政策法规之间的一致性问题、中央政府政策法规与地方政府政策法规之间的一致性问题制约社会资本参与 PPP 模式；[①] 三是现行相关法律与 PPP 项目的某些运作模式存在冲突，例如股权转让与特许经营管理条例的矛盾、项目运作中价格变动与招标相关法律的矛盾、投资收益率设置与投资相关法律的矛盾等，导致社会资本的合理收益难以得到法律的保障。

（二）政府履约的监管和约束机制不完善

水环境治理 PPP 项目投资的资金量大、投资回收周期长，投资的利润和回报机制都依赖政府的财政支付。政府在 PPP 项目中的角色为监管者和付费者，政府一方面要对 PPP 项目的运行进行监管和绩效评定，另一方面又控制着社会资本的投资回报渠道，政府处于主导和强势地位。社会资本在 PPP 项目中的地位相对弱势，需要承担极大的政府违约风险，资金规模较小的企业甚至会因政府违约而导致资金链断裂。政府和社会资本不对等的市场地位导致政府违约成本低，从而容易出现“公共产品负担”现象，

---

① 周正祥、张秀芳、张平：《新常态下 PPP 模式应用存在的问题及对策》，《中国软科学》2015 年第 9 期，第 82 ~ 95 页。

即社会资本进入以后，地方政府往往会对 PPP 项目进行政策干预，而地方政府在事后谈判中处于强势地位，干预的结果必将是社会资本的私人利益受到较大的负面影响。[①] 从国外PPP 项目推行的经验来看，项目的全过程都是在合同的约定下进行，对违约后的责任主体、处理办法和赔偿方案都有明确的规定。现阶段我国并没有明确的制度、监管机制和约束政府的履约机制，对违约后政府方的责任主体、惩处措施、赔偿方式等也没有明确的法律依据，当遇到政策调整、政府换届、规划变更等情况时，政府甚至会出现推诿责任的现象。政府履约的监管和约束机制的不完善，使社会资本的权益难以得到保障，实际上增加了 PPP 项目的风险，导致 PPP 项目的融资难、落地难问题。尤其是水环境治理这类具有公益性的项目，更是难以获得社会资本的支持，不能充分发挥 PPP 模式在投融资、运作机制等方面的作用。

（三）项目的定价机制和收益模式不明确

水环境治理 PPP 项目主要是提供公共服务，项目定价难以依靠市场设定和调整。目前常用成本定价法和投资回报率来确定类似项目的价格，但仍然存在信息不对称、风险难以界定等缺陷，可能导致公共服务价格虚高等问题。水环境治理 PPP 项目一般周期较长，运行过程中出现价格波动也较为常见，但目前 PPP 项目的价格调整机制也面临较多障碍，一方面政府的强势地位可能导致地方政府出于维护和提高公共福利的目的，利用 PPP 合约的不完全性对 PPP 项目进行行政干预，[②] 另一方面现行法律法规对价格的调整也没有明确的规定，甚至在招标相关法律中还明令禁止标书的后续谈判和修改。在水环境治理类项目中，由于影响成本和绩效的因素较多，价格调整机制的不完善使得社会资本难以获得合理的利润，进而影响项目的推进和实际效果。除

① 龚强、张一林、雷丽衡：《政府与社会资本合作（PPP）：不完全合约视角下的公共品负担理论》，《经济研究》2019 年第 4 期，第 133 ~ 148 页。

② 龚强、张一林、雷丽衡：《政府与社会资本合作（PPP）：不完全合约视角下的公共品负担理论》，《经济研究》2019 年第 4 期，第 133 ~ 148 页。

了定价机制外，水环境治理PPP项目的收益模式也不明确，虽然以运营补贴、特许经营、股份合作为主的可行性缺口补助模式正逐步增加，但是这类投资回报机制更为复杂，需要法律、财务和金融等方面的支持，对政府和社会资本的专业性要求更高，容易造成项目合约设计漏洞、政府决策失误等问题，也容易带来政府方的寻租、腐败和损害公共利益等问题。

（四）项目风险的管理和分担机制不健全

PPP项目运作的前提是社会资本对风险有合理的评估、管理和应对策略。与普通的PPP项目相比，水环境治理PPP项目不仅面临政府履约的风险，还面临着自然环境因素变化的风险。水环境综合整治类项目常以水质标准为目标，但在治理过程中还要涉及上游水质、河岸治理、水文条件等多种因素的影响，项目实施的不确定性更大。现行的项目风险评估和管理机制大多基于交通和市政基础设施项目设计，对环境综合整治这类复杂项目的经验不足，一方面可能造成社会资本方参与项目的意愿降低，另一方面可能造成社会资本为应对风险，过度提高价格或者索要其他经济权益。现行的PPP项目风险分担机制大多将风险直接转由社会资本承担，或者政府提供一定的担保，这两种方式都相对单一，而且存在较大弊端。其中政府担保或者抵押的方式由于存在增加政府债务的风险，目前已经出台各项文件禁止。水环境治理项目的风险较大，由社会资本承担风险会难以吸引社会资本投资，或者政府需要支付更高价格。

（五）社会资本融资模式和退出方式单一

水环境治理PPP项目的投资规模大、周期长，项目对融资的需求强烈，尤其是中长期的融资需求更为迫切。水环境治理PPP项目具有公益性质，盈利模式尚不稳定，投资期限较长，且存在一定的兑付风险和违约风险，导致投资者对此类项目的直接投资动力不足。目前社会资本参与水环境治理PPP项目的方式也大多以直接投资为主，融资的主要渠道是银行贷款。融资方式和渠道的单一化，导致资金来源不足，进而推高了融资成本，也不利于项目风险管控。金融机构参与水环境治理 PPP 项目仍然受到严格的监管，除了对项目提供贷款，只能通过直接投资或者成立基金等方式对 PPP 项目公司进行股权投资。金融机构投资往往直接被 SPV（Special Purpose Vehicle）公司注入项目资产，退出难度较大、渠道较为单一。现阶段进行的水环境治理 PPP 项目的退出渠道主要是期满移交退出，或者是按照约定价格由政府或社会资本赎回。对于金融机构来说，回收周期过长，投资者风险很大。目前水环境治理 PPP 项目大多处于执行、采购和准备阶段，还没有项目进入移交阶段，也没有期满退出的案例可供参照，这也增加了资本退出的不确定性风险。

四 长三角水环境治理 PPP 模式的优化路径

长三角地区在水环境治理领域对于 PPP 模式的应用起步较早，也是我国市场化水平最高、投融资模式创新能力较强的地区之一。虽然在水环境治理 PPP 项目推进中仍然面临普遍性的问题，但其良好的市场环境和发展基础为水环境治理 PPP 模式优化创造了良好的条件。随着水环境综合整治类项目增加、投资回报机制多元化，现行的 PPP 项目管理制度已经难以适应新的要求，需要从制度体系、履约监管、价格形成机制、风险分担和补偿以及投融资方式等方面，进一步优化现有管理制度和推进模式。

（一）以专门性法规为核心健全 PPP 制度体系

PPP 模式与其他项目推进模式不同，其投融资模式和管理方式都有其特点，现行法律难以覆盖 PPP 项目运作中可能存在的纠纷和问题。随着 PPP 项目的增加和涉及行业的增加，专门性法规的颁布势在必行。日本、法国、西班牙等国在引入 PPP 模式后，都出台了专门的 PPP 法律，对 PPP 合同的拟定、各方法律关系、各方责任、项目权属等内容进行了明确规定，英国、新加坡等国还通过标准化合同等方式规范 PPP 项目的运行。长三角地区应当借鉴国外经验，通过专门性法规和条例明确 PPP 项目的设立范围、多方主体的权利和责任，保障各方的合法权益；通过标准化合同明确PPP项目实施和运行中的细节，约定双方的投资回报机制和风险分担模式，约束和规范各方的行为；通过标准化程序，提高PPP项目谈判的效率和透明度，减少PPP项目采购的成本和风险。以法规和制度体系，保障社会资本的权益，提升社会资本投向水环境治理行业的信心和意愿。

（二）以违约追责为核心建立履约监管机制

PPP模式的实质是合同式的项目推进方式，合同的效力是PPP项目运作的核心和关键。水环境治理具有公共品的特征，政府一方面可能以公共利益和社会责任为由增加PPP项目中企业的负担，变相侵占社会资本的合法权益；另一方面可能利用其监督者和付费者的强势地位，干涉项目的运行，更改合同相关约定。现行的行政体系和制度安排对PPP项目中政府的履约行为并没有明确的约束机制，政府换届、规划调整等变动也增加了对政府追责的难度。长三角地区在水环境治理PPP项目推进中，应当以相关的法规条例为依据，明确在PPP项目中政府的权利边界，明确社会资本的责任边界，避免出现在PPP项目中政府凌驾于合约之上的情况；应当构建以违约责任追究为核心的履约监管机制，将PPP项目的履约情况作为政府考核的内容之一，将PPP项目的进展情况作为信息公开的内容之一，通过内部监管和外部监督相结合的方式加强对政府的监管和约束，确保PPP项目合约的执行。

（三）以第三方定价为试点推进定价机制创新

现行的水环境治理PPP项目价格形成机制较为单一，且价格调整的难度较大，仅能满足污水处理等风险较小的PPP项目，随着水环境综合整治类PPP项目的逐渐增加，PPP项目的投资回报方式更加复杂，需要更加科学的价格形成机制和收益模式。长三角地区应当发挥市场机制较为完善的优势，积极探索试点第三方评估机制，由专业的环保服务公司对水环境治理的经济、社会和生态效益进行评估，综合考虑治理成本、公众利益诉求和项目风险等因素，为决策提供依据，为社会项目实施提供具有可操作性的收益组合，提升项目定价的公平性、科学性，减少社会资本进入 PPP 项目时对收益的顾虑。第三方评估团队应当由经济、环境、法律等领域的专业人员共同构成，具有较强的公信力。在推进定价机制创新的同时，还要加强价格的审议和监控，完善听证制度，既保证社会资本的合理收益，又维护公共利益。探索试点动态补贴机制，为水环境治理 PPP 项目的价格调整留有余地。

（四）以风险识别为基础完善风险分担机制

生态环境建设类 PPP 项目的影响因素较为复杂，风险的来源和种类较多，由任何一方独立承担风险都不公平，单纯以收益补偿潜在风险也不合理。因此，在项目实施过程中，应当加强风险的预测和识别，按照风险的类型和主体特点，设置共同但有差别的风险分担和补偿机制。在风险的预测和识别环节，应综合项目的建设特点、所处的自然环境特征，以及 PPP 项目建设和运行经验，分析潜在的风险及其成因，拟定潜在风险列表和应对预案，供 PPP 项目的相关主体参考。在风险分担和补偿环节，应当根据风险的类型和主体特点合理共担风险。政府作为决策者，对政策变化的把握能力更强，应对经验更加丰富，当出现政策风险时，应当由政府分担主要风险；社会资本作为市场主体，具有更强的运营能力，当出现运营风险时，应当由社会资本承担主要风险；当环境治理中出现由自然环境因素引起的不可抗风险时，则由双方共同承担风险。

（五）以绿色金融创新为契机优化投融资机制

目前水环境治理 PPP 项目的融资主要是来自直接投资和银行贷款，项目实施和落地中往往存在融资难和资金来源单一的问题。在现有的项目融资模式和金融监管制度下，金融机构参与水环境治理 PPP 项目受到严格的监管，难以发挥其募集资金、降低融资成本的作用。长三角地区民营资本较为发达，具有金融创新的良好基础和条件，目前国家已在浙江省建设绿色金融改革创新试验区，为绿色金融创新提供了政策支持，长三角地区可以以浙江省绿色金融改革创新为契机，推动 PPP 项目投融资机制创新。具体而言，可以从三个方面探索 PPP 项目投融资机制的创新路径：一是可以探索特许经营权、项目收益权等环境权融资，通过将水环境治理 PPP 项目中的经济权益和收益抵押，降低融资难度，获取更多金融机构的绿色贷款支持；二是引导 PPP 项目与互联网金融相结合，通过互联网金融吸收更多的民间资本进入 PPP 项目；三是建立政府创新融资平台，整合各类政府资金，引导非财政资金进入 PPP 项目，优化地方政府债务结构。

参考文献

柯永建、王守清、陈炳泉、李湛湛：《中国 PPP 项目政治风险的变化》，清华大学出版社，2008。

《2019 年我国污水处理行业 PPP 模式现状发展及趋势分析》，立鼎产业研究网，2019 年 4 月 22 日。

《关于推进水污染防治领域政府和社会资本合作的实施意见》，中国政府网，2015 年 4 月 9 日。

《关于政府参与的污水、垃圾处理项目全面实施 PPP 模式的通知》，中国政府网，2017 年 7 月 19 日。

周正祥、张秀芳、张平：《新常态下 PPP 模式应用存在的问题及对策》，《中国软科学》2015 年第 9 期。

龚强、张一林、雷丽衡：《政府与社会资本合作（PPP）：不完全合约视角下的公共品负担理论》，《经济研究》2019 年第 4 期。

陈华、王晓：《中国 PPP 融资模式存在问题及路径优化研究》，《宏观经济研究》2018 年第 3 期。

亓霞、柯永建、王守清：《基于案例的中国 PPP 项目的主要风险因素分析》，《中国软科学》2009 年第 5 期。

贾康、孙洁：《公私伙伴关系（ PPP）的概念、起源、特征与功能》，《财政研究》2009 年第 10 期。

B.8
上海“三线一单”编制成果及长三角环境空间管控体系协调机制探索

朱润非　周洁玫　鲍仙华　肖　青*

摘　要：“三线一单”编制工作是以改善区域环境质量、保障生态服务功能为目标，突出问题导向，结合区域发展战略，将生态保护红线、环境质量底线、资源利用上线要求落实到环境管控单元，并针对性地提出生态环境准入清单，构建覆盖整个区域的环境空间管控体系。对于长三角区域而言，协调一致的区域生态环境空间管控体系是实现生态绿色一体化发展的重要手段。本文简要介绍了上海“三线一单”的主要成果，并以长三角一体化示范区为例，分析长三角区域各省市“三线一单”成果在单元划分、准入清单编制方面的共性、差异性及主要矛盾，聚焦“三线一单”成果应用及区域协调机制，提出长三角区域生态环境空间管控体系建设建议。

关键词：“三线一单”　环境空间管控体系　长三角

* 朱润非，上海市环境科学研究院高级工程师，研究方向为战略环评、规划环评政策研究及实践、环境管理；周洁玫，上海市环境科学研究院工程师，研究方向为环境科学与政策；鲍仙华，上海市环境科学研究院高级工程师，研究方向为环境科学与政策；肖青，上海市环境科学研究院高级工程师，研究方向为环境科学与政策。

一 “三线一单”的背景和意义

（一）“三线一单”的背景

“三线一单”工作是在中国特色社会主义建设进入新时代、生态文明机制改革深入推进的大背景下提出的，是落实党的十九大精神、践行生态文明理念、开展生态环境保护的重要举措。2015 年中央全面深化改革领导小组第十四次会议首次明确提出了“严守资源消耗上限、环境质量底线、生态保护红线”的要求。中共中央、国务院自 2015 年以来发布了 17 份关于生态文明体制改革的文件，要求设定并严守三大红线，将各类开发活动限制在资源环境承载能力之内。2018 年 6 月，中共中央、国务院发布《关于全面加强生态环境保护坚决打好污染防治攻坚战的意见》，要求“省级党委和政府加快确定生态保护红线、环境质量底线、资源利用上线，制定生态环境准入清单，在地方立法、政策制定、规划编制、执法监管中不得变通突破、降低标准，不符合不衔接不适应的于 2020 年年底前完成调整”。

2017 年，在省域和地市“三线一单”编制试点工作的基础上，生态环境部先行启动长江经济带 11 个省市及青海省的“三线一单”编制工作；2019 年，全国其他省（区、市）全面启动编制工作，逐步构建全地域生态环境分区管控体系。

（二）“三线一单”的含义

“三线一单”是指生态保护红线、环境质量底线、资源利用上线和生态环境准入清单。划定生态保护红线是识别生态空间范围内具有特殊重要生态功能、必须实行强制性严格保护的区域；划定环境质量底线是确定区域大气、水和土壤环境质量目标，测算污染物允许排放量，划分大气、水、土壤环境管控分区；划定资源利用上线是确定能源、水、土地、岸线等资源开发和消耗不得突破的“天花板”，划分资源利用管控分区；集成各要素管控分区、衔接行政边界，划定环境管控单元，并针对环境管控单元以清单方式列出差别化环境准入要求，即生态环境准入清单。[①]

落实“三线一单”，建立生态环境分区管控体系，就是将原先分散于各类资源、环境要素的管控要求集成到具体空间单元上，实现生态环境管理的集成化、空间化和信息化，是推动生态环境管控要求落地实施的有力抓手，也是实现生态环境治理体系和治理能力现代化的必然要求。

（三）“三线一单”的作用和意义

1. “三线一单”是环境保护参与国土空间开发的重要抓手

全国主体功能区规划和省级主体功能区规划都是区域国土空间开发与保护的重要基础。《全国主体功能区规划》将长三角地区确定为国家层面的优化开发区域，明确了长三角地区建设成为有全球影响力的先进制造业基地和现代服务业基地、世界级大城市群、全国科技创新与技术研发基地、全国经济发展的重要引擎、辐射带动长江流域发展的龙头区域功能定位。长三角省级（直辖市）主体功能区规划除了禁止开发区域外，基本上以县级行政区为基本单元，在全国主体功能区划基础上进行了细化，但也只是确定了区域开发与保护的大致方向，在操作层面还没有完全落地。

“三线一单”成果在省级主体功能区规划的基础上进一步进行了细化和明确。在空间上，“三线一单”优先保护单元综合了生态、水、气、土壤等各要素需要保护的区域，不仅覆盖了国家和省级主体功能区规划中的限制开发区域和禁止开发区域，并且进一步扩充和明确了优先保护单元的空间类型；对于主体功能区规划中的优化开发区域和重点开发区域，“三线一单”将其中承担工业开发和城镇建设的主要区域进一步识别为重点管控单元，其余区域为一般管控单元。在管控要求上，“三线一单”优先保护单元要求以

① 《关于以改善环境质量为核心加强环境影响评价管理的通知》，中华人民共和国环境保护部网站，2016年10月27日。

维护主导生态功能为目标，明确各单元应实施的禁止和限制开发行为以及保护要求；重点管控单元和一般管控单元则根据区域资源环境现状、环境质量目标、环境承载能力等因素，从空间布局约束、污染物排放控制、环境风险防范、资源开发和利用效率四个方面，提出具体的、可操作的要求，将土地空间开发约束在环境可以承载的范围内。①

因此，“三线一单”是从资源环境角度对国家和省级主体功能区规划的分解和细化，是落实主体功能区规划的重要抓手，将对国土空间的科学开发和保护提供重要支撑。

2. “三线一单”是完善环境影响评价制度体系的重要手段

我国已基本建立了战略环评、规划环评、项目环评的环评制度体系。战略环评重在协调区域或跨区域发展环境问题，划定红线，为“多规合一”和规划环评提供基础；规划环评重在优化规划布局、规模、结构，拟定负面清单，指导项目环境准入；项目环评重在落实环境质量目标管理要求，优化环保措施，强化环境风险防控，做好与排污许可的衔接。②

然而，在实践中往往存在规划环评落地难的问题，除了观念意识、利益冲突等方面的因素，规划环评提出的要求在空间上不明确不落地等问题也是不可忽视的原因，最终造成规划环评的刚性约束力无法实现。通过建立以“三线一单”为核心的生态环境分区管控体系，将资源、环境管控要求融入经济社会发展各领域和全过程，有利于健全相关部门协同推进战略环评和规划环评的机制，将软要求变成硬约束，有效发挥战略环评和规划环评源头预防、推进生态环境战略性保护、协调经济社会系统和资源环境系统重大矛盾的功能，保证战略环评、规划环评落地管用。③

---

① 耿海清：《“三线一单”如何参与空间规划体系建设?》，《中国环境报》2018 年 12 月 13 日。

② 《关于印发“十三五”环境影响评价改革实施方案的通知》，中华人民共和国环境保护部网站，2016 年 7 月 15 日。

③ 王兴杰、王占朝、陈凤先、李天威、任景明：《环评改革要落实“三线一单”硬约束》，《中国环境报》2016 年 11 月 15 日。

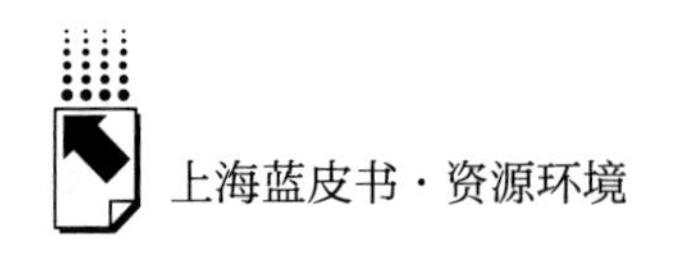

二 上海“三线一单”环境管控体系

上海作为一座超大型城市，以不到全国1‰的土地，承载了全国2%的人口，贡献了全国4%的生产总值。人口的高度密集、土地的高强度开发、产业的大规模发展，使上海的资源环境面临巨大压力。

在生态环境方面，当前，上海的大气复合污染形势依然严峻，内河及近岸海域水质尚未达标，城市生态空间规模及质量远远不足，生态环境距离“国际先进水平”仍有较大差距。

在空间布局方面，上海仍有待进一步优化。生态空间方面，上海的重要生态功能区主要分布于长江口及近岸海域、崇明生态岛以及黄浦江上游，通过设立保护区，重要生态功能区得到了有效保护。但由于土地的高强度开发，上海的城市生态空间是不足的。生活空间方面，作为超大型城市，上海人口密集，中心城区、主城片区、新城人口密度高，郊区城镇人口规模也普遍达到小城市规模，因此，人居安全是城市发展过程中应重点关注的问题。生产空间方面，作为全国先进制造业的重要基地，上海除中心城区以外的区域均分布有产业园区，人居环境深受产业与城镇空间布局的影响。产业结构方面，钢铁、石化等高耗能、高污染、高风险传统重化产业依然占据重要地位，其能源消耗及污染问题不容忽视。

为解决规模、布局、结构等方面存在的突出问题，上海对标“卓越全球城市”“生态之城”的战略定位，衔接国家及上海环境保护相关规划、计划，启动编制了“三线一单”，初步构建了生态环境分区管控体系。以下简要介绍上海“三线一单”成果，最终以市政府发布稿为准。

（一）生态保护红线及生态空间

根据国家要求，基于遥感解译的土地利用/土地覆盖数据，开展上海市域范围生态系统服务功能重要性评估和生态环境敏感性评估。生态系统服务功能重要性评估内容包括生物多样性维护、水源涵养、水土保持等，生态环境敏感性评估内容包括盐渍化及水土流失。根据评估结果，将生态系统服务功能极重要和重要、生态环境极敏感和敏感区域纳入生态空间识别范围，并进一步结合上海实际情况，确定生态空间。其中，极重要、极敏感区域已被纳入生态保护红线，其他区域被纳入一般生态空间。

全市共划定生态保护红线 37 个及自然岸线 9 段，总面积 2082.69 平方公里，其中陆域面积 89.11 平方公里，长江河口及海域面积 1993.58 平方公里。上海生态保护红线类型包括生物多样性维护红线、水源涵养红线、特别保护海岛红线、重要滨海湿地红线、重要渔业资源红线、自然岸线 6 种。自然岸线包含大陆自然岸线和海岛自然岸线，总长度 142 公里，占岸线总长度的 22.6%。

全市共划定一般生态空间 608.57 平方公里，占全市陆域面积的 8.9%。类型包括森林公园、湿地公园、饮用水源二级保护区、重要湿地、重要林地（城市公园、市级生态公益林、防护绿地）、重要水体。

作为高度城市化地区，上海的生态空间在规模、质量方面均有待提升。未来，上海将持续完善生态保护红线制度、构建生态走廊、建设城乡公园，提高生态空间的连通性和完整性，提升城市生态安全水平。

（二）大气环境质量底线及管控分区

根据上海污染防治攻坚战、城市总体规划、环保规划、清洁空气行动计划等要求，对标国际先进水平，研究制定上海近期 2020 年及中长期 2025 年、2035 年 的 $PM_{2.5}$浓度目标、AQI 目标及臭氧污染控制目标。以环境质量目标为约束，衔接长三角区域协同控制目标，分析上海不同领域大气污染减排潜力，结合上海经济发展特点与目标、技术可行性等因素，测算全市能源、产业、交通、生活、建设、农业等领域及各区主要大气污染物允许排放量。

根据上海的污染气象、大气污染物排放、产业布局、城镇布局特征，划分全市大气环境管控分区。将环境空气质量功能一类区划定为大气优先保护区，包括自然保护区、度假旅游风景区及自然生态保持良好的岛屿，占全市陆域面积的 16.7%。将产业园区、重要港区等产业集聚区域以及人口密集、受体敏感的中心城区划定为大气环境重点管控区，占全市陆域面积的

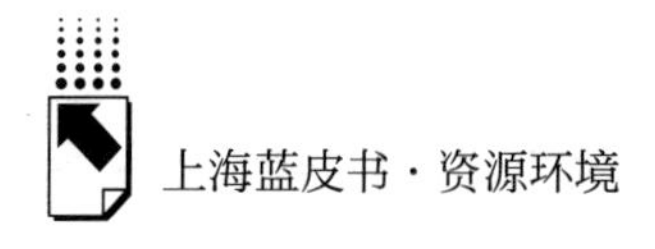

21.2%。将其他区域划定为大气一般管控区，以城镇生活空间及农业空间为主，占全市陆域面积的62.1%。

（三）水环境质量底线及管控分区

根据上海污染防治攻坚战、城市总体规划、环保规划、水污染防治行动计划等要求，确定上海近期2020年及中长期2025年、2035年的水环境质量目标。以水环境质量目标为约束，兼顾上游水质和功能目标，结合上海水污染减排潜力，测算全市及各水环境管控单元的水污染物允许排放量。

以上海20个水环境控制单元为基底，结合上海水环境功能区划、水污染现状以及现阶段水污染防治重点任务，划定全市水环境管控分区。将饮用水水源保护区划定为水环境优先保护区，占全市陆域面积的4.7%。将水环境功能区达标率低、劣V类断面分布集中的水环境控制单元划为水环境重点管控区，主要位于蕰藻浜以南、淀浦河以北的中心城区，占全市陆域面积的28.1%。其他区域为一般管控区，占全市陆域面积的67.2%。

（四）土壤污染风险防控底线及管控分区

根据上海污染防治攻坚战、城市总体规划及土壤污染防治行动计划等要求，确定2020年、2025年、2035年土壤污染风险防控目标。

依据《上海市城市总体规划（2017～2035年）》，将规划150万亩永久基本农田划为农用地优先保护区。根据农用地土壤污染状况调查结果，将超标点位所在的区域划为农用地污染风险重点管控区，占全市陆域面积的6%。根据全市土壤污染重点监管单位分布及土壤污染重点行业的分布情况，将重点监管单位分布相对集中的产业园区以及中心城区遗留的老工业基地等划为建设用地污染风险重点管控区，占全市陆域面积7.3%。其余为土壤一般管控区。后续将根据土壤污染状况详查结果及时更新调整。

（五）资源利用上线及管控分区

根据上海资源禀赋、利用现状及保护要求，划定岸线管控分区、地下水开采重点管控区、高污染燃料禁燃区。

岸线方面，基于岸线利用现状，根据上海生态保护红线、港口总体规划、海洋功能区划要求，将饮用水水源保护区、国家和市级自然保护区及森林公园所在的黄浦江和长江口岸线，以及自然形态保持完好、生态功能与资源价值显著的海岸线划定为优先保护岸线，占全市岸线的32.7%；将开发度高的现状及规划各类港区、工业区所在的岸线，划定为重点管控岸线，占34.9%；其他岸线为一般管控岸线，以城镇生活及农业等功能为主，开发度相对较低，占32.4%。

地下水开采方面，上海地下水和矿泉水资源比较丰富，但开发利用受地质环境约束程度较高，历史上不合理的开采已造成了严重的地面沉降，因此全市总体上限制地下水的开采利用。根据《上海市地质勘查与矿产资源总体规划（2016~2020年）》，全市高铁、磁悬浮等重要基础设施两侧1公里区域为地下水重点管控区，禁止开采地下水、矿泉水；其余区域为地下水一般管控区，严格限制开采地下水。

高污染燃料方面，基于严峻的大气污染形势，上海全域均为高污染燃料禁燃区。

（六）环境管控单元①

基于全市生态环境功能及经济社会发展战略定位的空间差异，整合生态、大气、水、土壤等管控分区划定成果，拟合各类保护区、产业园区及街镇边界，聚焦优先保护及重点管控区域，全市共划定293个环境管控单元。其中，优先保护单元44个，占全市陆域面积约18.4%，主要包括长江口及海域生态保护红线、黄浦江上游及长江口饮用水水源保护区（一级保护区、二级保护区及准保护区）、崇明岛及横沙岛大气一类功能区等生态功能重要区域。重点管控单元123个，占全市陆域面积约21.3%，主要包括各类产业园区、港区等高排放区以及中心城区。一般管控单元126

① 《上海市城市总体规划(2017~2035年)》,上海市人民政府网站,2018年1月4日。

个，占全市陆域面积约 60.3%，为优先保护单元、重点管控单元以外的区域。

（七）生态环境准入清单

以问题、目标为导向，根据各类环境管控单元的主要生态环境问题、功能定位及保护目标，充分衔接既有管理要求，分级分类，从空间布局约束、污染排放控制、环境风险防控和资源利用效率四个方面编制形成基于环境管控单元的生态环境准入清单。

优先保护单元以生态环境保护优先为原则，严格执行相关法律法规，禁止开展和建设损害主导生态功能、法律法规禁止的活动和项目，严守城市生态环境底线。

重点管控单元以加强污染防治为主。产业园区加快产业转型升级，优化空间布局，深化 VOCs 等废气治理，提升园区基础设施建设水平，加强危险化学品风险防控及土壤污染风险防控，提高资源能源利用效率，推动产业高质量发展。港区应加强船舶污染控制，推进岸电及清洁能源替代工作。中心城区应以保障人居环境为目标，优先发展高端生产性服务业和高附加值都市型工业，加强生活、交通、建设等领域污染减排，深化餐饮油烟污染防治，提高绿色出行比例，全面推广新能源公交车，加快市政基础设施改造，缓解城镇地表径流污染。

一般管控单元应落实生态环境保护相关要求，进一步压减工业用地、控制建设用地规模，加快建设多层次、成网络、功能复合的生态空间体系，提升生态服务功能，深化生活、交通、农业、建设、能源领域污染减排，促进生活、生态、生产功能的协调融合。

三　长三角“三线一单”成果对接的初步探索及面临的挑战

长三角地区是全国经济发展最活跃、开放程度最高、创新能力最强的区域之一，在全国经济中具有举足轻重的地位。虽然长三角地区整体上是国家层面的优化开发区，但内部各省市在国土空间特征、资源禀赋条件、经济社会开发强度、生态环境现状方面存在不同程度的差异。下面以长三角一体化示范区为例，探讨各地“三线一单”成果编制的异同。

（一）三地核心要素分区和环境管控单元划分方法总体一致

三地核心要素分区和环境管控单元划分方法总体符合国家相关技术要求，也结合了各地实际情况。其中生态保护红线均引用各省市已发布的划示方案，一般生态空间主要依据生态系统服务功能重要性和生态环境敏感性评估结果、结合各地实际情况确定。从环境管控单元划分方法来看，优先保护单元基本涵盖了各要素优先保护分区；重点管控单元主要包括产业地块及人口集聚区。在单元尺度上，除优先保护单元和重点管控单元外，一般管控单元均以街镇为基本单元尺度。因此，三地核心要素分区和环境管控单元划分方法总体一致。

但在具体划分细节上，各地划分方法也存在差异。以水源涵养红线为例，嘉善县根据浙江省要求将饮用水水源一级、二级保护区均纳入生态保护红线，青浦区和吴江区则根据国家要求将饮用水水源一级保护区及部分重点保护区域纳入生态保护红线。

（二）三地生态环境准入清单存在差异

1. 优先保护单元管控力度不一致

三地的优先保护单元生态环境准入清单均以相关法律法规、保护条例、管理办法等为依据，提出禁止和限制开发行为和活动要求，但在管控力度方面存在差异。以饮用水水源保护区为例，根据《上海市饮用水水源保护条例》《嘉善县太浦河长白荡饮用水水源保护区污染防治管理办法》《江苏省人民代表大会常务委员会关于加强饮用水水源地保护的决定》，青浦区水源保护区的要求最严，不仅对新建项目和行为的禁止要求最多最严格，而且对现有不符合要求的项目明确退出机制；吴江要求最宽松，对现有项目以及生活污染控制未做要求；嘉善对畜禽养殖、水产养殖等要求较为宽松。

2. 产业准入要求各不相同

三地依据各自的产业特征，衔接现有产业政策，提出了产业准入要求。嘉善县依据浙江省工业项目分类表，将工业项目按行业与生产环节分为一类工业项目（基本无污染和环境风险的项目）、二类工业项目（污染和环境风险不高、污染物排放量不大的项目）、三类工业项目（重污染、高环境风险行业项目），与三类环境管控单元衔接，提出分级分类产业准入要求，形成逐步收严的产业准入体系。青浦区则根据《上海市产业结构调整负面清单》，明确了禁止准入的产品、工艺、产能。此外，对饮用水水源保护区缓冲区提出了更为严格的禁止准入和环境管理要求，对于允许准入行业在空间布局、行业内部不再进行细分。

（三）三地环境管控单元在省界处局部存在冲突

从青浦区和嘉善县在省界处的单元划分情况来看，两地均为优先保护单元。青浦区优先保护单元主要是水源保护区，嘉善县优先保护单元主要是水源保护区和湖荡湿地保护区，生态保护功能一致，两地衔接良好。

从吴江区和青浦区在省界处的单元划分情况来看，青浦区大部分为优先保护单元，主要功能是水源保护，而吴江区除元荡湖为优先保护单元外，大部分区域为一般管控单元。

从嘉善县与吴江区在省界处的单元划分情况来看，嘉善县汾湖生物多样性维护红线与吴江区境内汾湖优先保护单元相对应，但嘉善县其他优先保护单元与吴江区重点管控单元和一般管控单元相邻，特别是吴江区有一个重点管控单元与嘉善县的水源保护区紧邻。

三地在各自辖区内分别划定单元，对于示范区内尤其重要的水源保护缺乏上下游协同考虑，导致在省界处的环境管控单元存在冲突，出现以污染防治为主的重点管控单元与以禁止开发为主的优先保护单元相邻的现象。

可见，三地的“三线一单”编制工作对跨省界生态空间保护缺乏统筹考虑。此外，三地在环境管控单元划分方法细节以及管控要求方面存在差别（见表1），需要根据三地在示范区的定位和功能进行协调。

表 1　长三角一体化示范区环境管控单元划分方法比较

项目		吴江区	嘉善县	青浦区
生态	生态保护红线	根据《江苏省生态保护红线》确定。陆域生态保护红线包括自然保护区、森林公园生态保育区和核心景观区、风景名胜区核心景区、地质公园地质遗迹保护区、湿地公园湿地保育区和恢复重建区、饮用水水源地保护区、水产种质资源保护区核心区、重要湖泊湿地核心保护区共八大类红线	根据《浙江省生态保护红线》确定。包括水源涵养、生物多样性保护、水土保持等生态功能极重要区域和极敏感区域，以及禁止开发区和各类保护地	根据《上海市生态保护红线》确定。包括自然保护区、森林公园、地质公园核心片区、湿地公园生态保育区、饮用水源一级保护区、水产种质资源保护区、极小种群物种分布栖息地、重要湿地、自然岸线
	一般生态空间	自然保护区、风景名胜区、森林公园、地质遗迹保护区、湿地公园、饮用水水源保护区、海洋特别保护区、洪水调蓄区、重要水源涵养区、重要渔业水域、重要湿地、清水通道维护区、生态公益林、太湖重要保护区和特殊物种保护区共 15 类	水源涵养、生物多样性保护、水土保持等生态功能极重要、重要和极敏感、敏感区域中扣除生态保护红线、城镇空间	饮用水水源二级保护区和准保护区、城市公园、市级生态公益林和防护林、市管和区管湖泊及河道、滩涂沼泽
水	优先保护分区	县级以上集中式水源保护区、Ⅱ类水质目标考核断面所在的河段、国家级生态红线区域所在河段	饮用水水源保护区、湿地保护区、江河源头、珍稀濒危水生生物及重要水产种质资源的产卵场、索饵场、越冬场、洄游通道、河湖及其生态缓冲带等所属的控制单元	饮用水水源一级保护区、二级保护区、准保护区
	重点管控分区	水质超标河段所在的控制单元、省级产业园区以及化工园区所在控制单元	以工业源为主的控制单元、以城镇生活源为主和以农业源为主的超标或存在达标压力的控制单元	劣Ⅴ类市控水质断面和未达标断面集中的控制单元

续表

项目		吴江区	嘉善县	青浦区
大气	优先保护分区	大气环境一类功能区、生态保护红线中法定保护区	依法设立的各级、各类保护区域，如自然保护区、风景名胜区和森林公园等具有一定的自然文化资源价值区域	环境空气质量功能一类区，青浦区涉及淀山湖风景水体风貌保护区、太阳岛自然风景保护区
	重点管控分区	高排放区：省级及以上工业园区 受体敏感区：各设区市总体规划中规定的中心城区 弱扩散区、布局敏感区：根据模型计算结果确定 对上述区域进行聚合后确定	高排放区：大气污染物重点排放网格覆盖面积的集合 受体敏感区：现状和规划人口聚集区 弱扩散区和布局敏感区：根据模型计算结果确定	高排放区：国家级、市级、区级各类产业园区、产业基地、核心港区 受体敏感区：中心城区 弱扩散区和布局敏感区：根据模型计算结果，上海无须划定
环境管控单元	优先保护单元	原则上以国家级生态保护红线、生态空间边界为主，拟合至区县行政边界。国家级生态保护红线、生态空间涵盖了集中式水源保护区、高功能水体保护区、环境空气一类功能区、自然保护区范围等	以生态空间作为优先管控单元基础，保留生态保护红线区域和一般生态空间原有边界。覆盖了水环境优先保护区分区、大部分大气环境优先保护分区	以生态保护红线、水环境优先保护区、大气优先保护区为基础，将面积大于1平方公里的要素优先保护区斑块划定为优先保护单元
	重点管控单元	各类各级产业园区和中心城区	产业发展用地和城镇生活用地集中区域	各类产业园区、核心港区及中心城区

四　长三角“三线一单”成果应用对策建议

基于长三角三省一市在资源环境禀赋、生态保护、产业发展等方面的共性及差异，聚焦跨界区域的矛盾冲突，以“生态优先、绿色发展”为原则，以建成协调共生的区域生态体系为目标，构建长三角区域统筹、协调的“三线一单”生态环境分区管控体系。

（一）各省市加快落实“三线一单”，实现生态环境分区管控

1. 通过立法等手段确立“三线一单”法律地位

为确保“三线一单”要求真正落实到土地空间规划、产业准入、环境管理工作中，有效发挥宏观指引与约束作用，实现源头预防，国内部分省份先行试点，通过修订法律法规或出台管理办法等手段，确定“三线一单”的法律地位，明确主要责任部门。

（1）四川省通过立法明确“三线一单”法律地位。2019 年 9 月，《关于修改〈四川省《中华人民共和国环境影响评价法》实施办法〉的决定》由四川省第十三届人民代表大会常务委员会第十三次会议通过。修正案明确指出，地方各级人民政府及其有关部门在政策制定、规划编制、执法监管中应当严格落实生态保护红线、环境质量底线、资源利用上线和生态环境准入清单管控要求，不得变通突破、降低标准。四川省该项举措通过立法明确了“三线一单”的法律地位，确保管控要求有效落地。

（2）陕西省将“三线一单”要求纳入环保条例。2019 年 10 月，陕西省人大修订通过《陕西省煤炭石油天然气开发生态环境保护条例》①（以下简称《条例》）。《条例》指出，省人民政府及其有关行政主管部门在编制能源产业发展规划和矿产资源开发规划时，应当按照本省土地空间规划、生态环

① 《“硬约束”预防生态破坏“重处罚”治理环境污染——我省修订煤炭石油天然气开发环境保护条例》，陕西省人民政府网站，2019 年 5 月 29 日。

境保护规划以及本省确定的生态保护红线、环境质量底线、资源利用上线和生态环境准入清单要求，合理确定煤炭、石油、天然气开发区域、规模和强度。

建议长三角区域各省市可参照相关省份的做法，通过立法，确立“三线一单”地位，确保“三线一单”成果在空间规划、产业准入及环保管理中得到落实，有效发挥宏观指引与约束作用。

2. 制定“三线一单”实施配套文件，明确“三线一单”实施要求

各省市应通过制定“三线一单”生态环境分区管控指导意见，出台相关技术规范、实施细则，明确“三线一单”成果应用、更新调整、跟踪评估、考核监督、组织实施及技术保障等相关要求，指导“三线一单”生态环境分区管控制度的落地实施。

3. 建立“三线一单”与国土空间规划的衔接机制

在“三线一单”成为我国环境治理体系建设重要内容的同时，空间规划体系和国土开发与保护制度也被《生态文明体制改革总体方案》[①] 列为生态文明制度体系建设的重要内容。国土空间规划将城镇、农业、生态空间及生态保护红线、永久基本农田、城镇开发边界在一张图中予以落地，将不同部门的空间规划要求协调统一，实现“多规合一”。“三线一单”对生态保护红线、生态空间、农用地优先保护区（永久基本农田）、城镇空间、产业空间、农业空间等均提出了环境管控及准入要求，因此可作为国土空间规划的重要依据。建议建立“三线一单”管控体系与国土空间规划体系的衔接机制，确保生态、环境、资源底线要求在国土空间规划中得到落地实施；与此同时，在严守底线的前提下，“三线一单”也可根据国土空间规划进行动态调整。

4. 产业准入以“三线一单”为指引

“三线一单”针对具体管控单元制定的生态环境准入清单应作为区域产业政策制定、产业准入的重要依据。凡列入禁止类的项目，相关部门不予审批。

① 《生态文明体制改革总体方案》，中国政府网，2015 年 9 月 21 日。

5. 在规划环评、项目环评中建立“三线一单”约束机制

各级规划环评及项目环评应将“三线一单”要求作为重要依据。城市总体规划、专项规划及产业园区在开展规划环评时应遵循早期介入的原则，在规划前期研究阶段即将“三线一单”要求作为重要依据，坚守底线思维，以生态环境质量改善为核心，确保规划方案符合“三线一单”要求。当规划方案与“三线一单”底线要求存在原则性冲突时，应调整规划方案。对于建设项目环评，应将“三线一单”要求作为项目环评审批的重要依据，对不符合“三线一单”要求的建设项目不予审批，实现源头预防。

6. 搭建“三线一单”数据管理平台

依托现有环保数据管理系统，集成“三线一单”成果，与环评、排污许可证管理、环境执法监管等管理平台衔接，实现数据共享与管理衔接，推动“三线一单”要求在各项环境管理工作中落地实施。同时，推动“三线一单”数据管理平台与规划、经信等部门的数据管理平台实现对接，构建空间化、集成化、信息化的数据共享和管理应用平台，为空间规划、资源利用、城乡建设、环境管理等工作提供基础支撑。

（二）长三角区域建立“三线一单”成果动态衔接机制，实现区域协调发展

构建协调一致的生态环境分区管控体系是长三角区域实现生态绿色一体化发展的重要手段。长三角三省一市应建立“三线一单”成果动态衔接机制，通过会商，重点就各省市的环境质量底线及跨界区域环境准入要求的协调性进行评估，以生态环境保护优先为原则，以保障重要生态功能区的生态服务功能、共同实现长三角区域环境质量改善为目标，统筹协调三省一市的环境目标、环境管控单元及准入要求，形成协调、一致的区域环境分区管控体系。

针对跨省界的重要生态功能区，如淀山湖（上海 - 江苏）、太浦河（上海 - 浙江），通过协调功能分区目标和定位，统一划分生态空间管控单元、制定管控机制要求，实现重要生态功能区的区域统筹保护与管控。对于跨省

区域存在明显矛盾冲突的，应以保障重要生态功能或城镇生活空间为原则，调整相邻区域的管控单元划定，并提出更为严格的管控要求。比如江苏省吴江区位于上海黄浦江饮用水水源地的上游，为保障下游水源地水质安全，吴江区邻近区域应划定一定范围的优先保护单元，明确禁止、限制影响下游水源地水质的开发活动。

参考文献

《关于以改善环境质量为核心加强环境影响评价管理的通知》，中华人民共和国环境保护部网站，2016年10月27日。

耿海清：《"三线一单"如何参与空间规划体系建设?》，《中国环境报》2018年12月13日。

《关于印发"十三五"环境影响评价改革实施方案的通知》，中华人民共和国环境保护部网站，2016年7月15日。

王兴杰、王占朝、陈凤先、李天威、任景明：《环评改革要落实"三线一单"硬约束》，《中国环境报》2016年11月15日。

《上海市城市总体规划（2017~2035年）》，上海市人民政府网站，2018年1月4日。

《"硬约束"预防生态破坏"重处罚"治理环境污染——我省修订煤炭石油天然气开发环境保护条例》，陕西省人民政府网站，2019年5月29日。

《生态文明体制改革总体方案》，中国政府网，2015年9月21日。

B.9 长三角区域协同打赢蓝天保卫战的机制路径与对策

周伟铎*

摘　要： 长三角区域是打赢蓝天保卫战的重点区域之一。当前长三角区域打赢蓝天保卫战存在三个难点问题。第一，长三角区域各省市面临的大气环境考核压力差异显著，皖北和苏北城市难以按时达标。第二，长三角区域大气污染协同治理的机制不够完善。第三，移动源污染控制方面，仍需要进一步完善协同控制机制。针对以上三个问题，本文从能源生产和消费、产业布局、协同机制三个方面来进行分析，提出了八条相关对策建议：一是试点产业转移的利益协同机制，二是打造集约高效的绿色交通运输体系，三是开展长三角地区能源一体化发展规划，四是试点设立长三角区域一体化的资源环境要素交易市场，五是推动长三角一体化的环保标准体系建设，六是在重点污染城市建立精细化治理机制，七是探索长三角区域生态补偿机制，八是促进区域规划协同。

关键词： 长三角　蓝天保卫战　协同机制

"蓝天保卫战"作为我国政府应对大气污染的重要政策行动，从最初的

---

* 周伟铎，博士，上海社会科学院生态与可持续发展研究所助理研究员，研究方向为区域大气污染协同治理的理论与对策。

“打响蓝天保卫战”到2017年的“打赢蓝天保卫战”，目标逐步清晰，措施逐步严厉，成效也逐步显现。2019年是《打赢蓝天保卫战三年行动计划》的攻坚之年，然而2019年以来，长三角地区已经经历了多轮空气重污染过程，安徽省和江苏省北部地区空气质量依然不容乐观，长三角地区已经启动了多次重污染联合预警。蓝天保卫战是我国“污染防治攻坚战”的重点领域之一，是完成“三大攻坚战”的重要短板，长三角区域也是蓝天保卫战的重点区域。因此，探讨长三角区域协同打赢蓝天保卫战的机制、路径与对策，对于长三角区域有着重要的现实意义。

一 长三角区域大气污染的总体形势及历史机遇

2013年以来，随着《大气污染防治行动计划》的出台，国家应对大气污染的政策体系逐步完善。长三角区域大气污染状况总体有了一定改善，然而局部地区依然面临严峻的问题。长三角区域一体化发展战略的逐步落地，为长三角区域协同打赢蓝天保卫战提供了新的机遇。

（一）2013年以来长三角区域的大气污染历史变化

具体来说，从全国层面蓝天保卫战三大重点区域看，2018年京津冀及周边地区、长三角和汾渭平原的$PM_{2.5}$浓度分别为60微克/米^3、44微克/米^{3}和58微克/米^3，同比分别下降11.8%、10.2%和10.8%。2018年京津冀及周边地区、长三角和汾渭平原的平均优良天数比例为62.2%、74.1%和54.3%，同比分别上升了0.3个百分点、2.5个百分点和2.2个百分点。长三角区域作为《大气污染防治行动计划》的重点落实区域，2013年以来空气质量有了显著改善。

1. 长三角区域三省一市的空气质量变化情况

2013年以来，长三角三省一市的$PM_{2.5}$年均值总体呈现逐步下降态势。其中，浙江省从2013年的61微克/米^{3}下降到2018年的34微克/米^3，下降了44.26%；上海市从2013年的62微克/米^{3}下降到2018年的36微克/

米³，下降了41.94％；江苏省从2013年的73微克/米³下降到2018年的48微克/米³，下降了34.25％；安徽省从2015年的55微克/米³下降到2018年的49微克/米³，下降了10.91％。可以看出，在2013年，浙江省和上海市的$PM_{2.5}$年均值接近，而江苏省的$PM_{2.5}$年均值最高；到2018年，江苏省和安徽省的$PM_{2.5}$年均值接近，而上海市和浙江省的$PM_{2.5}$年均值接近。

另外，从2013～2018年长三角三省一市的$PM_{2.5}$年均值变化情况来看（见图1），上海市和安徽省均出现了$PM_{2.5}$年均值反弹的情况。上海市在2015年出现了小幅反弹，$PM_{2.5}$年均值比2014年升高了1.92%；安徽省在2017年出现了反弹，$PM_{2.5}$年均值比2016年升高了5.66%。

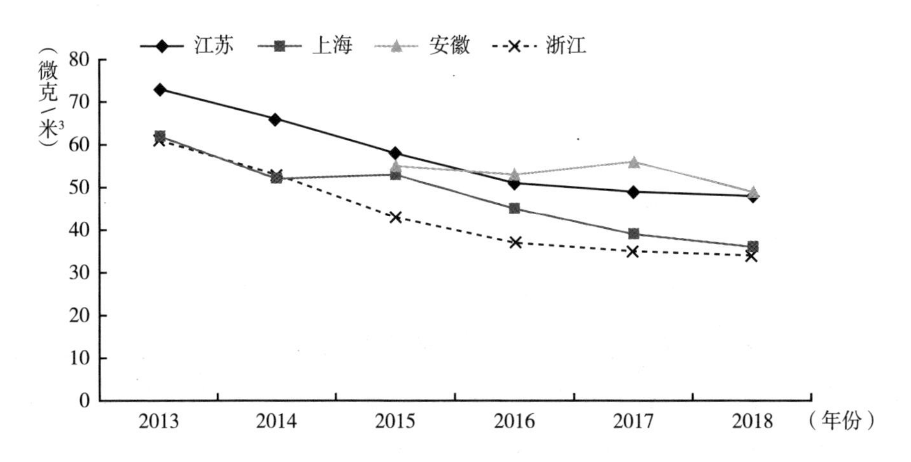

图1　2013～2018年长三角三省一市的$PM_{2.5}$年均值变化情况

资料来源：笔者整理。

2013年以来，长三角三省一市的日空气质量优良天数比例变化各不相同（见图2）。其中，浙江省的日空气质量优良天数比例逐年升高，从2013年的68.4％升高到2018年的90.8％。上海市的日空气质量优良天数比例在2015年有所下降，比2014年降低了6.3个百分点。安徽省的日空气质量优良天数比例在2016年和2017年均有所降低，2017年比2015年下降了11.2个百分点。江苏省的日空气质量优良天数比例在2017年有所下降，比2016年下降了2.2个百分点。

长三角区域在蓝天保卫战方面已经取得了一些成绩，空气质量得到了进一步改善。然而长三角区域三省一市的空气质量在个别年份出现波动，仍需要持续不断地完善大气污染治理政策体系。

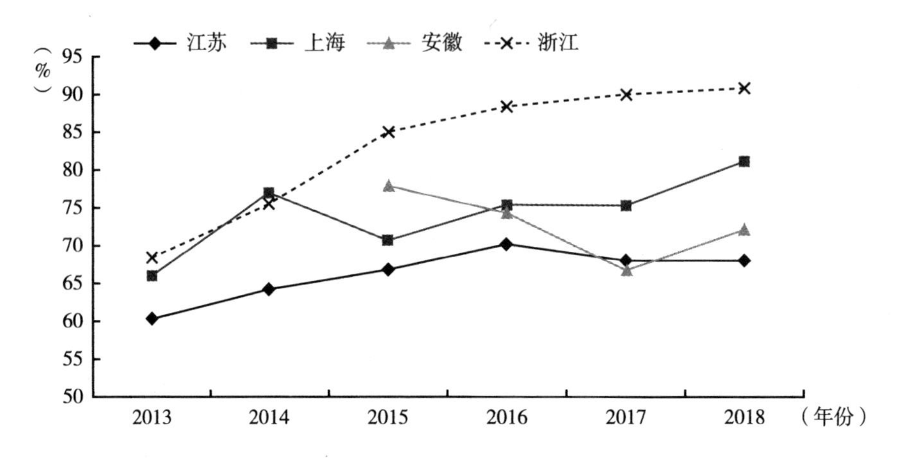

图2　2013～2018年长三角三省一市的日空气质量优良天数比例

资料来源：笔者整理。

2. 长三角区域城市空气质量现状

当前长三角三省一市的空气质量存在明显差异。其中江苏省北部的空气污染最为严重，安徽省部分城市的空气污染也比较突出；浙江省和上海市的空气质量总体较好。2018年的长三角区域41个城市的$PM_{2.5}$年均值处于22.0～69.5微克/米^{3}的范围（见图3），其中仅有舟山、丽水、台州、黄山、温州、宁波、衢州、金华8个城市处于国家空气质量二级标准（35微克/米^3）以内，约占长三角城市总数的19.51%，上海市、江苏省和安徽省除黄山外的其余城市尚未达标。可以看出，长三角区域超过60微克/米^{3}的城市有宿州、蚌埠、淮南、徐州、亳州、阜阳、淮北7个城市，约占长三角城市总数的17.07%。其中，安徽省有6个城市，江苏省有1个城市。

（二）长三角区域大气污染治理面临新的机遇

从国家层面来说，探索长三角区域大气污染的协同治理机制、路径及政

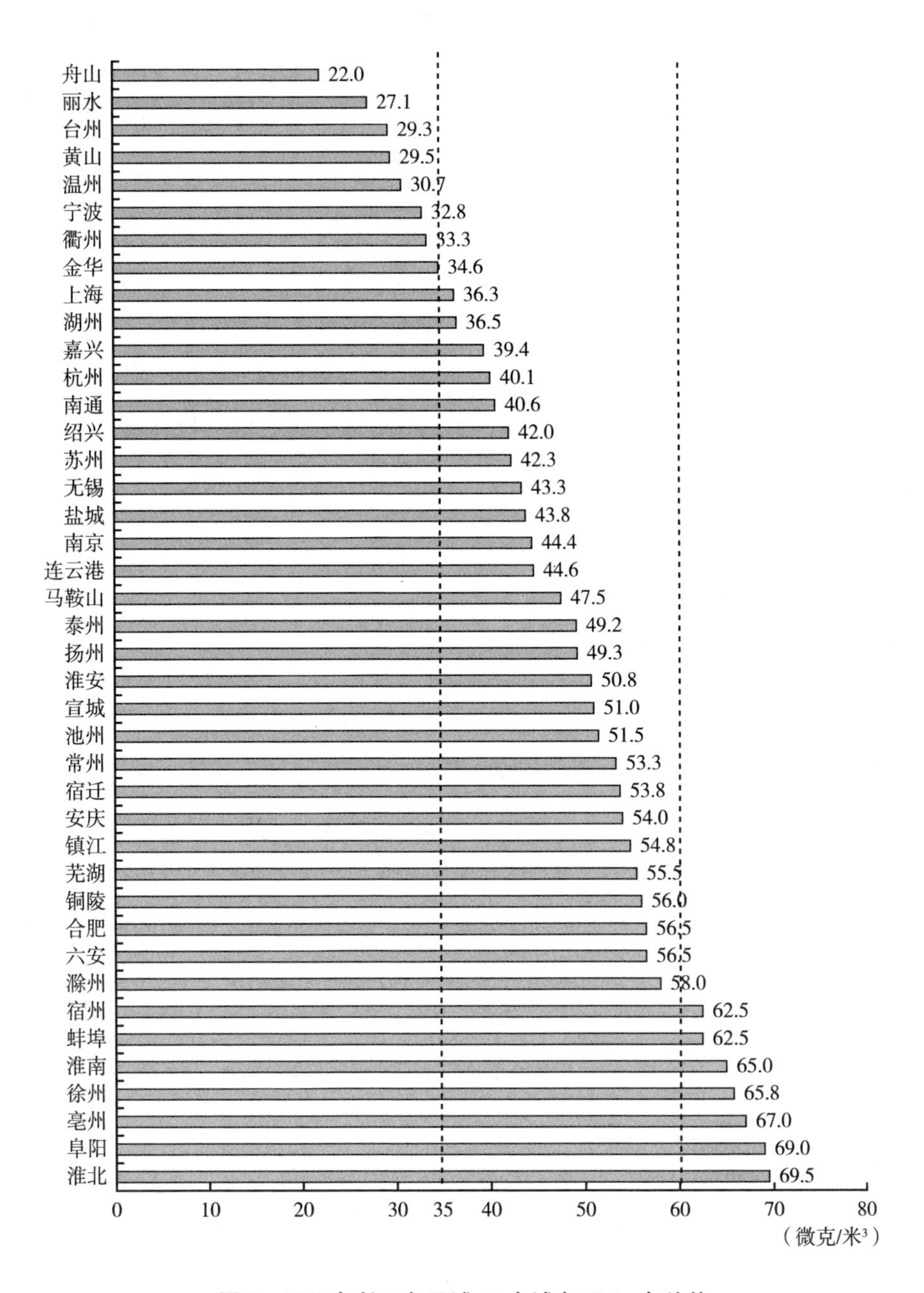

图3　2018年长三角区域41个城市$PM_{2.5}$年均值

资料来源：笔者结合各城市2018年生态环境局相关披露信息整理。

策体系，有助于进一步推动长三角区域合作，促进长三角一体化高质量发展，对长三角地区实现与世界级城市群相适应的自然生态、人居环境目标具有重要的理论意义和现实意义，同时也有助于最终实现建设“世界级城市群”的发展目标。从上海市层面来看，良好的大气环境质量符合上海市建设“美丽上海”的目标，也是崇明世界级生态岛发展必要的环境要素。因此，国家和地方层面针对长三角区域大气污染提供了一系列的政策支持。

国家层面，长三角区域一体化发展战略的政策体系正在逐步完善。2018年11月初，习近平总书记在上海调研时提出“支持长江三角洲区域一体化发展并上升为国家战略”，长三角区域一体化面临新契机。2018年11月中共中央、国务院发布的《关于建立更加有效的区域协调发展新机制的意见》提出，要“进一步完善长三角区域合作工作机制，深化三省一市在……环保联防联控、产业结构布局调整、改革创新等方面合作”。2018年12月召开的中央经济工作会议再次将“促进区域协调发展”作为2019年的七大重点工作任务之一加以部署，为区域协调发展向更高水平和更高质量迈进指明了具体路径。会议强调“明年要继续打好三大攻坚战……污染防治攻坚战要‘坚守阵地，守住成果’”。党中央明确提出长三角是打赢蓝天保卫战的主战场之一。2019年是打赢蓝天保卫战的攻坚之年，然而2019年以来，长三角地区已经经历了多轮空气重污染过程，安徽省和江苏省北部地区空气质量依然不容乐观，长三角地区已经启动了多次重污染联合预警。2019年5月13日，中共中央政治局会议审议了《长江三角洲区域一体化发展规划纲要》，2019年10月29日，国务院批复《长三角生态绿色一体化发展示范区总体方案》，标志着长三角一体化发展国家战略进入全面施工期。

长三角层面，上海、江苏、浙江、安徽三省一市逐步细化相关政策措施，确保长三角区域污染联防联控机制的落实。而上海、江苏、浙江、安徽三省一市的人大常委会会议于2018年11月分别表决通过各自省份的《关于支持和保障长三角地区更高质量一体化发展的决定》，提出要“建立健全跨区域污染联防联治机制”。2019年11月1日，上海市委书记李强、江苏省委书记娄勤俭、浙江省委书记车俊共同为长三角生态绿色一体化发展示范区、长三角生态绿色一体化发展示范区理事会和长三角生态绿色一体化发展示范区执行委员会揭牌，成为实施长三角一体化发展国家战略的重要抓手和突破口。

二　长三角区域打赢蓝天保卫战的难点问题

当前，我国各地蓝天保卫战所面临的问题不尽相同。具体来说，长三角蓝天保卫战面临的问题有以下几点。

第一，长三角区域各省市面临的大气环境考核压力差异显著。在省级目标完成进度方面，江苏和安徽两省依然任务艰巨。在2020年大气污染物$PM_{2.5}$治理目标方面，国务院发布的《打赢蓝天保卫战三年行动计划》中提出要在2020年实现$PM_{2.5}$未达标地级及以上城市浓度比2015年下降18%以上。《上海市清洁空气行动计划（2018～2022年）》（以下简称《上海清洁空气计划》）中提出$PM_{2.5}$年均浓度目标为37微克/米^3，《浙江省打赢蓝天保卫战三年行动计划》（以下简称《浙江蓝天方案》）中提出浙江省设区市$PM_{2.5}$年均浓度目标为35微克/米^3，《江苏省打赢蓝天保卫战三年行动计划实施方案》（以下简称《江苏蓝天方案》）中提出$PM_{2.5}$年均浓度控制在46微克/米^{3}以下，《安徽省打赢蓝天保卫战三年行动计划实施方案》（以下简称《安徽蓝天方案》）中提出$PM_{2.5}$年均浓度目标为48微克/米^3。根据2018年的环境保护数据，长三角区域$PM_{2.5}$年均浓度为44微克/米^3，已经接近《打赢蓝天保卫战三年行动计划》中长三角区域2020年的$PM_{2.5}$年均目标。其中，上海市$PM_{2.5}$年均浓度为36微克/米^3；浙江省$PM_{2.5}$年均浓度为34微克/米^3，提前完成《浙江蓝天方案》中提到的目标。江苏省设区市$PM_{2.5}$年均浓度为48微克/米^3，安徽省14个未达标城市$PM_{2.5}$年均浓度为51微克/米^3，与2020年打赢蓝天保卫战的目标还有较大差距。

在地级城市层面，皖北和苏北城市难以按时达标。在空气质量优良天

数比例方面，《打赢蓝天保卫战三年行动计划》中要求地级及以上城市空气质量优良天数比例在2020年达到80%，然而根据安徽省和江苏省发布的环境信息，2018年，安徽省仅有池州、铜陵、宣城和黄山达标（见图4），而江苏省13个设区市环境空气质量优良天数比例没有一个达到80%。上海市和浙江省总体已经达标。2018年江苏省的南通、盐城和常州等3个城市的$PM_{2.5}$平均浓度呈同比上升，同比分别上升28.9%、8.9%和5.6%。浙江省地级城市和上海市总体下降比较明显。

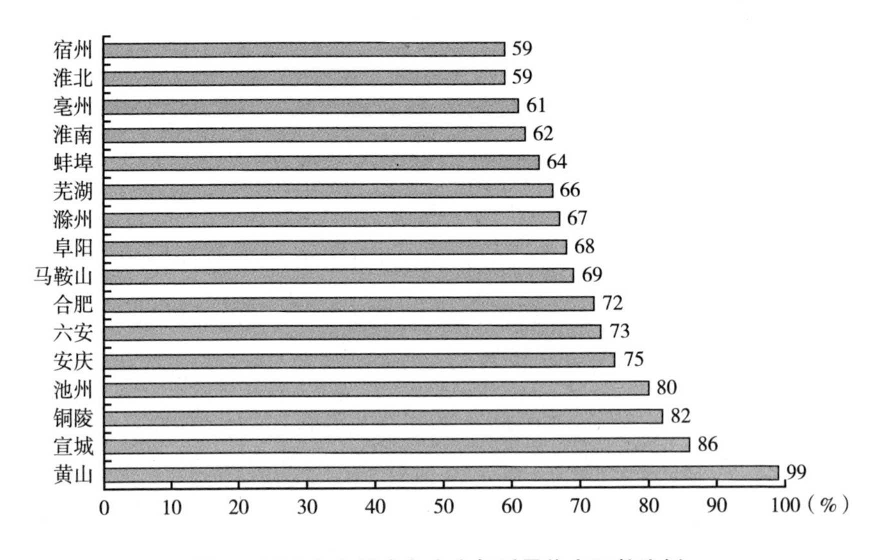

图4　2018年安徽省各市空气质量优良天数比例

资料来源：笔者整理。

第二，长三角区域大气污染协同治理的机制不够完善。当前长三角区域大气污染边界与行政区边界不一致，长三角区域间合作缺乏有效载体和平台，导致一些地区大气环境问题难以有效解决。当前长三角缺乏区域大气管理机构。从中央政府层面来看，长三角大气污染的协同治理涉及长三角三省一市以及国家发展改革委、科技部、工业和信息化部、财政部、自然资源部、生态环境部、住房和城乡建设部、交通运输部、水利部、农业农村部、国家卫生健康委、中国气象局、国家能源局等多个部门，需要中央政府层面来进行统筹协作。[①] 推动长三角一体化发展领导小组是当前长三角区域推动一体化管理的最高权力机构。从地方政府层面来看，安徽省于2018年成立了安徽省推动长三角地区更高质量一体化发展领导小组，上海市、江苏省、浙江省分别于2019年成立了上海市推动长三角一体化发展领导小组、浙江省推进长三角一体化发展工作领导小组、江苏省推进长三角一体化发展领导小组。从中央到地方，各领导小组之间的职能设定并不完全一致，管理体制仍未厘清。而且各领导小组上下对接、左右对接、内外对接仍需要进一步完善。

第三，移动源污染控制方面，仍需要进一步完善协同控制机制。一方面，船舶污染控制区政策仍需完善协同治理机制。长三角区域有19个沿海港口，10个内河港口，是我国分布最为密集、吞吐量最大的港口群。2018年12月，交通运输部发布《关于印发船舶大气污染物排放控制区实施方案的通知》，提出扩大船舶控制区的范围，将长三角所有沿海区域均纳入排放控制区要求。当前面临的问题主要有三个。一是船舶低硫油政策的实施和监管仍不完善。当前，长三角区域低硫油供应市场仍需规范，无法保障油品供应安全达标。尽管2017年9月1日起长三角港口排放控制区提前全面使用0.5%以下低硫油，但长江水域船舶各类污染物排放还未实现全方位监控，长江流域船舶污染防治技术水平仍需提升。二是长江内河港口涉及安徽省、江苏省和上海市多个地方政府，地方政府间关于LNG运输、加注、使用相关标准仍不统一，不利于推进长江LNG加注站建设。三是沿海港口和内河港口岸电基础设施建设滞后，无法确保有稳定和充足的岸电供应。在机动车污染控制方面，主要体现在机动车油品升级政策、老旧车淘汰政策和新能源汽车推广政策。在机动车油品升级政策方面，当前，长三角区域均已实现了全面销售“国六”标准车用汽柴油。但是由于监管不到位，国内油品销售市场乱象也屡禁不止，江苏和安徽都存在非法销售劣质油品的问题。如何联

① 《国务院关于印发打赢蓝天保卫战三年行动计划的通知》（国发〔2018〕22号），中国政府网，2018年6月27日。

合打击劣质燃油销售，确保“国六”标准燃油全面普及也是推动交通污染协同控制的关键。

三 影响长三角区域大气污染协同治理的因素

大气污染的影响因素很多，既有大气湿度、风、地形条件等自然因素,[①] 也有经济社会因素,[②] 而且存在区域传输现象，难以区分治理责任。[③] 然而结合长三角区域的具体情况，可以从能源生产和消费、产业布局、协同机制三个方面来进行分析。

（一）能源生产和消费的结构差异明显

第一，从电力供给来看，长三角区域电源结构差异明显。2017 年长三角三省一市电源结构中，浙江省煤电占比最低，为 76.0%；上海市煤电占比最高，为 97.7%（见图 5）。浙江省、江苏省均有核电，田湾核电站位于江苏省连云港市，秦山核电站位于浙江省嘉兴市，三门核电站位于浙江省台州市。浙江省和江苏省的核电占比分别为 15.3% 和 3.5%。从可再生能源电力来看，安徽省和浙江省均有水电，占比分别为 2.3% 和 6.3%。太阳能发电及其他占比方面，安徽省最高，为 2.5%，浙江省和江苏省均为 1.7%。风电占比均较低，其中，江苏省最高，为 2.5%，浙江省最低，仅为 0.7%。

第二，从能源消费结构来看，长三角区域能源消费结构存在明显差异。整体来看，2017 年长三角区域中，江苏省的能源消费结构和我国平均水平近似，而浙江省和上海市的能源消费结构明显优于我国平均水平，安徽省的

---

① 丁一汇、柳艳菊：《近 50 年我国雾和霾的长期变化特征及其与大气湿度的关系》，《中国科学：地球科学》2014 年第 1 期，第 37 ~ 48 页。

② 白春礼：《中国科学院大气灰霾追因与控制研究进展》，《中国科学院院刊》2017 年第 3 期，第 215 ~ 218 页；王跃思：《我国大气灰霾污染现状、治理对策建议与未来展望——王跃思研究员访谈》，《中国科学院院刊》2017 年第 3 期，第 219 ~ 227 页。

③ 薛文博、付飞、王金南、唐贵谦、雷宇、杨金田、王跃思：《中国 $PM_{2.5}$ 跨区域传输特征数值模拟研究》，《中国环境科学》2014 年第 6 期，第 1361 ~ 1368 页。

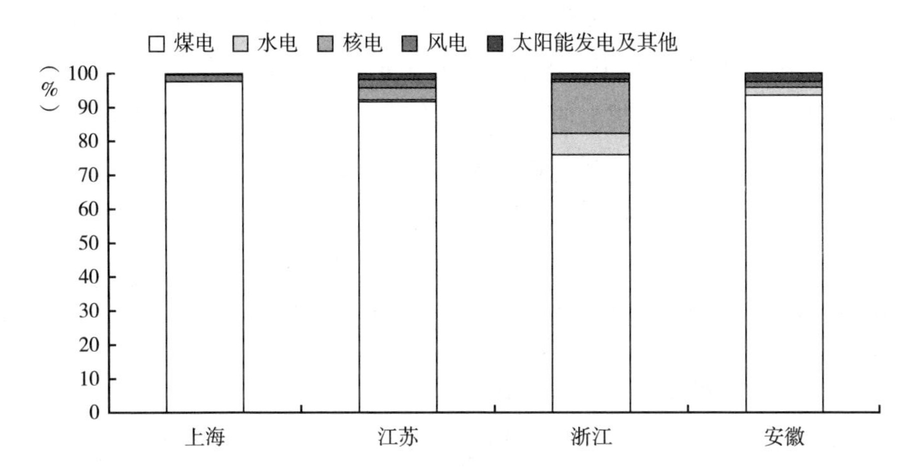

图 5　2017 年长三角三省一市电源结构

能源消费结构则呈现“一煤独大”的格局（见图 6）。从天然气的消费来看，上海市的天然气消费比重最高，安徽省的天然气消费比重最低。从一次电力的消费来看，长三角三省一市的一次电力及其他的消费比重各不相同。其中，上海市的一次电力及其他所占比重最低，仅为 0.33%；浙江省最高，为 7.82%。

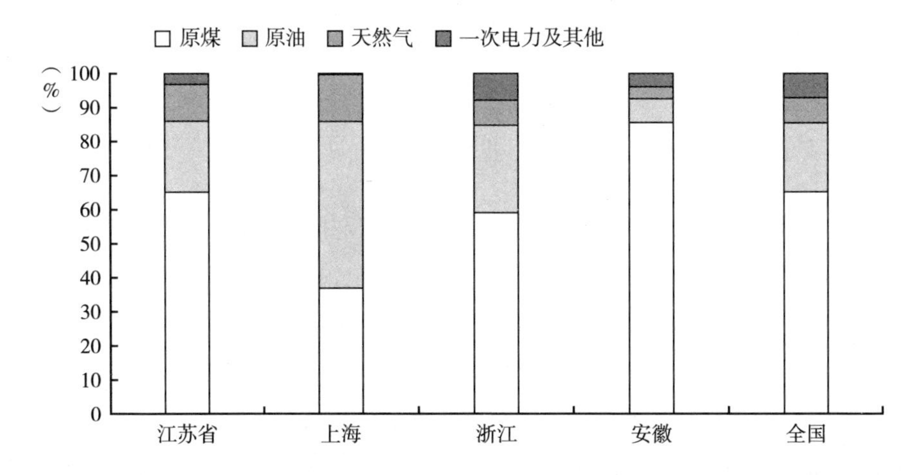

图 6　2017 年全国和长三角三省一市能源消费结构

第三，从能源使用的对外依存度方面来看，长三角区域的主要能源来自外部调入（见图7）。其中，天然气使用方面，浙江省全部来自外部调入，安徽省则高达94.1%。煤炭使用方面，上海市96.6%的煤炭使用来自外部调入，江苏省为92.5%，浙江省为83.1%。可以看出，上海市、江苏省和浙江省在一次能源使用上对外依存度非常高。另外，从电力使用来看，安徽省为唯一净调出省份，净调出比重为22.3%；上海市、浙江省、江苏省为净调入省份，上海市43.5%的电力使用来自外部调入。

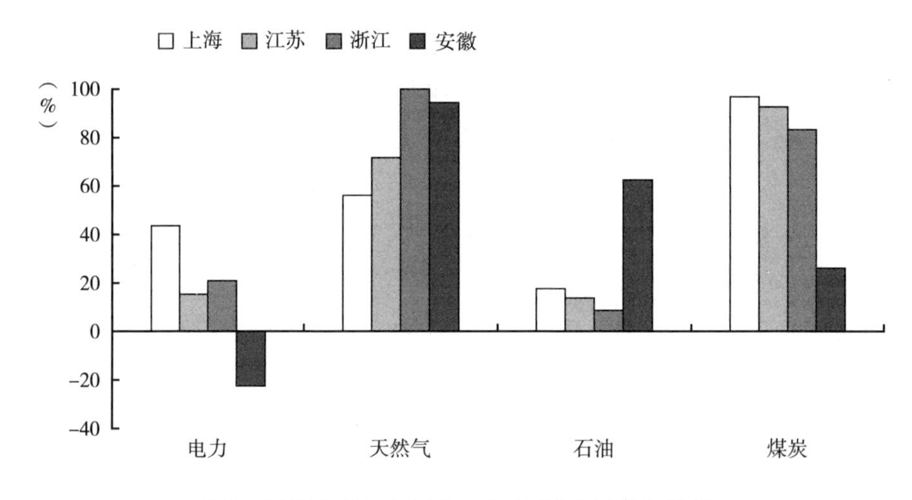

图7　2017年长三角三省一市主要能源净调入比重

（二）皖北和苏北高污染产业过度集中

皖北和苏北地处豫皖苏鲁交界，是我国南方和北方的过渡地带。从安徽省来看，安徽省能源消费结构独特。安徽省煤电占比很高，然而安徽省的煤炭总体呈现净输入状态，在从外部调入煤炭的同时，又在向外部输送电力。尤其值得一提的是，皖北以燃煤电厂、煤焦化工、工业锅炉等工业产业为主。其中，淮北、淮南是2004～2006年国家发展改革委批复的全国重要的煤炭基地，是皖电东送、皖煤东送的主要基地，为浙江省和上海市贡献了清洁能源。可以看出，安徽省过度依赖煤炭发电，这也是安徽省大气污染的原因之一。

从江苏省来看，徐州市是江苏省唯一的冬季采煤供暖城市。而且该区域平原面积广阔，矿产资源储量丰富、品种繁多，是华东地区重要的煤炭和能源基地。江苏省的煤炭消费在一次能源消费中的比重也很高，江苏省电力供应中煤电占比也达到91.70%。在苏北，徐州市是江苏省重要的钢铁基地和炼焦基地，在《江苏省打赢蓝天保卫战三年行动计划实施方案》中，徐州市去产能的任务艰巨。而盐城市和连云港市则为江苏省的沿海化工园区集中区，像响水化工园区这样的市级化学工业园区较多。可以说，从工业生产源来看，皖北和苏北已成为造成长三角大气污染的重要源头。

（三）区域协同机制亟须完善

第一，长三角区域合作范围不断拓宽，导致区域协同难以同步推进。1997年的长江三角洲城市经济协调会包含的城市仅有15个，2016年发布的《长江三角洲城市群发展规划》中把长三角区域扩容为26个城市，长三角一体化发展上升为国家战略后，长三角区域再次扩容，已经达到41个城市。根据协同治理理论，复杂的跨界环境问题需要多方合作，而合作往往伴随着成本和收益分摊不均、惩罚和激励执行不平而引发的“搭便车”和“囚徒困境”等问题。[①] 长三角核心城市之间的合作时间早，机制相对完善。而长三角扩容后的苏北和皖北地区包含的省界城市多，跨界环境问题复杂，目前与长三角城市群之间的合作基础相对薄弱，互动机制不足。这就导致长三角区域城市间组织协调难度大、协作成本高，再加上问责困境以及协作惰性等限制，难以实现区域协同。

第二，区域规划方面，长三角区域城市的规划定位并不清晰，安徽省和江苏省的部分城市定位存在冲突。当前长三角区域主要从《长江三角洲城市群发展规划》和《淮河生态经济带发展规划》两个层面来规划，而且，

---

① 庄贵阳、郑艳、周伟铎：《京津冀雾霾的协同治理与机制创新》，中国社会科学出版社，2018。

两个规划存在区域上的重叠。如滁州、盐城、扬州和泰州既属长三角城市群又在淮河生态经济带中。在《长江三角洲城市群发展规划》中，长三角城市群总体定位是“打造有全球影响力的世界级城市群”，扬州、盐城和泰州的定位为100万~300万人的大城市，而且扬州定位为南京都市圈的城市，滁州定位为20万~50万人的小城市。在《淮河生态经济带发展规划》中，战略定位之一是“流域生态文明建设示范带”，盐城、扬州、泰州、滁州定位为东部海江河湖联动区，并未有城市人口的明确定位。而如何将两个规划进行政策对接，目前仍没有具体的政策安排。

第三，能力建设方面，安徽和苏北地区资金技术等要素相对匮乏。跨界环境问题往往不是一朝一夕可以解决的。由于长三角区域大气污染具有治理时效的长期性，这就需要相关主体之间长期投入大量资金技术来进行维护和协调。2017年上海市环保投资占GDP的比重达到了3.1%，有众多科研院所和大学为其提供智力支持。相比上海、杭州、南京、宁波等长三角城市群重点城市，安徽和苏北地区的城市多为国家老工业城市和资源型城市，财政实力和工业发展水平相对落后。经济发展水平的差异更使得长三角大气污染治理关系呈现复杂性和多层次性。

第四，标准统一方面，长三角区域环境标准不一致。在污染物排放标准方面，长三角三省一市仍有区别。当前缺少区域协同的地方标准体系已成为长三角协同发展的障碍，建立区域协同发展新的地方标准体系已成为当务之急。如何确立优先领域，在节能减排、污染排放、产业准入和淘汰等方面探索构建符合长三角区域实际的环境标准体系，是当前亟须解决的问题。以燃煤锅炉的污染物排放标准为例。上海市目前燃煤发电锅炉的标准是依据上海市地方标准《燃煤电厂大气污染物排放标准》（DB 31/963—2016），其中颗粒物、二氧化硫和氮氧化物排放限值应分别达到10毫克/米^3、35毫克/米^{3}和50毫克/米^{3}的控制要求。安徽省则依据国家标准《锅炉大气污染物排放标准》（GB 13271—2014）中大气污染物特别排放限值。浙江省目前只针对单台出力300兆瓦及以上发电机组配套的燃煤发电锅炉执行Ⅱ阶段规定的排放限值，颗粒物、二氧化硫和氮氧化物排放限值分别达到5毫克/米^3、35

毫克/米^{3}和50毫克/米^{3}的控制要求，对300兆瓦以下发电机组配套的燃煤发电锅炉以及其他燃煤发电锅炉执行Ⅱ阶段规定的排放限值的具体实施时间仍未定。在排污税的征收方面，长三角三省一市税率差别很大。江苏省大气污染物每污染当量征收4.8元，浙江省大气污染物每污染当量征收1.2～1.8元，上海市二氧化硫、氮氧化物的税额标准分别调整为每污染当量7.6元、每污染当量8.55元，安徽省大气污染物税额标准为每污染当量1.2元。

四　长三角区域大气污染协同治理的政策体系

为进一步推动长三角区域大气污染协同治理，打赢蓝天保卫战，促进长三角一体化高质量发展，最终实现建设“世界级城市群”的发展目标，建议长三角区域采取如下措施。

第一，试点产业转移的利益协同机制。推动长三角区域产业一体化规划，联合编制长三角区域产业发展地图，按照区域生态环境容量合理布局产业。探索长三角区域产业转移的税收收入共享机制，推动长三角区域产业有序转移和优化升级。制定园区共建的利益共享机制、考评体系和管理机制，推进跨省市共建产业园区。加强苏皖区域城市的合作。通过建立皖江城市带、合肥都市圈、长三角城市群的合作平台，强化区域对接互动。通过完善共建产业园区、协同创新等区域协作机制，主动承接高端产业和优质要素转移，实现产业链的分工协同。

第二，打造集约高效的绿色交通运输体系。依托铁路物流基地、公路港、航空港、沿海和内河港口等，打造海陆空立体化的多式联运通道。推动长三角海事部门加强对船舶排放控制区船舶燃油使用的联合执法监管。严格执行船舶强制报废制度，加大船舶更新升级改造和污染防治力度，全面实施新生产船舶发动机第一阶段排放标准，推广使用电、天然气等新能源或清洁能源船舶。推动内河船舶清洁化改造，满足硫氧化物、颗粒物、氮氧化物、VOC排放控制要求。采取经济补偿、限制使用、严格超标排放监管等方式，大力推进国Ⅲ及以下排放标准营运柴油货车提前淘汰更新，加快淘汰采用稀薄燃烧技术和“油改气”的老旧燃气车辆。加快港口码头和机场岸电设施建设，推动靠港船舶和飞机使用岸电等清洁能源。

第三，开展长三角地区能源一体化发展规划。建议国家能源局在长三角三省一市试点构建长三角区域能源互联网，提高长三角区域电网互联互通的能力，实现长三角区域传统能源、可再生能源、核电等能源互联互通、互济互保，推动能源利用的智能化和清洁化。国家发展改革委要进一步支持民间资本参与杭州湾区域油气煤基础设施建设，加快推动镇海、舟山等石油储备基地建设，推动杭州湾海上液化天然气通道建设与连通，推动宁波镇海港区、舟山六横港区、嘉兴独山港区等煤炭储运基地建设。建议工业和信息化部、国家发展改革委在长三角区域开展氢能与燃料电池汽车产业联动发展试点，推进长三角区域实现新能源联动开发。

第四，试点设立长三角区域一体化的资源环境要素交易市场。生态环境部牵头以电力、钢铁、石化、水泥等行业为试点，建设长三角区域性排污权交易市场。建议国家能源局牵头建立长三角区域国家级电力交易中心，出台交易规则，扩大交易主体，丰富交易品种，提高可再生能源发电交易比重。国家发展改革委要深化石油天然气市场化改革，结合上海石油天然气交易中心试点经验，探索长三角区域能源一体化交易市场建设，打造能源市场化改革先行区。

第五，推动长三角一体化的环保标准体系建设。国家税务总局要在长三角地区建设一体化的资源环境税收体系，统一环境税税率。生态环境部要在长三角地区推动设立统一的高污染行业大气污染物特别排放限值。建议生态环境部选取长三角区域试点实施钢铁、建材、焦化、铸造、有色、化工等高污染行业超低排放改造，同时配合环境税、差异化电价、差异化限产等政策，激励重点行业污染深度治理。

第六，在重点污染城市建立精细化治理机制。建议生态环境部以淮北、阜阳、亳州、徐州、淮南、蚌埠、宿州为核心，通过组织专家设计“一市一策”“一厂一策”的精准治理方案，开展钢铁、煤电、焦化等行业深度治理，解决燃煤锅炉和工业生产过程污染问题。在皖北和徐州，通过明确以电代煤、以气代煤工程实施目标，开展清洁取暖，推动散煤清零。

第七，探索长三角区域生态补偿机制。建立豫皖苏鲁大气污染治理协作机制。建议生态环境部成立长三角及其周边大气污染治理办公室，协同四地建立跨区域大气污染治理事务的联合会商机制，促进京津冀及其周边与长三角区域的大气污染治理的协同管控。在豫皖苏鲁四省份的省界所在城市，生态环境部门要联合四地政府重点开展联合执法、环保督查、环境信息共享等机制，治理跨界污染问题。建立统一的空气重污染预警会商和应急联动协调机构，并逐步实现预警分级标准、应急措施力度的统一。建议在安徽省重点污染城市和苏浙沪之间建立生态补偿机制，以煤炭资源税或电力附加费的形式，对因煤炭外送和电力外输造成的大气污染进行生态补偿。

第八，促进区域规划协同。国家发展改革委要出台规划实施细则，促进长三角城市群与淮河生态经济带的规划对接和机制完善，实现滁州、盐城、扬州和泰州等城市发展定位的统一。要通过推动淮河生态经济带建设，加强苏鲁豫皖四地的合作，完善跨界污染治理机制，促进长三角一体化发展。

参考文献

《国务院关于印发打赢蓝天保卫战三年行动计划的通知》（国发〔2018〕22 号），中国政府网，2018 年 6 月 27 日。

丁一汇、柳艳菊：《近 50 年我国雾和霾的长期变化特征及其与大气湿度的关系》，《中国科学：地球科学》2014 年第 1 期。

白春礼：《中国科学院大气灰霾追因与控制研究进展》，《中国科学院院刊》2017 年第 3 期。

王跃思：《我国大气灰霾污染现状、治理对策建议与未来展望——王跃思研究员访谈》，《中国科学院院刊》2017 年第 3 期。

薛文博、付飞、王金南、唐贵谦、雷宇、杨金田、王跃思：《中国 $PM_{2.5}$跨区域传输特征数值模拟研究》，《中国环境科学》2014 年第 6 期。

庄贵阳、郑艳、周伟铎：《京津冀雾霾的协同治理与机制创新》，中国社会科学出版社，2018。

B.10
长三角清洁能源发展合作研究

刘新宇*

摘　要： 长三角各省份在清洁能源发展方面各有其优势，只有互相合作、优势互补，方能发挥最大效应；尤其是上海地域狭小、清洁能源资源很少，只有依靠长三角清洁能源合作，方能进一步优化本地能源结构。长三角其他省份拥有丰富的清洁能源资源，上海虽然清洁能源资源匮乏，但拥有较高水平的清洁能源创新集群和较强辐射能力的技术交易平台，这种互补性为清洁能源发展合作提供了良好基础。而且，电网和天然气管网互通等相关硬件基础设施，以及官方合作平台与市场化交易平台等软件基础设施已初具规模。上海首先要利用好平台优势，如最大限度发挥绿色技术银行之类平台的功能；其次要借助定向的资金和技术支持，在长三角其他省份兴建适应上海需求的清洁能源设施。

关键词： 长三角　清洁能源发展　创新集群

长三角各省份在发展清洁能源方面各有其优势，只有相互合作、优势互补，方能发挥出最大效应。尤其是上海地域狭小、清洁能源资源很少，进一步优化能源结构的潜力很小；只有依靠长三角合作，才能走活优化能源结构

---

* 刘新宇，经济学博士，上海社会科学院生态与可持续发展研究所副研究员，研究方向为低碳发展。

的这步棋，从而大幅减少大气污染排放、温室气体排放。应当说，近年来上海能源结构优化成效显著，2017 年，上海能耗中煤品占比降至 29%，天然气占比升至 9%，油品占比为 46%，外来电 + 本地非化石能源占比为 16%，但未来能源结构优化的挖潜难度会越来越大。主要原因有如下三点：一是在减煤方面，削减散煤已经完成，进一步减煤要在发电、钢铁、化工三大行业啃硬骨头；二是在天然气替代煤方面，居民用气已基本全面天然气化，未来“气代煤”要在发电和交通领域攻坚；三是本地没有足够的非化石能源禀赋去替代煤炭等化石能源，2017 年，本地非化石能源占比仅在 1.5% 以内。[①] 本文从长三角清洁能源资源分布和创新集群发展等方面分析各省份开展清洁能源合作的互补性（合作前提），从特高压电网、天然气管网等硬件和官方合作平台、市场交易平台等软件两方面分析长三角清洁能源合作的基础设施条件，并在了解现状与难点的基础上，就如何推进本区域各省份清洁能源发展合作提出对策建议。

一　长三角各省份清洁能源合作的互补性

长三角有些省份拥有丰富的清洁能源资源，有些省份（如上海）清洁能源资源匮乏，但拥有较高水平的清洁能源创新集群和较强辐射能力的技术交易平台，能够为其他省份的清洁能源发展提供技术支持，这种互补性为各方清洁能源发展合作提供了良好基础。

（一）长三角各省份清洁能源资源分布

长三角区域中，苏浙皖都有较丰富的风能资源，且浙江沿海风电开发潜力较大；水能资源较丰富的地方主要是浙江与安徽的山区；苏浙沪沿海利用东海丰富的天然气资源规划或已经建设了大量天然气储运设施，陆域天然气

① 张瀚舟：《上海能源从高速度向高质量发展的实践与思考》，《上海节能》2018 年第 12 期，第 941 ~946 页。

储量则以安徽最为丰富；江苏和浙江有多家已投运和在建核电厂；长三角煤炭资源最丰富的省份则是安徽，在煤炭清洁化利用方面拥有较好前景。长三角还有光伏、地热等其他清洁能源资源，不过，由于纬度等因素，长三角日照条件不如新疆、海南等国内其他地区。

1. 长三角风能资源分布

长三角各省份中，除了上海，都有较丰富的风能资源；截至2018年底，上海、江苏、浙江、安徽累计并网风电装机容量分别为71万千瓦、865万千瓦、148万千瓦、246万千瓦。① 从装机容量来看，江苏省内大丰等沿海地区的风能资源得到较大程度利用；浙江已建成的并网风电装机容量虽然相比之下较少，但浙江沿海众多岛屿是我国风能资源最富集的地区之一。浙江沿海岛屿的风能密度大多能达到300瓦/米^2，嵊泗列岛、大陈岛等处甚至能超过500瓦/米^2。②

2. 长三角水能资源分布

长三角水能资源主要集中在浙江、安徽两省。浙江和安徽水能理论蕴藏量分别约为600万千瓦和400万千瓦，而江苏、上海加起来只有约200万千瓦。③ 浙江、安徽水能资源较丰富得益于其山地面积较大，浙江和安徽山地面积分别约为7.2万平方公里和6.2万平方公里，分别约占所在省份面积的70%和44%。众多河流流经山区，形成一定的落差与势能，如浙西以及皖东南交界处的安吉、绩溪等地就建有抽水蓄能电站，宁国等地将开工建设抽水蓄能电站。

3. 长三角天然气资源分布

长三角天然气资源既包括陆域储量，也包括接收海洋和海外天然气资源的设施能力。

---

① 《2018年风电并网运行情况》，国家能源局网站，2019年1月28日。

② 三胜咨询：《中国风电产业发展现状及前景展望（下）》，《电器工业》2019年第9期，第32～46页。

③ 《水能理论蕴藏量及可开发利用量（分省）》，“中国科学院数据云门户－资源学科创新平台”数据库，2019年10月16日。

长三角陆域天然气资源主要分布在江苏、安徽两省。江苏的天然气资源主要分布在其长江以北地区，其中储量最丰富的是扬州市，主要是页岩气资源。安徽淮南煤矿有约2亿立方米天然气储量，主要为煤层气，部分为页岩气，其中可开采的部分有3000多万立方米。[①]

在海洋和海外天然气方面，苏浙沪沿海拥有接收东海气田和海外气源天然气的便利条件，沿海地区已建、在建多个LNG（液化天然气）接收站；到2021年，江苏、浙江、上海的LNG接收站总罐容将分别达到254万立方米（其中邻近上海地区的有146万立方米）、160万立方米、121.5万立方米。江苏如东的LNG接收站现有罐容68万立方米，在其三期工程建成后，2020年罐容将达到108万立方米。[②] 江苏启东LNG接收站目前有罐容26万立方米，2019年底至2020年第一季度还将增加罐容32万立方米。[③] 2021年，还将在江苏盐城滨海形成88万立方米罐容的LNG接收站。[④] 浙江舟山LNG接收站目前有罐容32万立方米，到2021年，还将增加罐容32万立方米。[⑤] 宁波LNG接收站现有罐容48万立方米，到2021年，将增加到96万立方米。[⑥] 上海洋山LNG接收站目前有罐容49.5万立方米，2020年将提升至89.5万立方米。上海另有五号沟LNG接收站，目前有罐容32万立方米；该接收站是上海的天然气应急储备库。[⑦]

4. 长三角核能资源分布

长三角核能资源大省是浙江与江苏，上海和安徽目前无核电基地。浙江已有秦山（含方家山）和三门两大核电基地，另有象山核电基地在建，苍

---

① 《安徽两淮地区煤系天然气重要发现：预测地质资源量1.9万亿立方米》，《中国产业经济动态》2017年第11期；《安徽省新探获大量煤炭和天然气储量》，新浪财经，2018年4月6日。

② 《江苏LNG接收站扩建（三期）工程开工》，中国石油新闻中心网站，2018年12月3日。

③ 广汇启东公司发布消息（http://www.sohu.com/a/299768871_168470）。

④ 《江苏滨海液化天然气（LNG）项目获国家核准》，江苏省发展和改革委员会网站，2018年9月。

⑤ 董佩军：《新奥舟山LNG接收站二期开工》，《舟山日报》2018年12月26日。

⑥ 《中海油浙江LNG接收站二期工程开工建设》，宁波市交通运输局网站，2018年6月28日。

⑦ 陈云富：《洋山港LNG扩建储罐升顶 上海LNG储能将增约50%》，陆家嘴金融网，2019年3月25日。

南核电基地建设处于前期准备阶段；浙江现有核电装机容量908万千瓦，在大陆省份中仅次于广东。江苏现有田湾核电基地，装机容量437万千瓦，在大陆省份中排名第五。①

5. 长三角煤炭清洁化利用

安徽煤炭储量约700亿吨，是长三角三省一市中煤炭储量排名第二的江苏的十几倍；② 安徽丰富的煤炭资源也为其提供了较大的煤炭清洁化利用潜力。如2019年，在国家发展改革委和国家能源局确定的首批煤电联营项目中，安徽就有3个，占项目总数的20%，其中淮南市独得2个；国家相关部门对于煤电联营的重点发展方向有坑口煤电一体化、低热值煤发电一体化等。

（二）长三角清洁能源创新集群发展

本部分分析长三角地区风电、核电、新能源汽车、智能电网等领域的创新集群分布。从相关企业的市场份额来看，上海的风电、新能源汽车产业与长三角其他省份相比并无优势，上海的优势在于国家级科研机构多，更在于拥有“平台优势”，即拥有像绿色技术银行那样辐射力强的技术传播与转化平台。此外，虽然江苏是太阳能产业强省，上海拥有较多高水平的太阳能研究机构，但由于长三角地区日照资源并不丰富，本区域生产的太阳能设备主要是外销，用于开发其他地区的太阳能资源，本部分对长三角太阳能创新集群的发展不予赘述。

1. 长三角风电创新集群

苏浙沪有实力较强的风电设备制造企业和研发能力较强的风电技术研发机构，它们之间形成良好合作通道，构成完整风电创新链。

长三角风电设备制造企业实力较强，以风电整机制造为例，江苏远景能源、上海电气、浙江运达风电在国内市场占有较大份额，尤其是远景能源占国内市场份额约1/5（见表1），仅次于新疆金风科技。

---

① 《2019年1~3月全国核电运行情况》，中国核能行业协会网站，2019年4月30日。

② 《中国矿产资源报告（2019）》，自然资源部网站，2019年10月22日。

表 1　2018 年长三角风电整机制造商国内新增装机容量份额

单位：%

企业名称	总部所在地	2018 年国内市场排名	2018 年国内市场份额
远景能源	江苏无锡	2	19.77
上海电气	上海	5	5.40
运达风电	浙江杭州	6	4.01
华仪风能	浙江温州	15	1.08
中人能源	江苏南京	20	0.47

资料来源：《2018 年中国风电吊装容量统计简报》，中国可再生能源学会风能专业委员会网站，2019 年 4 月 5 日。

长三角风电设备制造企业在国内市场展现出较强竞争力，一方面是由其自身技术水平、研发能力所支撑（如浙江运达风电就拥有国家重点实验室），更是得益于长三角地区有一批风电技术研发能力较强的高校和科研院所。在上海地区，上海交通大学、同济大学、上海大学、华东理工大学、上海理工大学、上海第二工业大学、上海电力大学、上海电机学院、上海微电机研究所、上海玻璃钢研究院等机构中的相关院系或部门，有着较强的风电整机或部件研发能力；其中不乏国家级的研发机构，如上海交通大学国家能源海上风电技术装备研发中心。江苏地区风电技术研发能力较强的高校和科研院所有东南大学电气工程学院、河海大学新能源系、南京理工机械工程学院、江苏大学电气信息工程学院等，浙江地区则有浙江大学电气工程学院等。

长三角风电设备制造企业与高校、科研院所之间形成良好合作通道，构成完整的风电创新链。其一，相关企业与高校、科研院所通过合办研究机构、合办企业、合办培训或实践课程等多种方式开展合作。如上海交通大学与华锐风电合办的国家能源海上风电技术装备研发中心是 16 个首批国家能源科技研发（实验）中心之一，同济大学机械工程学院与派克汉尼汾公司合办传动与控制实验室，浙大电气工程学院与上海电力合作成立风电研发中心。其二，上海、江苏、浙江都成立了风电产业技术创新战略联盟，形成省级层面的风电技术研发产学研合作平台，并获得科技厅（科委）等部门的大力支持。

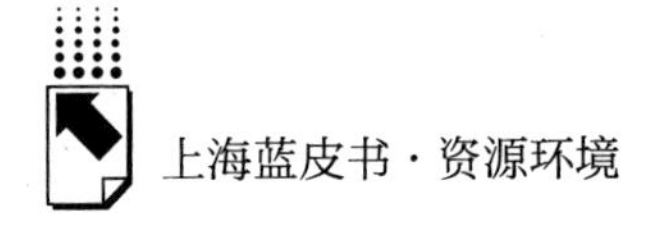

2. 长三角核电创新集群

长三角地区的核电装备制造企业主要有上海电气，且苏浙沪皖都有核电研发水平较高的高校或科研院所。上海电气设有院士工作站和多个研发中心，已经在三代核岛主设备制造中实现完全国产化，并且在压力容器、金属堆内构件等四代核岛主设备研发中处于全球领先地位。

上海地区的上海核工院、上海交大核工学院、中科院上海应用物理所，安徽地区的中科大核科技学院、中科院等离子体所，浙江地区的浙工大机械工程学院，江苏地区的江苏大学能源与动力工程学院，都有较强的核电技术研发能力。这些高校和科研院所通过与相关企业建立研发合作关系，有力地支持长三角乃至中国的核工业发展，如 2019 年 9 月，中科院等离子体所与上海电气建立了战略合作关系。

3. 长三角新能源汽车创新集群

长三角三省一市都以龙头企业为引领，形成了产业链完整的新能源汽车产业集群，都有水平较高的新能源汽车技术研发机构，它们与龙头企业、地方政府等结成创新网络。

苏浙沪皖都形成了上下游产业链完整的新能源汽车产业集群，都拥有新能源汽车龙头企业，如上海的上汽集团、浙江的吉利和众泰、安徽的江淮和奇瑞，以及江苏的南京金龙。

在新能源汽车或其关键零部件的研发方面，苏浙沪皖都有水平较高的高校和科研院所，对当地新能源汽车产业集群发展起到较好的支撑作用。如上海有同济大学、上海交大、上海大学、中科院在沪研究机构等；其中同济大学的新能源汽车技术研发能力最强，其下属相关研究机构集中在嘉定，是上海国际汽车城创新网络中的中坚力量。江苏新能源汽车技术研发能力较强的高校或科研院所有江苏大学、南京工大、南京理工、河海大学、南京大学、东南大学等，浙江有浙大电气工程学院、清华长三角研究院等，安徽则有安徽大学电气工程学院、中科大化学物理系等。

上述高校和科研院所与龙头企业、地方政府等建立合作关系，在长三角地区形成新能源汽车创新集群或创新网络。如同济大学、上海交大与上汽集团等组建了相关的产学研共同体，江苏成立新能源汽车创新联盟，浙江成立新能源汽车产业联盟。

4. 长三角智能电网创新集群

苏浙沪皖都有若干水平较高的智能电网技术研发机构，并借助建立产业联盟等方式与企业结成创新网络。

上海有较多智能电网技术研发能力较强的高校和科研院所，如上海交大、华东电力设计院、华东电力试验研究院、中科院上海硅酸盐所、上海电力大学、上海工程技术大学、上海电器科学研究所等，其中挂靠上海交大的国家能源智能电网（上海）研发中心是16个首批国家能源科技研发（实验）中心之一，上海硅酸盐所在智能电网核心部分储能技术的研发方面居于国内领先地位。江苏省的东南大学、南京邮电大学、南京理工大学、南京工程学院、国网江苏电科院等都有较强的智能电网技术研发能力。东南大学电气工程学院有省级的智能电网重点实验室，该大学还在镇江设立了一个智能电网研究院，南京邮电大学则有省级的智能电网重点序列学科。浙江研发能力较强的相关高校和科研院所有浙大电气工程学院、杭州电子科技大学等，安徽则有中科大、合肥工业大学等。

上述高校和科研院所与企业以各种方式合作，结成创新网络，如上海、江苏、安徽等地都建立了智能电网产业联盟，在南京还成立了该产业全国性的技术创新战略联盟。

5. 地方政府搭建技术传播与成果转化平台

长三角地区的地方政府搭建了一系列促进清洁能源技术传播与成果转化的平台，如上海市科委就设有相关的成果转化与产业促进中心。上海市还与科技部合作，建立了绿色技术银行。该银行收集和“储存”各种绿色技术及相关专家信息、需求方信息，对其分门别类后进行准确的信息发布，为绿色技术的供需双方提供评估、估价、牵线搭桥等服务，并为促成绿色技术的转让或有偿使用（所有权可不转移）提供金融服务。该银行的辐射力惠及长三角甚至更广地域，促进包括清洁能源技术在内的先进技术传播与转化；拥有这样的平台，既提高了上海为长三角乃至更广地域提供技术创新服务的能力，也有助于上海在清洁能源等领域的长三角技术合作网络中获得中心地位或优势地位。

（三）清洁能源合作中长三角各省份优劣势分析

长三角各省份在清洁能源资源禀赋和清洁能源创新集群发展方面各有优劣势，这种互补性为长三角清洁能源合作提供了巨大可能性。

上海的劣势在于地域狭小、缺少清洁能源资源，其风能、水能、陆域天然气等资源都远少于长三角其他省份，目前无核电基地，而且未来也很难在上海布局核电基地。

上海的优势在于清洁能源领域的国家级科研机构多，如上海交大参与组建的风电和智能电网研发机构都入选首批国家能源科技研发（实验）中心，上海硅酸盐所在智能电网核心部分储能技术的研发方面居于国内领先地位。上海的优势更在于有若干像绿色技术银行那样辐射力强的技术传播与转化平台。在长三角清洁能源合作中，上海可利用这些平台和国家级科研机构为长三角其他地区提供技术服务，最大限度地发挥自身价值，并以此换取其他地区的资源或支持。

苏浙皖也不乏高水平的清洁能源研究机构，不过，其更显著的优势还是在于地域广阔、清洁能源资源丰富。苏浙两省都有较丰富的风能资源，浙江海岛还有相当大风能潜力未被开发出来。苏浙两省都有规模较大的核电基地，浙皖两省都有较丰富的水能资源，安徽有较丰富的陆域天然气和煤炭（可发展煤炭清洁化利用）资源，苏浙沪港口的LNG接收站相距不远，可互相保供。苏浙皖丰富的清洁能源资源，若能与上海较强的技术服务能力结合，就能发挥出更大效应。

二　长三角清洁能源合作的软硬件基础设施

长三角清洁能源合作的基础设施，在硬件方面主要有电网和天然气管网互通，在软件方面主要有各种官方合作平台与市场化交易平台。

（一）长三角能源互联互通设施

长三角能源互联互通的硬件基础设施主要有电网和天然气管网，在大建硬件的同时，有关部门或国企正在努力打破上述行业中的省际市场壁垒。

1. 电网互联互通

《长江三角洲城市群发展规划》提出要在本区域构建皖电东送、浙电西送、苏电南送等通道，在较大程度上是为上海保供。2019 年，国网发布了在苏浙沪交界处实现电网互相联通和保供的行动计划，并探索在电力市场打破省际壁垒。

皖电东送。皖电东送已建成两条通道：一条线路从安徽淮南（当地依托煤矿和天然气田有丰富火电资源）出发，向南跨越长江到达安徽南部后，再向东经过浙江北部，历经 656 公里，抵达上海；另一条线路从淮南出发，在江苏苏通大桥附近向南越过长江，到达苏南后，再东进到上海，该线同时向苏南南京等处供电，全长 759. 4 公里。这两条都是特高压线。

浙电西送。浙电西送主要是指利用该省份东部沿海的发电能力尤其是风电资源，为其西面的上海等地保供。2019 年 9 月，上海青浦与浙江嘉善交界处建成一条跨省电力联络线并正式投运；在配电网层面，建成省际联络线，在我国是首例。此外，长期以来，上海通过跨海电缆向嵊泗供电，浙江也建成了为嵊泗供电的柔性直流输电工程；如果这两条供电通道能在浙江海岛会合，该区域也有希望成为两省份电力互相保供的一个联结点。

苏电南送。苏电南送主要是为了将苏北徐州、连云港等地（前者富有煤矿，后者拥有核电基地）的电力输送到上海。随着苏州、练塘等处特高压站的建成，上海、江苏之间的电网联结更加紧密稳定。

而且，2019 年 5 月，国网发布了电力行业的长三角一体化行动计划，主要是在苏浙沪交界处的一体化示范区实现电网互相连通和保供；更是在体制机制方面探索如何打破电力市场的省际壁垒，如规定非居民用电可“跨省一网通办”。[①]

2. 天然气管网互联互通

长三角地区有许多省际天然气管网已建成、在建或处于前期准备阶段，有利于提高省际天然气互保能力。而且，长三角天然气管网还会与山东、河南、福建、江西的管网联通，有助于在更广范围调配天然气资源、提升应急保供能力。

为上海保供的跨省天然气管线主要来自江苏方向。从江苏如东跨江到上海崇明的管线和从如东跨海外输的管线已经建成，通过后者输送的天然气是在海滨端口转化成 LNG 再运往上海等地。位于江苏常州金坛的天然气储备库已经建成，该库天然气主要发挥调峰作用，有望在 2019 年 11 月入市交易。[②] 从山东青岛接收天然气，向南跨省到江苏，在南京附近跨江的天然气管线将在 2020 年建成。从江苏徐州到安徽淮北的输送管线，以及江苏境内从淮安盱眙到盐城滨海的出海外输管线，都在前期准备阶段。此外，江苏输送上海的天然气管线，再与整个中国东部沿海的天然气管线相连，就可以对接来自俄罗斯的气源。

长三角其他省份之间的天然气互供管网也有不少建成、在建或在规划中。如 2018 年 11 月，沪浙签署能源合作协议，实现两地管网互通，在供气紧张状态下可互相保供，现阶段上海对浙江保供的情况更多一些；江苏淮安金湖和安徽天长之间的管线已建成一部分；国家与长三角省份有关部门正规划构筑环太湖的管网。

（二）长三角能源合作官方平台

长三角能源合作的官方平台主要体现在相关组织机构和各种官方或半官方的合作协议。

1. 能源合作的组织载体

目前，长三角已经在协商机制（联席会议等）和执行机制（相关办公

---

① 《国家电网发布〈长三角一体化发展 2019 年电力行动计划〉》，国务院国资委网站，2019 年 6 月 10 日。

② 《港华金坛储气库调峰气有望下月上线》，中国石油新闻中心网站，2019 年 10 月 29 日。

室等）两方面形成了本区域能源合作的组织载体。

为促进长三角协同，自2009年起，在省级层面建立了“合作与发展联席会议”机制，2018年开了不止一次会。近年来，在该联席会议之下，又形成了能源专题组会议机制，由各省级发展改革委分管相关事务的副主任、能源局负责人等参加。2018年11月的会议召开期间，各方就近期（三年内）本区域能源合作的行动计划、重点任务落地等进行讨论。

2018年1月，沪苏浙皖成立了“长三角区域合作办公室”或曰“长三办”，作为本区域协同发展的执行机构；该办公室下设的交通能源组，是能源、交通等领域合作事项的执行机构。

2. 能源合作的官方或半官方协议

近年来，长三角各地的政府或有政府背景的能源集团之间签署了众多能源合作协议，仅省级能源合作协议就有多个（见表2）。

表2　长三角省级能源合作协议（部分）

签约方	签约时间	协议主题
沪苏浙皖科协	2018年	能源战略合作框架协议
华东电网下属省级电网	2018年	省际电力置换框架协议
沪浙发改委	2018年11月	能源合作协议，以天然气互保为重点
上海电气、皖能	2019年2月	战略合作协议
浙能、皖能	2019年5月	战略框架协议

资料来源：笔者整理。

长三角市级层面政府和能源企业也积极订立能源合作协议，有些市级层面能源合作协议的签署甚至早于所在省份之间的相关协议。如2018年6月，上海、杭州、嘉兴的三家能源企业签署了三地之间的天然气战略合作协议，这早于当年11月的沪浙能源合作协议签订。

（三）市场化交易平台

长三角清洁能源合作的市场化交易平台，最直接的就是电力交易平台，然后有各种清洁能源技术的交易平台，此外还有各种能够为清洁能源带来更多收益的环境产权交易市场，如碳交易市场和绿色电力证书交易市场。

长三角地区的电力交易平台主要有华东电网电力交易中心、上海电力交易中心等。这些电力交易平台上的标的除了现货，还有各种中长期非标准合约。长三角某一省份可以在这些平台购买其他省份的清洁能源电力，甚至可以在数年后交割；后者出售清洁能源电力的合约或期货后，所得资金可用于投资清洁能源发电设施和输电设施等。不过，要让这些电力交易平台在促进长三角清洁能源合作中发挥更大作用，还有待电力行业进一步克服障碍、深化市场化改革。例如省际市场壁垒如何进一步拆除，引入外来电为本地电力调峰的市场化机制如何完善，适应电力市场新时代、新格局、新主体的监管体系如何构建，都是需要研究的课题。

长三角地区有众多技术交易平台，以上海为例，有上海技术交易所、上海联合产权交易所和前文提及的绿色技术银行等，上海环交所也有技术交易功能。绿色技术银行除了有技术交易功能，还能为促进技术所有权或使用权的转移提供金融等服务。长三角各地可以在此类技术交易平台上转让、传播、转化清洁能源技术，而且交易方式可以多样化，既可以是“资金换技术”，也可以是“资源换技术”。

长三角促进清洁能源发展的环境产权交易市场主要是碳交易市场和绿色电力证书交易市场（后者的全国性交易平台设在北京），但受制于种种因素，这两个市场目前并不活跃。截至2019年11月，在国家发展改革委领导和统筹下，上海等7个省份或城市的碳交易试点已经开展了6年，上海的碳交易平台设置在上海环交所。但是，由于各试点市场局限于某一省份或城市，市场容量不够大、流动性不够强，交易很不活跃，未能较好发挥在节能减碳领域优化资源配置、促进技术进步等作用。以上海碳交易市场为例，2013年11月至2018年11月，其主要交易标的SHEA（上海碳排放配额）的累计交易量只有3263万吨；[①] 这与五年间约7.7亿吨的碳排放配额分配总量相比，比例是很低的。近期，国家发展改革委正努力在7个省份或城市的

---

① 《一图了解丨上海碳市场五年风雨征程》，上海环境能源交易所网站，2018年11月26日。

碳交易市场基础上，建成全国统一的碳交易市场，其交易平台有望设在上海。但由于整合难度不小，预计要到2020年，全国碳交易市场才可能上线。

在绿色电力证书交易市场方面，自2017年1月国家三部门发文启动，截至2019年11月3日，绿色电力证书累计认购量为33338个，只占累计核发量（26873116个）的0.12%。[①] 绿色电力证书交易市场不活跃，一是受制于可再生能源配额制迟迟未建立（2019年5月，国家发展改革委、国家能源局才正式发文推出该制度）；二是受制于电力行业本身的市场化程度不高，相关政策的激励效应较难传导到并非完全直面市场竞争、自负盈亏的主体上。

三　促进长三角清洁能源合作的对策建议

长三角清洁能源发展合作的硬件基础设施和官方合作平台已初步建成，市场交易平台虽已建成但目前尚不能很好地发挥功能。就长三角清洁能源合作中各地的优势互补而言，上海缺少清洁能源资源，在清洁能源创新集群方面也无显著优势（其他省份的清洁能源创新集群也很强），上海的优势在于拥有一些辐射力较强的平台（如绿色技术银行）。在这种情况下，上海的策略首先是利用好平台优势，对于绿色技术银行之类的平台要最大限度发挥其功能，对于碳交易、绿色电力证书交易方面的平台要争取国家相关部门支持以做实其功能；其次，借助定向的资金和技术支持（包括项目合作），在长三角其他省份兴建适应上海需求的清洁能源设施。对上海而言，长三角清洁能源合作的着眼点还是要放在如何利用其他省份资源优化本地能源结构，尤其是促进“减煤”。

此外，为解决大气污染区域输送问题，长三角大气污染防治合作已取得

---

① 中国绿色电力证书认购交易平台网站（http://www.greenenergy.org.cn/gctrade/shop/index.html）。

较大成就，但“损益者受偿、受益者补偿”的利益平衡机制尚未较好建立[①]；本文所建议的长三角清洁能源发展合作中的一些具体做法（如上海利用技术交易等方面平台为长三角其他地区服务，提供资金和技术支持等参与兴建其他地区清洁能源设施）可在一定程度上解决利益平衡机制问题。

（一）最大限度发挥技术交易平台功能

技术交易平台能够较直接地为各方带来经济收益，各方对此类平台的服务需求也较大，使其比其他交易平台（如环境产权交易平台）发展得更加成熟、功能相对较健全；对于技术交易平台（如绿色技术银行），上海宜最大限度发挥其功能，促进长三角各省份清洁能源技术供需对接并应用于能为上海供能的清洁能源项目。对于资金较短缺的技术受让方，上海可利用其金融体系、资金优势为技术转让提供融资支持，以加速相关清洁能源技术传播、转化、应用、产生实效。甚至通过创新绿色技术银行运行机制来加速上述过程，如促成技术使用权的租用，而不是技术所有权的购买，这样就可以让受让方在分期支付较少费用的情况下尽快将技术投入使用。

（二）做实环境产权交易市场功能

就环境产权交易市场而言，上海市政府可争取国家相关部门支持，以促成拟议中的以上海环交所为交易平台的全国性碳交易市场早日落地。在这一市场上，上海参与的位于长三角其他省份的清洁能源项目，可以通过获得碳排放权（如中国核证减排量 CCER）认证并出售来得到更多收益，从而激励其他省份或城市的政府和能源企业积极参加此类合作项目。

（三）进一步完善华东电力市场机制

建议上海市相关部门与华东能监局等机构合作，进一步完善华东电力市

---

① 陈诗一、张云、武英涛：《区域雾霾联防联控治理的现实困境与政策优化——雾霾差异化成因视角下的方案改进》，《中共中央党校学报》2018 年第 6 期，第 109 ~ 118 页。

场机制，以方便上海相关部门或能源企业从长三角其他省份购入清洁电力。其一，对于上海参与建设的清洁能源项目，应当让上海获得购买其所发电力的优先权或期权；相应地，华东电力市场的非标准合约、期货、期权交易机制需要改革优化，至少先行启动相关试点。其二，完善华东电力调峰市场，依托其减少上海发电企业为调峰而备机的需要，进而减少相应的煤炭燃烧。华东能监局在2018年9月出台了改革完善该区域电力调峰市场的相关规则文件，在此基础上，上海相关部门可与之合作，加快这一改革的进程，减少上海依靠外来电调峰的体制障碍。在华东电力市场上，上海在购电时应有所选择，优先购买清洁能源所发电力。

（四）上海对邻省提供定向资金与技术支持

上海可以通过对长三角其他省份提供定向资金与技术支持，参与兴建那里的清洁能源设施，并借助相关合约让这些设施为上海保供，尤其是应急保供或调峰。上海可能参与合作的长三角其他省份清洁能源项目包括：①浙东沿海基于深水港区的LNG接收、储运设施，以及以此为基础的天然气发电厂；②浙皖边界新安江沿线等处水电站；③苏北沿海、浙东沿海（尤其是浙东岛屿）等处海上风能发电厂；④苏北、浙东、皖南等处核能发电厂；⑤连接上述清洁能源发电厂与上海的智能电网（包括特高压网和配电网等）。[①]

（五）推进区域清洁能源合作，优化上海能源结构

上海对接推进长三角清洁能源合作，其着眼点还是放在优化本地能源结构上。如上海能否利用稳定供给的外来电，使2025年上海电煤使用量相对于2017年减半（即削减2000万吨左右）。2011年，上海煤炭消费量达到峰值（6141.95万吨），之后一路下降，2017年减少到4577.84万吨，并使同期二氧化碳排放量大幅下降。2013～2014年减少幅度最大，煤炭消费量一

① 《长江三角洲城市群发展规划》，国家发展和改革委员会网站，2016年6月1日。

下子减少了约800万吨，但近期“减煤”的潜力似乎变小，2016～2017年只减少了约50万吨。就不同产业部门的“减煤”成绩来看，发电用煤是上海煤炭消费的大头（2017年占89%），上海“减煤”的成绩主要由发电部门贡献，如2011～2012年发电用煤减少275万吨，2013～2014年发电用煤减少837万吨，其背后是外来电比例的大幅上升；但2015～2017年，受用电需求上涨的压力，上海发电用煤呈现缓慢上升（年均上升2.6%）。[①] 在本地减煤潜力几乎利用殆尽，甚至近年略有反弹的情况下，上海若能参与兴建长三角其他省份清洁能源设施，以保证有更多、更稳定的外来电供应上海，则有可能再次创造2011～2014年的电煤削减成绩，达到2025年电煤使用量相对于2017年减半（即削减2000万吨左右）的目标。

参考文献

周冯琦等:《上海对接推进长江经济带绿色生态廊道建设研究》(上海市哲学社会科学规划课题报告)，上海社会科学院生态与可持续发展研究所，2018。

张瀚舟:《上海能源从高速度向高质量发展的实践与思考》，《上海节能》2018年第12期。

陈诗一、张云、武英涛:《区域雾霾联防联控治理的现实困境与政策优化——雾霾差异化成因视角下的方案改进》，《中共中央党校学报》2018年第6期。

王鹏、曹雨洁:《2018年电力市场化改革的回顾与展望》，《中国电力企业管理》2019年第13期。

① 资料来源于《上海统计年鉴》(2012～2018年)。

B.11 上海引领共建长三角绿色科技创新共同体

尚勇敏*

摘　要： 绿色创新是推动建设绿色美丽长三角的重要支撑，长三角绿色创新产出水平呈现“金字塔”形，各城市绿色创新比较优势存在显著差异，长三角绿色创新合作仍有待加强。作为长三角绿色创新领头羊，上海以产业带动促进绿色产业发展，以技术带动促进创新要素流动与共享，以平台带动促进绿色创新成果转移转化，以制度带动推动绿色创新合作全面改革升级，以载体带动建设长三角生态绿色一体化发展示范区，进而引领长三角绿色科技创新共同体建设。然而，上海引领长三角绿色创新共同体建设依然存在创新能力有待提升、载体建设有待加强、创新激励机制不足、常态化合作机制有待完善等问题。上海应积极增强绿色科技创新策源能力，积极推动绿色技术转移转化，共建长三角绿色科技创新共同体载体。

关键词： 绿色技术　科技创新共同体　长三角一体化

长三角一体化发展上升为国家战略以及《长江三角洲区域一体化发展规划纲要》的出台，标志着我国区域发展进入一体联动的新阶段，在这个

---

* 尚勇敏，区域经济学博士，产业经济学博士后，上海社会科学院生态与可持续发展研究所副研究员，研究方向为区域经济发展模式与区域可持续发展。

新的发展阶段，城市群、中心城市需要发挥引领带动作用。随着开放式创新理论成为新科技革命背景下引领区域创新发展的新理论，创新共同体这一新的创新模式应运而生。长三角地区是我国节能环保产业最发达的地区之一，绿色创新具有较好的基础条件，上海作为长三角地区龙头城市，通过产业带动、技术带动、平台带动、制度带动、载体带动，在长三角绿色科技创新共同体建设中发挥着引领带动作用。本文通过考察长三角绿色科技创新共同体的建设格局与现状，分析上海引领建设长三角绿色科技创新共同体水平、取得成效与存在问题，进而探讨上海引领共建长三角绿色科技创新共同体的策略。

一 长三角绿色科技创新共同体建设意义

长三角区域三省一市时空一体、山水相连，生态环境休戚相关，生态服务功能相互关联，生态环境共保联治应作为长三角一体化发展的重要内容与长三角一体化战略的优先领域，绿色创新则是推动建设绿色美丽长三角的重要动力。中央赋予了上海引领推动长三角一体化发展新的历史使命，上海需要发挥其在绿色创新领域的重要优势，为共建绿色美丽长三角实现更大担当、更大作为。

（一）绿色创新是共建绿色美丽长三角的重要支撑

推动生态环境的共建共治共享是长三角一体化战略的主要任务之一，绿色创新在推动发展方式转变和经济结构调整、解决污染治理难题方面发挥重要作用。绿色创新是目前国际竞争的焦点，日本、欧盟、美国等发达国家和地区以及部分发展中国家不约而同地选择了发展低碳、环保、新能源等技术以提高国际竞争力。[①]《国家环境保护“十三五”科技发展规划纲要》等提

① 韩洁平、文爱玲、闫晶：《基于工业生态创新内涵及外延的发展趋势研究》，《生态经济》2016年第2期，第57~62页。

出提升我国环保科技创新能力，为实现环境保护目标提供强有力的科技支撑。《长江三角洲区域一体化发展规划纲要》提出长三角地区要加强原始创新成果转化，重点开展绿色技术、新能源等领域科技创新联合攻关。为此，长三角需要围绕环境治理体系和治理能力现代化，进一步开展支撑管理决策的技术研究，进一步发挥环保科技的基础性、前瞻性和引领性作用，围绕水、大气、土壤等环境质量改善目标，开展污染成因分析、模型方法构建、环境标准制定等基础研究，并进行污染过程的监控预警、监测监管、环境风险判别评估、管理与控制等应用研究，并将这些研究成果有效迅速地转化为法律法规、政策文件、环保标准，来实现监管水平和治理能力的全面提升。

（二）长三角绿色科技创新共同体建设进入新阶段

早在《长三角科技合作三年行动计划（2008～2010年）》时期，便提出推动长三角率先建成我国最具活力、具有较强国际竞争力的创新型区域。2013年，环保部在上海设立“长三角区域空气质量预测预报中心”，为长三角各省市大气污染联防联控工作提供重要技术支撑。近年来，三省一市科技部门聚焦国家战略和长三角地区经济社会发展需求，积极构建协同创新网络，合力打造重大创新载体，建设技术转移体系，创新资源开放共享新机制，着力构建长三角区域创新共同体。[①] 随着长三角一体化发展上升为国家战略，《长三角地区加快构建区域创新共同体战略合作协议》签署，长三角区域创新合作不断深化。

2017年12月，绿色技术银行总部落户上海，绿色技术银行管理中心在沪揭牌，创设35亿元绿色技术成果转化基金，建设绿色技术信息平台、转化平台和金融平台三大平台，并取得显著成效。信息平台技术成果共7000余项，上线运行对外开展服务；转化平台构建了绿色技术成果转移转化的立体网络，建立长三角科技服务联盟等现有平台长效合作机制，围绕重点区域、重大需求提供绿色技术系统解决方案，还转移转化了黑臭水体治理等多

① 王德润、董文君：《构建长三角区域创新共同体的对策思路》，《安徽科技》2018年第8期，第7～9页。

项绿色技术；金融平台投资了海上风电项目，还将进一步建立加强与绿色技术应用、示范相结合的协调机制。2019 年 4 月 15 日，“长三角一体化能源创新和企业家绿色高峰论坛”举办，并成立了“上海市高效能源互联网创新研究院”，倡议发起“长三角一体化绿色企业联盟”，助力长三角一体化能源科技一体化，打造长三角一体化绿色科技产业领军人才，长三角进入区域创新共同体建设新阶段。[①]

（三）上海支持长三角绿色科技创新共同体建设具有重要基础

上海致力于建设具有全球影响力的科技创新中心，积极强化环保科研引领，加大科技创新支撑力度。上海重点加强低碳发展、资源节约型和环境友好型城市建设、区域性灰霾治理、崇明生态岛建设等项目研究，积极开展农村污染防治、总量减排、清洁能源和新能源推广等关键技术攻关，加大环保科技研发支持力度，支持环保产业发展。并以建设具有全球影响力的科技创新中心为目标，积极加强区域和流域环境科技协作。[②] 上海还在引领长三角推动绿色技术、绿色标准、绿色金融方面先行先试、发挥积极作用。上海市积极推进跨区域、跨领域的科技合作与交流，[③] 推进长三角创新生态建设实践区，打造沪通跨江创新联合体，建设长三角科技创新生态实践区示范点；联合印发《长三角科技合作三年行动计划（2018～2020 年）》，签署《长三角地区加快构建区域创新共同体战略合作协议》等。

《长江三角洲区域一体化发展规划纲要》确立了上海的龙头地位，赋予了上海新的历史使命。共建绿色美丽长三角需要发挥三省一市的合力，需要强有力的绿色创新支撑，上海致力于建设具有全球影响力的科创中心，在绿色创新领域具有较强的基础。上海需要发挥其在绿色创新领域的重要优势，

---

① 《上海市高效能源互联网创新研究院成立　倡议发起“长三角一体化绿色企业联盟”》，人民网，2019 年 4 月 17 日。

② 《上海市环境保护和生态建设“十三五”规划》，上海市人民政府网站，2016 年 10 月 31 日。

③ 徐伟金、张旭亮：《长三角协同共建全球科技创新中心的思考》，《宏观经济管理》2016 年第 3 期，第 53～56 页。

为三省一市推动绿色创新发挥龙头带动作用，更好服务全国发展大局，为共建绿色美丽长三角实现更大担当、更大作为。

二　长三角绿色科技创新共同体建设现状

科技创新是解决经济不景气的最好良方，绿色科技创新则是迈向经济高质量发展阶段的新现象。长三角地区科技创新合作较为紧密，在绿色科技创新方面进行了积极探索，长三角绿色科技创新共同体建设初具水平。

（一）绿色创新与绿色科技创新共同体

学术界讨论技术创新对环境改善的作用可追溯至20世纪60年代，并出现了绿色创新、环境创新、可持续创新、生态化创新等概念。[①] Fussler和James首次对绿色创新做了界定，认为绿色创新是能明显减少环境影响，并为企业自身和消费者增值的新工艺或产品。[②] 欧盟在“Measuring Eco-innovation Project”项目中将其定义为“组织机构对新产品、生产过程、服务、管理或经营方法的生产、采用或开发行为，并能够在整个生命周期内有效降低环境风险、污染和资源使用过程中其他负效应”。[③] OECD将其定义为“能够带来环境改善的新产品（或服务）、生产过程、市场方法、组织结构和制度安排的创造或实施行为”。[④] 绿色创新除了具有一般创新的特征，还具有双重外部性（一般创新固有的外部性和环境属性外部性）、较弱的技术推动和市场拉动效应、规制的推拉效应等特征。[⑤] 综合来看，本文探讨的

---

① Marchi V. D.，“Environmental Innovation and R&D Cooperation：Empirical Evidence from Spanish Manufacturing Firms，” *Research Policy* 41（2012）：614－623.

② Fussler C.，and James P.，*Eco-Innovation：A Break Thorough Discipline for Innovation and Sustainability*，London：Pitman，1996.

③ Arundel A.，and Kemp R.，“Measuring Eco-innovation，UNN-MERIT Working Paper Series #2009－017”，http://epip.unu-merit.nl/publications/wppdf/2009/wp2009-017.pdf，December 3，2009.

④ OECD，*Sustainable Manufacturing and Eco-innovation*，Paris：OECD，2009.

⑤ 董颖：《企业生态创新的机理研究》，博士学位论文，浙江大学，2011。

绿色创新主要关注技术领域的创新，也兼对服务、管理、商业模式等非技术要素创新予以关注，进而将绿色创新内涵界定为“以可持续发展为目标，减少对环境的影响，提高应对环境压力的恢复能力，实现对自然资源更高效、更负责的使用等的技术创新、管理创新、服务创新等”。

按照不同标准，绿色创新具有不同的分类方式。本文依据国家发展改革委发布的《绿色产业指导目录（2019年版）》将绿色产业分为节能环保产业、清洁生产产业、清洁能源产业、生态环境产业、基础设施绿色升级产业、绿色服务产业等六大类，也将绿色创新分为相对应的六大领域（见表1）。并结合各绿色产业的技术特征，分步骤筛选绿色创新类别，具体步骤如下：① 选择每个类别的主要关键词；② 以关键词为基础搜索IPC条目中的释义，从而形成条目库；③ 对搜索到的IPC条目进行逐一甄别，删除含关键词但并不属于绿色技术范畴的IPC条目；④ 进一步检查IPC所有的分类目录，补全不含关键词但属于绿色技术范畴的IPC条目。

表1　绿色创新六大领域

类别	细分类别
1. 节能环保	1.1 高效节能装备制造；1.2 先进环保装备制造；1.3 资源循环利用装备制造；1.4 新能源汽车和绿色船舶制造；1.5 节能改造；1.6 污染治理；1.7 资源循环利用
2. 清洁生产	2.1 产业园区绿色升级；2.2 无毒无害原料替代使用与危险废物治理；2.3 生产过程废气处理处置及资源化综合利用；2.4 生产过程节水和废水处理处置及资源化综合利用；2.5 生产过程废渣处理处置及资源化综合利用
3. 清洁能源	3.1 新能源与清洁能源装备制造；3.2 清洁能源设施建设和运营；3.3 传统能源清洁高效利用；3.4 能源系统高效运行
4. 生态环境	4.1 生态农业；4.2 生态保护；4.3 生态修复
5. 基础设施绿色升级	5.1 建筑节能与绿色建筑；5.2 绿色交通；5.3 环境基础设施；5.4 城镇能源基础设施；5.5 海绵城市；5.6 园林绿化
6. 绿色服务	6.1 咨询服务；6.2 项目运营管理；6.3 项目评估审计核查；6.4 检测监测；6.5 技术产品认证和推广

资料来源：《绿色产业指导目录（2019年版）》。

通过上述方法，在 IncoPat 专利服务网站上获取长三角地区专利信息，搜索年限为 1985～2018 年，绿色发明专利 31973 项，占所有授权专利的 4.81%，长三角地区绿色发明专利占总体专利的比重相对较低。从六大领域来看，节能环保绿色技术最多；清洁能源、生态环境、清洁生产其次；基础设施绿色升级方面发明专利相对较少；而绿色服务偏向于软服务，绿色评估、咨询、推广、认证、管理、监测等方面是绿色服务的主要构成内容，绿色服务的技术突破方面主要集中在生产或者污染等的检测技术上，因此发明专利相对较少，仅有 355 项。

随着创新战略深入推进，优先空间在创新体系建设中地位越发重要。美国大学科技园区协会等组织也提出创新的“空间力量”计划，打造连接各创新主体的“创新共同体”。创新共同体具有以行动为导向、有明确的组织和管理、强调分享和相互学习等特征，[①] 对于推动区域创新一体化具有重要支撑作用。本文将绿色科技创新共同体定义为一种以绿色技术与非技术创新为核心，具有共同明确的价值观和目标、具有必备的创新要素基础资源、具有多元参与主体、具有网络化结构、具有相应的体制机制支撑、具有便于知识交换的地理邻近的一种创新模式。

（二）长三角各城市绿色创新产出水平呈“金字塔”形

长三角地区的绿色创新产出呈现以上海为龙头、省会城市为核心、其他城市为辅助的“金字塔”形结构。上海的绿色发明专利总数以及六大领域专利数均位列第 1，特别是在节能环保产业、清洁生产产业、清洁能源产业上保持着较大的优势。杭州、南京、合肥均在各自省内保持着领先优势。浙江省的绿色创新发展现状中，杭州在省内的优势地位突出，绿色发明专利总数及六大领域专利数均仅次于上海，其在浙江省内的核心地位突出；相较于浙江，江苏省绿色创新总体发展优势大且相对均衡，南京、苏州、无锡、常

① 李宁、王玉婧、陈星：《创新共同体与学科内涵式建设互动研究》，《中国高校科技》2018 年第 9 期，第 46～48 页。

州的绿色发明专利总数分别位列长三角41个城市排名中的第3、第4、第5、第7，多中心均衡发展态势初显；安徽省在绿色创新发展上相对落后，合肥绿色发明专利位列安徽省第1、长三角第8，芜湖、马鞍山、滁州分别位列安徽省第2、第3、第4，但在长三角城市中仅分别位列第18、第21、第24，整体上合肥在安徽省内的核心地位突出，但安徽总体与上海、浙江、江苏的绿色创新能力差距较大。

从绿色创新的细分领域来看，长三角形成了以节能环保产业为核心的绿色创新发展格局。总体上，各城市在细分产业领域的排名与总绿色创新领域的排名相似，呈现如下特征：①长三角41个城市共计拥有节能环保领域的绿色发明专利10930项，居各领域的首位，其中以“水、废水、污水或污泥的处理”和“固体废物的处理”领域最为突出，环保领域技术创新的发展成为节能环保产业中最重要的部分。②清洁能源领域发明专利数仅次于节能环保领域，清洁能源产业以新能源发电和动力技术为主要突破领域，主要集中在电磁辐射电能转化技术与设备、风力等设备两个技术领域。③生态环境领域拥有发明专利位列第3，其主要技术领域为绿色农业、新植物的培养、污染恢复等，在“新植物或获得新植物的方法”“被污染土壤的再生”等技术领域上具有优势。④清洁生产领域专利数量位列第4，主要集中在生产过程的绿色化以及清洁化领域。⑤基础设施绿色升级领域专利位列第5，集中在建筑的电力改造和清洁化上。⑥绿色服务领域拥有绿色专利相对较少，其主要技术领域则集中在生产或者污染的检测、监测上。

（三）长三角各城市绿色创新比较优势存在差异

从长三角地区整体绿色创新水平上来看，长三角各城市的绿色发明专利占总发明专利的比重较低，提升空间巨大。长三角41个城市绿色发明专利总量虽然已达3万项以上，但占总发明专利数的比重仅为4.81%，绿色发明专利比重仍处于低位，未来发展空间巨大。发达城市在绿色创新总量上占据绝对优势，但在比重上并未展现出优势，如上海的绿色发明专利数占比仅为4.37%，低于长三角地区平均水平；舟山绿色发明专利数占总专利数比重高达

9.70%。可见，长三角地区的核心城市在绿色创新上具有较大发展空间。

从综合实力上来看，经济发达城市仍旧保持着在绿色创新领域的优势，安徽省整体绿色创新能力偏弱（见图1）。从各省市内部来看，省会城市保持着在省内的绝对优势，杭州、南京、合肥均在其省内占据着首位优势，且优势相对明显。从苏浙皖三省来看，江苏省在绿色创新上更为均衡，浙江省与安徽省的省会城市在绿色创新领域的优势巨大。从长三角总体格局来看，南京、上海、杭州、宁波相连的“Z”形区域是长三角绿色创新的优势区域，总体绿色创新能力排名靠前；而安徽则整体偏弱，与上海、江苏、浙江尚存在一定差距，亟待加强。

■ 专利产出高　■ 专利产出低

城市	专利总计	节能环保	清洁生产	清洁能源	生态环境	基础设施	绿色服务	城市	专利总计	节能环保	清洁生产	清洁能源	生态环境	基础设施	绿色服务
上海	1	1	1	1	1	1	1	泰州	22	24	21	19	25	17	27
杭州	2	2	2	2	2	2	2	金华	23	26	24	20	20	26	16
南京	3	3	4	4	3	3	5	滁州	24	22	27	27	25	35	41
苏州	4	4	3	3	4	4	3	连云港	25	24	29	26	23	35	27
无锡	5	5	5	6	7	8	9	淮安	26	25	32	28	19	35	41
宁波	6	6	6	7	8	5	7	蚌埠	26	30	25	21	27	35	11
常州	7	7	8	5	14	9	4	衢州	28	27	28	23	26	41	20
合肥	8	8	7	8	5	7	6	淮南	29	28	20	29	40	25	27
镇江	9	11	11	9	6	17	20	阜阳	30	34	24	34	29	25	41
绍兴	10	9	9	14	10	13	27	安庆	31	29	26	39	33	35	27
南通	11	13	13	11	13	12	12	六安	32	31	38	30	30	41	41
温州	12	12	10	15	9	10	8	宣城	33	34	30	34	38	35	41
嘉兴	13	15	15	9	21	22	10	丽水	34	32	36	32	38	25	41
徐州	14	10	16	19	19	19	20	宿迁	35	37	32	32	39	35	41
盐城	15	17	18	22	11	22	16	亳州	36	38	35	39	28	41	41
扬州	16	19	22	13	12	12	27	淮北	37	39	37	35	31	41	41
台州	17	21	14	12	15	17	27	铜陵	39	35	33	40	41	35	41
芜湖	18	20	12	19	16	17	13	宿州	39	37	39	37	34	41	41
湖州	19	14	17	24	19	22	16	黄山	40	41	41	36	35	35	41
舟山	20	18	34	16	22	6	41	池州	41	40	40	41	33	41	41
马鞍山	21	16	19	25	38	18	20								

图1　长三角城市绿色创新各领域创新产出排名矩阵

注：矩阵颜色越深，表示产业规模排名越高，颜色越浅，表示产业规模排名越低，图中数字表示专利数量排名。

从长三角三省一市内部优势领域来看，其绿色创新侧重点也不同。首先，总体上三省一市均以节能环保领域绿色创新为主，其占比均为最高，上海、江苏、浙江、安徽节能环保领域专利占比分别为37.42%、33.37%、33.82%、31.23%（见图2）。其次，各省市除节能环保领域以外，也各有侧重，上海（24.39%）、江苏（25.13%）的清洁能源领域专利占比相对较高；安徽清洁生产领域专利占比相对较高（23.66%），且在长三角三省一市中占比最高；浙江则相对较为均衡。再次，各省市专利结构特征也反映了各自绿色创新发展侧重点的差异，上海依托其优越的制造业基础、创新能力与创新环境，在节能环保这一重头领域上占据优势；安徽处于工业化中期阶段，节能减排压力较大，绿色创新也相对侧重于清洁生产领域；江苏、浙江既对节能环保、清洁能源、清洁生产有着重要需求，也在生态环境领域有着重要需求，尤其是浙江作为"两山"重要论述的发源地，其生态环境领域绿色创新专利占比也相对较高。最后，长三角三省一市在基础设施绿色升级和绿色服务领域专利比重均较低。

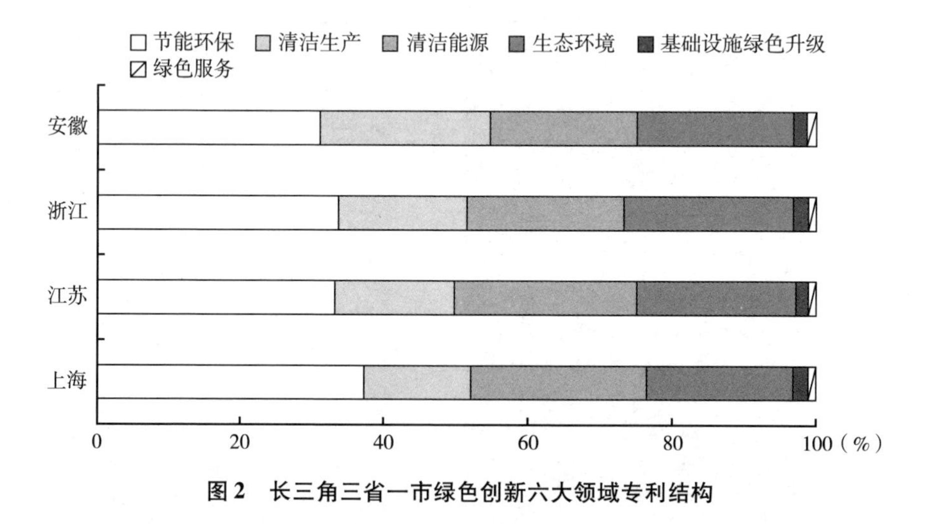

图2 长三角三省一市绿色创新六大领域专利结构

（四）长三角绿色创新合作有待加强

专利合作与技术转移是绿色创新合作的重要形式，本文通过分析长三角绿色技术专利合作、绿色技术转移转让格局，揭示长三角绿色创新合作水平与特征。

1. 绿色创新内部合作紧密，但开放合作程度有待提升

从绿色创新合作频次来看，长三角绿色创新的合作次数为 2548 次，其中长三角的绿色创新内部合作次数占长三角绿色创新合作总次数的 74.22%，远高于长三角总体专利内部合作次数占比（64.49%），说明长三角在绿色创新领域更倾向于在长三角内部寻找合作伙伴。而长三角绿色创新内部合作次数仅占总体专利内部合作次数的 4.49%，低于长三角绿色发明专利总数占比（4.81%），可见，长三角绿色创新领域的合作创新水平仍需要提升。

长三角地区的绿色创新依然以城市内部合作为主，城市内部的合作次数占比高达 62.09%。上海、杭州、南京、苏州四地的内部合作次数大于 100 次，居长三角 41 个城市中的前 4 位；其中上海的绿色创新内部合作最为频繁，达到了 392 次，是城市绿色创新内部合作网络最发达的城市（见表 2）。杭州、南京、合肥作为省会城市，均保持着省内绿色创新合作网络发展的优势地位。总体上，安徽省内绿色创新合作水平相对较低，与其他三个省市有一定的发展差距。

表 2　长三角绿色创新内部合作排名

单位：次

排名	城市	内部合作次数	排名	城市	内部合作次数
1	上　海	392	11	镇　江	15
2	杭　州	209	12	绍　兴	10
3	南　京	169	13	徐　州	9
4	苏　州	104	13	嘉　兴	8
5	宁　波	55	13	盐　城	8
6	无　锡	39	13	马鞍山	8
7	合　肥	38	17	台　州	7
8	扬　州	35	17	蚌　埠	7
9	常　州	32	19	淮　南	6
10	南　通	20	20	温　州	5

注：为简化分析，本表仅统计次数大等于 5 次的城市，下表同。

2. 长三角绿色技术转让呈现等级化

专利的转让和受让信息反映了技术使用权利的转移，提取专利中的转让、受让信息可以刻画长三角技术转移网络的建设情况。转让人、受让人中有多个参与人的情况，则视为多个转让人、受让人之间均存在转让联系，例如转让人为A、B，受让人为C、D，则认为A与C之间、A与D之间、B与C之间、B与D之间均存在一次转让关系。1985年以来，长三角内部专利转让次数约占专利总转让次数的73.17%，长三角区域内部的技术转移占据主导地位。从绿色创新技术转让来看，上海是长三角绿色创新领域主要的技术溢出城市，占长三角的27.21%，在绿色技术转移当中居于绝对核心地位。而南京、苏州、常州、杭州转让的次数居第2~5位；无锡、宁波等城市也表现突出，分别达到222次、217次，居第6、第7位。从城市内部转让次数和城市间转让次数来看，上海均稳居首位，而江苏省分别有6个和5个城市位列前10，技术转移效应明显（见表3、表4）。浙江省内，杭州、宁波在省内表现突出，但相较于上海、江苏，在长三角地区的排名中表现相对一般。安徽省仅合肥表现突出。

表3　长三角绿色创新领域城市内部转让次数排名

排名	城市	排名	城市	排名	城市	排名	城市
1	上海	6	无锡	11	嘉兴	16	泰州
2	南京	7	宁波	12	湖州	17	扬州
3	苏州	8	南通	13	衢州	18	黄山
4	常州	9	镇江	14	盐城	19	温州
5	杭州	10	合肥	15	徐州	20	绍兴

表4　长三角绿色创新领域城市间转让次数排名

排名	转让城市	排名	转让城市	排名	转让城市	排名	转让城市
1	上海	6	合肥	11	湖州	16	芜湖
2	苏州	7	常州	12	绍兴	17	嘉兴
3	南京	8	宁波	13	衢州	18	蚌埠
4	无锡	9	镇江	14	南通	19	金华
5	杭州	10	温州	15	盐城	20	徐州

注：本表转让次数不包含城市内部转让次数。

长三角绿色技术受让城市与转让城市有一定差异，但仍以经济发达城市为主，上海、苏州、南京、无锡、杭州、合肥等城市位列受让城市前10（见表5），这也反映出长三角绿色技术创新呈现等级化特征，即出现“强者俱乐部”，经济发达城市具有相对接近的产业技术、技术能级与技术吸收能力，这些城市之间的技术转移转让也较为活跃。同时，相对落后城市也成为重要的受益者，南通成为长三角绿色创新领域的最大受让城市，徐州、盐城、绍兴、蚌埠、泰州等城市的城市间受让次数均大于其转让次数，受让排名均位列前15。综合来看，转让次数多的主要城市（基本为区域内发达城市）扮演着技术输出地的角色，而相对落后的城市为主要的技术流入受益地，长三角区域内部发达城市带动落后城市的绿色技术发展格局基本形成。

表5　长三角绿色创新领域受让城市排名（城市间）

排名	城市	排名	城市	排名	城市	排名	城市	排名	城市
1	南通	7	徐州	13	嘉兴	19	台州	25	温州
2	上海	8	合肥	14	湖州	20	宣城	26	马鞍山
3	苏州	9	盐城	15	常州	21	宁波	27	金华
4	南京	10	绍兴	16	扬州	22	镇江	28	黄山
5	无锡	11	蚌埠	17	连云港	23	衢州	29	芜湖
6	杭州	12	泰州	18	铜陵	24	宿迁	30	亳州

注：本表统计的转让次数不包含城市内部转让。

长三角绿色创新领域城市间联系最多的前5位为上海、南京、杭州、苏州、无锡（见表6），总体上，上海、江苏城市技术转移联系频次较高，而浙江、安徽相对较低。在绿色创新的城市间合作联系中，“上海－苏州”的异地联系最为密切，总合作次数达到62次，“南京－盐城”“杭州－台州”“上海－南京”“南京－无锡”“南京－苏州”“苏州－盐城”的绿色创新合作次数均超过了20次；上海、江苏的绿色创新合作网络最为发达，联系较频繁，而浙江、安徽的联系程度相对较低。

表 6 长三角绿色创新领域城市间联系次数排名

a. 长三角绿色创新领域城市间联系总次数前 10 名

排名	城市	排名	城市
1	上海	6	合肥
2	南京	7	常州
3	杭州	8	镇江
4	苏州	9	台州
5	无锡	10	扬州

b. 长三角绿色创新领域创新合作次数的城市对前 10 名

排名	城市对	排名	城市对
1	上海 - 苏州	6	南京 - 苏州
2	南京 - 盐城	7	苏州 - 盐城
3	杭州 - 台州	8	上海 - 杭州
4	上海 - 南京	9	南京 - 池州
5	南京 - 无锡	10	上海 - 蚌埠

三 上海引领建设长三角绿色科技创新共同体水平

上海作为具有全球影响力的科创中心，拥有长三角最优越的创新基础设施、创新型人才、创新功能平台和区域创新环境，上海在长三角绿色产业集群与创新集群建设、绿色技术转移转化、创新资源要素共享、科技创新合作体制改革等方面发挥着重要引领示范作用。

（一）上海绿色技术创新发展现状水平

上海积极推动绿色技术创新发展，并取得了显著成效。1985 年以来，上海绿色创新总体上处于较快发展态势，合作专利数量从 1 件增长至 2017 年的 607 件（2017 年数据为不完全数据）。① 通过选取 2000 年和 2012 年作

① 与前文不同，上海绿色创新数据来源于国家知识产权局（SIPO），由于在 SIPO 从申请专利到获得批准需要 18 个月的时间，本文中 1985 ~ 2016 年为完整数据，2017 年数据部分缺失。

为阶段划分节点将上海绿色创新划分为三个阶段（见图3）。在起步阶段（1985～1999年），上海以经济发展为中心，生态环境保护逐渐步入正轨，但上海绿色创新对环境治理的贡献程度依然不高，绿色创新处于较低水平。在快速增长阶段（2000～2011年），一系列环保三年行动计划的提出为上海绿色创新提供了大量创新要素支持，绿色创新专利数量呈井喷式增长，2001～2011年绿色创新专利数量从676件增长至6102件，其中合作专利数量从73件增长至528件。在稳定发展阶段（2012～2017年），中共中央将生态文明建设放在更突出位置，上海也积极强化环保科研引领，加大科技创新支撑力度，加大环保科技研发支持力度，深入推进一批科研平台建设，并以建设具有全球影响力的科技创新中心为目标，积极加强区域和流域环境科技协作。在绿色创新方面，实现专利数量从2012年的6927项增长至2016年的12632项，合作申请专利从2012年的800项增长至1084项。

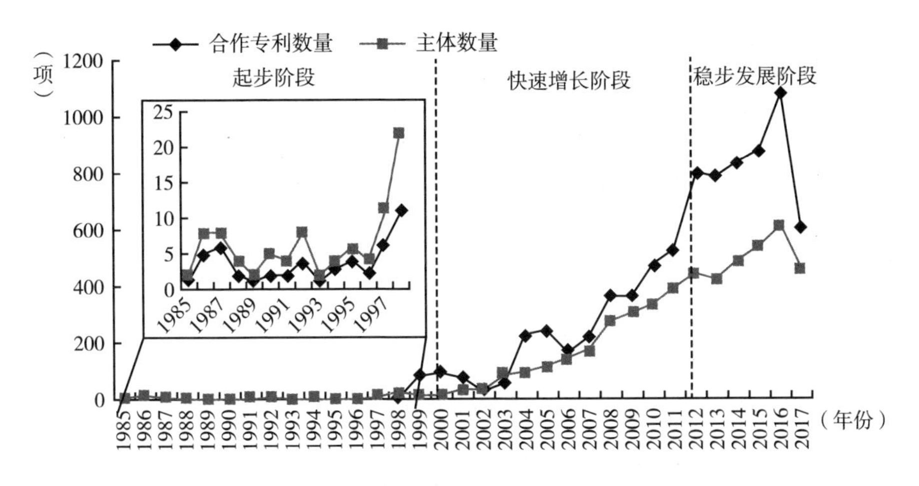

图3　1985～2017年上海绿色创新合作专利/主体数量变化

（二）上海引领共建长三角绿色科技创新共同体的现状

作为长三角绿色创新的领头羊，上海着力以产业带动促进绿色产业发展，以技术带动促进创新要素流动与共享，以平台带动促进绿色技术转移转化，以制度带动推动绿色创新合作全面改革升级，以载体带动建设长三角生态绿色一体化发展示范区，进而引领长三角绿色科技创新共同体建设。

1. 着力构建节能环保产业集群与创新集群

上海市通过印发《上海市“十三五”节能减排和控制温室气体排放综合性工作方案》等，提出大力发展节能环保产业，推动循环经济的发展，并提出发展壮大节能环保服务业，发展节能环保装备制造业，推进关键技术攻关和应用。截至2018年，上海拥有节能环保企业357家（见图4），并形成以高端再制造和工业固废综合利用（浦东）、节能环保材料产品与装备制造（金山）、钢铁与城市固废资源化利用（宝山）、节能环保研发孵化绿色技术银行（虹口、杨浦）为主的产业格局。同时，上海依托7所开设节能环保相关专业的高校的创新资源、5家节能环保领域科研院所的技术支持、22家节能环保产业相关服务研究中心、7家节能环保产业协会，依托体系完善的产业与创新基础，有效带动了长三角节能环保产业发展。目前长三角已形成以上海、南京、苏州、常州、无锡为核心的节能环保产业集群与创新集群。

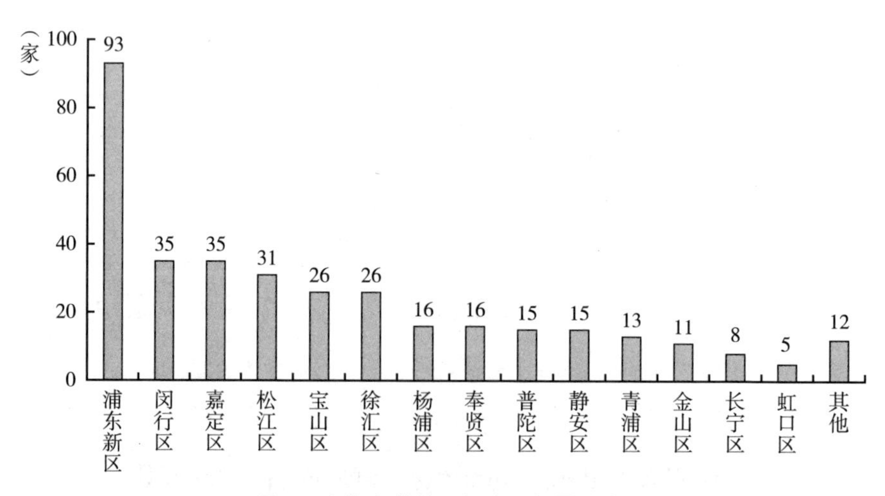

图4　上海市节能环保企业数量分布

资料来源：《产业地上海节能环保产业布局形成“4+X”格局　超350家企业受惠》，中商情报网，2019年1月21日。

2. 积极推动绿色技术转移转化

上海坚持生态优先、绿色发展理念，依托强大的绿色技术基础和绿色技术转移转化平台，积极推进绿色技术转移和成果转化，深化推进长三角地区创新协作。一是积极搭建绿色技术转移转化平台。2016 年，在科技部及国家有关部委和上海市政府的推进下，上海市开展先行先试并筹建绿色技术银行，进行绿色技术原始创新，推动绿色技术产业创新、落地转化和国际转移（见图 5）。绿色技术银行拥有成果库、需求库、专家库、解决方案等内容，将为绿色技术投资、绿色技术突破与绿色技术价值转化提供支持，绿色技术信息平台、转化平台与金融平台建设初见成效。截至 2019 年 10 月 24 日，绿色技术银行共有 8178 项绿色技术成果，分为资源利用

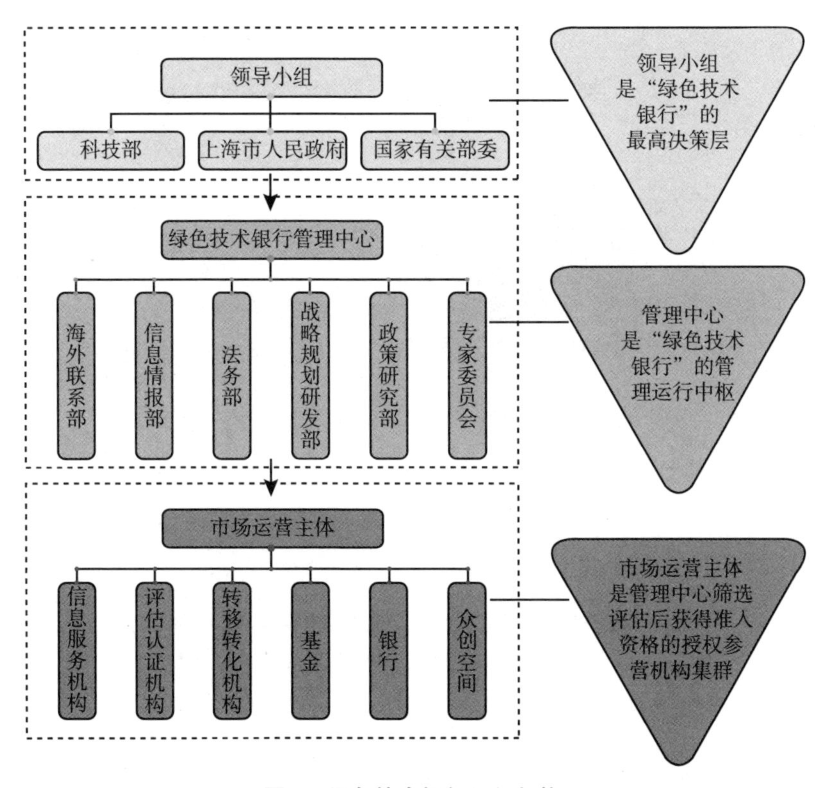

图 5　绿色技术银行组织架构

资料来源：绿色技术银行网站（http://www.greentechbank.com/greentech/web/organization）。

（4722 项）、生命健康（1528 项）、环境质量（859 项）、能源利用（793 项）和生态安全（276 项）等 5 个领域，分别占 57.74%、18.68%、10.50%、9.70%和 3.37%（见图 6），绿色技术银行在搭建公共信息服务平台、为长三角三省一市提供转移转化服务、推动示范项目落地等方面发挥了积极作用。同时，上海积极探索长三角技术转移服务协同机制，推进上海闵行、浙江、宁波、江苏苏南等国家科技成果转移转化示范区联动。上海还积极推动四地技术交易机构签署长三角技术市场资源共享、互融互通合作协议，截至 2018 年底，向浙江、江苏、安徽输出技术 3353 项。绿色技术银行以平台、投资、转化等方式，实现了绿色技术开发与应用，为长三角绿色科技创新共同体建设提供了重要支持。

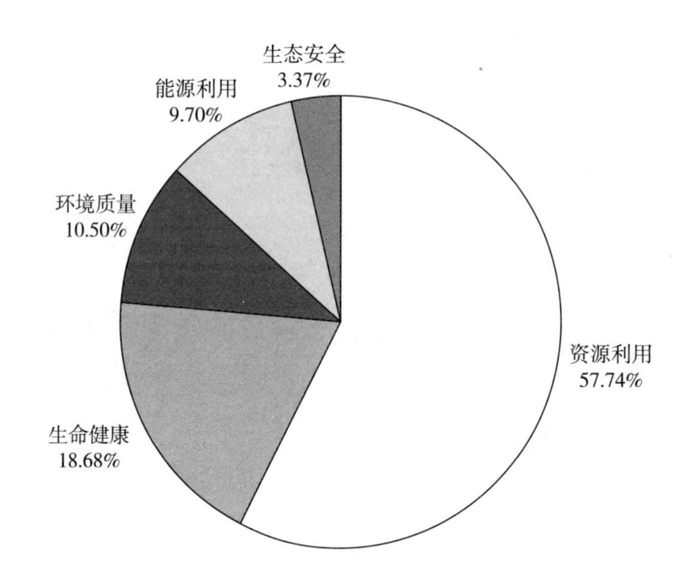

图 6　绿色技术银行成果数量（截至 2019 年 10 月 24 日）

资料来源：绿色技术银行网站（http://www.greentechbank.com/greentech/web/statistics/index）。

3. 积极支持创新要素流动和资源共享

为贯彻落实习近平总书记关于推动长三角更高质量一体化发展的重要指示精神，长三角三省一市科技主管部门积极推动科技资源开放共享。2018

年10月30日，三省一市科技部门共同启动了“长三角科技资源共享服务平台”建设工作。2018年底，上海市科委正式立项启动“长三角科技资源共享服务平台”；2019年4月，共享服务平台正式上线试运行。依托长三角科技资源共享服务平台，上海积极促进大型仪器、科技创新券等各类创新要素的跨区域开放、共享和流动，长三角三省一市可通过该平台预约仪器、发布技术需求、获取培训活动服务等，其中，苏州、无锡、南京、杭州、宁波等是上海的主要服务对象城市。通过建立长三角科技资源共享服务平台，为长三角科技资源信息公开、服务共享、管理协同提供重要平台支持，促进了长三角科技资源、服务、政策与成果集聚，打破了长三角区域界限，推动了跨区域科技资源的共享共用。

截至2019年10月24日，平台拥有仪器总数31169台（其中上海的仪器数量达到10794台，占仪器总数的34.6%），仪器总价值为327.07亿元（其中上海的仪器价值占比为35%），大型科学仪器共享率为90.3%。在绿色创新领域，上海也发挥着重要作用，通过以“环保”“节能”“绿色”“生态”“循环”等为关键词，检索得到的大型仪器数量，上海均领先于其他三省，如以“环保”为关键词检索得到长三角三省一市大型仪器共156台，上海拥有69台（见表7），占长三角的44.2%。

表7　长三角绿色创新领域大型仪器、服务机构数量

单位：台，家

省市	大型仪器					服务机构				
	环保	节能	绿色	生态	循环	环保	节能	绿色	生态	循环
上海	69	34	12	18	22	8	1	2	5	0
江苏	16	1	1	6	14	3	0	0	0	0
浙江	59	5	15	7	21	5	3	5	5	5
安徽	12	2	1	2	6	5	3	0	0	1

注：表中“环保”“节能”“绿色”“生态”“循环”为在长三角科技资源共享服务平台中的检索关键词，数据为通过上述关键词检索得到的仪器、服务机构数量，检索时间为2019年10月24日。

4. 引领绿色创新合作全面改革升级

一是积极探索绿色创新试点示范。上海积极探索市场化的“绿色技术+金融”综合解决方案，推进高新区“零排放”试点示范，并合力打造长三角双创示范基地联盟，合力办好浦江创新论坛、长三角国际创新挑战赛等。二是积极推动长三角绿色协同创新总体方案设计。2019 年 3 月，上海市出台《关于进一步深化科技体制机制改革 增强创新中心策源能力的意见》（以下简称科改“25 条”），提出加快建设长三角科技创新共同体，加强长三角科技创新战略协同、规划联动、政策互通、成果对接、资源共享、生态共建，绿色创新在其中也占据重要地位。科改“25 条”还提出升级区域科技资源共享服务平台，实现科技创新券区域通用通兑，发挥绿色技术银行总部作用，共推绿色技术分类评价标准和应用示范网络。三是积极提供生态环境合作技术支持。上海积极将上海市环境监测中心建设成长三角区域空气质量预测预报中心，各省市可实时监测到长三角地区的环境空气质量，从而为长三角生态环境监测数据共享、推动生态环境持续改善提供技术支持。四是积极推动绿色创新共建共享。2018 年 10 月召开的长三角区域污染防治协作机制会议上，李强书记提出要发挥好科技创新、机制创新的重要作用，提出三省一市积极推动标准统一、信息共享、推进同步、攻关联手，促进生态环境改善与实行企业数据常态化共享，建设流域水环境信息共享平台等。上海市还举办“2018 长三角绿色供应链区域合作论坛”，倡导与各省市合作探索绿色供应链区域合作创新机制，并联合长三角其他三省共同成立长三角绿色供应链联盟。

5. 引领共建长三角生态绿色一体化发展示范区

长三角一体化发展上升为国家战略，中共中央也赋予了长三角地区重要的特殊战略使命。2019 年上海“两会”上，上海首次提出要合力推进在沪苏浙三省市交界区域建设长三角生态绿色一体化发展示范区（以下简称“示范区”），江苏、浙江也出台了一系列文件与方案，示范区地跨沪苏浙，努力把长三角生态绿色一体化发展示范区打造成为改革开放新高地、生态价值新高地、创新经济新高地、人居品质新高地。其成功经验将为破解环境邻避效应、治理行动难以协调等难题提供样板，是长三角地区践行绿色发展理念的标杆载体。

上海成为示范区的积极倡导者和推动者，上海市委书记李强、时任市长应勇以及相关领导多次赴青浦区及相关部门指导工作；2019 年初，上海市委、市政府相关部门成立了“长三角生态绿色一体化发展示范区”调研组，研究起草实施方案。在中央部署要求和全市上下共同努力下，上海市聚焦“四个新高地”战略定位，各项工作有序推进。在上海的积极倡导和引领下，青浦、吴江、嘉善两区一县共同签订了《关于一体化生态环境综合治理工作合作框架协议》，长江角正合力共筑协调共生的生态体系、搭建绿色创新的发展体系、建立统筹协调的环境制度体系、完善集成一体的环境管理体系，将自然生态优势转化为发展优势，将示范区打造成“生态 + 创新”的示范高地。

（三）上海引领长三角绿色创新存在问题

1. 绿色创新能力有待提升

上海依托科技创新中心建设，集聚了大量创新要素，但国际高端人才集聚程度依然不足，在创新引领能力、人才队伍结构、技术转移活跃度等方面有待加强。从基础研究来看，上海绿色创新基础研究具有较好的基础，但优势不明显，如在能源科技领域，合肥拥有 4 个国家大科学装置，居长三角首位，上海仅有 3 个国家大科学装置，与能源相关的科技部国家重点实验室中，南京、杭州各有 2 家，上海仅有 1 家。从成果转化来看，节能环保企业是绿色创新的重要转化主体，上海缺乏领军型的节能环保创新型企业，从 2018《互联网周刊》和 eNet 研究院发布的 2018 节能环保企业 TOP 50 中，上海仅城投控股 1 家企业入围（见图 7），入围企业数量居全国第 9 位，在长三角也落后于杭州、南京，居长三角第 3 位。上海要进一步引领长三角绿色科技创新共同体建设，上海绿色创新策源能力有待加强。

2. 绿色创新载体建设有待加强

首先，绿色创新将成为长三角一体化发展的攻坚领域，但长三角除了在大交通、大能源、大通信领域有一些央企作为载体承担着引领带动作用以外，其他领域缺乏能够覆盖三省一市的载体，如太湖流域环境治理缺乏综合

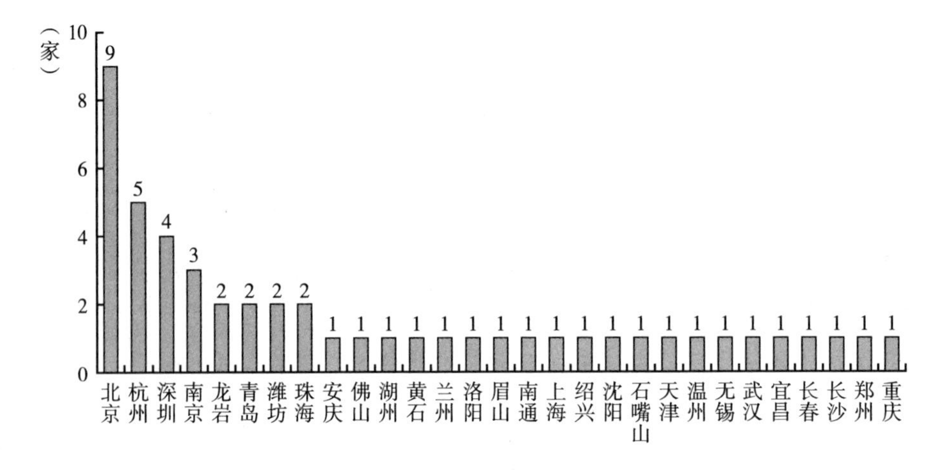

图7　2018年节能环保企业排行榜50强分布

性的载体。其次，上海与周边依托G60科创走廊等开展了区域合作，但这些合作模式多以联盟式、松散式为主，载体尚未实现实体化，且政府在其中发挥主导作用，缺乏社会组织和基金组织。最后，长三角绿色创新多停留在具体项目对接、区域合作机制等方面，碎片化较为严重，绿色创新区域合作尚未实现系统化。综合看来，上海引领长三角绿色科技创新共同体建设，需要找到有力的载体，推动载体统筹，形成合力。

3. 绿色创新激励机制不足

绿色创新市场潜力巨大，预计到2030年全球绿色创新产业将成长为现在的3倍。上海在这一领域与发达国家相比起步较晚，许多领域仍处于探索阶段。绿色创新领域中有大量的中小企业，它们在研发与使用新技术、解决方案等方面走在前列，在可再生能源、废物处理等领域的潜力甚至超过部分大企业。但由于绿色创新投资回报周期较长，技术开发具有不确定性，企业难以获得足够资本。上海当前缺乏针对绿色创新领域的专门风险资本，缺乏鼓励绿色创新的经济与金融激励机制。上海在科技创新投入上具有较强的优化能力，上海需要增加对绿色创新的投入力度，通过建立绿色创新基金等，激励和引导相关人才进入绿色创新领域。

4. 绿色创新常态化合作机制有待完善

长三角一体化的根本动力是利益共享，国外区域创新合作的成功经验也反映了这一现实要求，如欧盟通过建立多个基金，激励欧盟相对欠发达的国家参与基金申请，推动本国基础设施建设与产业发展，相对发达国家则通过资金换市场的方式实现国家和区域间的利益平衡。当前，上海与长三角绿色创新合作仍以市场激励为主，政府间缺乏有效常态化合作机制，且现有的合作机制难以有效促进上海与长三角其他地区的利益共享，需要加快探索促进多个利益主体、多个创新主体间的供给需求平衡、投入收益平衡，激发各自合作动力。

四　上海引领共建长三角绿色科技创新共同体策略

回望过去，上海在引领长三角绿色创新发展方面取得了重要成绩，但也存在一些不足之处；展望未来，上海依托具有全球影响力的科技创新中心，需要在增强绿色技术创新策源能力、推动绿色技术转移转化、共建绿色科技创新共同体载体等方面发挥更大作用，引领推动长三角绿色科技创新共同体发展水平不断提升。

（一）增强绿色科技创新策源能力

一是提高上海绿色技术创新势能，增强上海对长三角绿色创新的带动力、辐射力。上海应聚焦长三角节能环保产业集群，通过政产学研用一体化，实现全产业链协同创新、联合攻关，以具有带动性、示范性的绿色科技创新领域为对象，以推动绿色创新产业链整体解决方案为主线，坚持“产品导向、重点突破、示范应用、产业提升”，重点聚焦装备技术、清洁能源替代、绿色工艺、资源回收与再制造等绿色制造关键共性技术，引领关键共性技术、前沿引领技术、颠覆性技术不断取得突破，建立突破“卡脖子”核心技术清单，制定技术路线图和“上海方案”。

二是打造长三角绿色科技创新中心。大力加强绿色创新领域高水平学科和科研机构建设，争取国家绿色创新领域重大科技基础设施布局在上海，上海也积极布局一批市级科技基础设施，积极承担国家级、省级重大专项和科技计划项目，提升绿色科技创新源头创新能力。积极引导长三角绿色创新领域知识产权和标准化，积极开展节能环保领域共性、关键和核心技术攻关，并推动技术产业化；统筹规划、优化布局、有序推进各类重点实验室、工程中心错位发展，突出特色，[①] 充分激发和释放上海绿色创新潜力，促进科技创新资源共享利用。引导创新要素向绿色创新领域集聚，健全以企业为主体的产学研协同创新体系，提高上海绿色创新的辐射力和创新要素集聚力，将上海市打造成长三角绿色科技创新中心。

（二）积极推动绿色技术转移转化

一是推动绿色创新成果转移转化。依托上海技术交易所深化国家技术转移东部中心功能，建设线上技术转移服务平台，推进长三角绿色创新技术市场一体化，着力建设全球绿色技术交易市场。依托科技创新承载区、张江国家自主创新示范区、闵行国家科技成果转移转化示范区，推进上海绿色创新技术、绿色创新产品在长三角示范应用。依托上海低碳技术创新功能型平台等，拓展绿色创新领域，建设若干新型研发组织，推动重点领域关键公共性技术研发供给、转移扩散和商业化。探索“绿色技术 + 金融”综合解决方案，推进“零排放”试点示范。引进和培育一批从事绿色创新领域的市场化、专业化科技服务中介机构，推进建设绿色创新高校技术转移服务平台。上海联合长三角其他地区合力共办浦江创新论坛、中国（上海）国际技术进出口交易会等，搭建绿色创新成果转移转化平台。

二是畅通绿色创新技术扩散通道。绿色创新发展的根本目的和最终归宿是实现新技术的扩散和应用，上海应依靠其创新资源与创新关系网络，推动新技术成果扩散和应用，需要建立一系列激励机制来提高企业对技术的选择能力和

---

① 陈林、杨艳红、陆红娟：《促节能环保产业　走科技创新之路——江苏节能环保科技平台重点推进“五区一园”建设》，《江苏科技信息》2011 年第 8 期，第 30 ~ 32 页。

采用能力，具体包括以下几点。①税收激励，即给予绿色创新技术研发者和使用者以优惠，鼓励企业采用新技术进行后续应用的二次开发，利用信贷优惠政策激励企业进行技术改造。②科技政策，即建议发展改革委、科委、经信委、生态环境局等绿色创新相关管理部门在制定社会发展计划、重点产业规划、科技攻关计划时对绿色创新关键技术予以偏重。③法律规范，即加强知识产权、专利权的保护，完善合同、技术有偿转让等相关法律，促进技术研发成果的传播，降低搜寻成本，使绿色技术供需双方交流与沟通畅通。④示范基地，即以张江高科技园区、临港产业园区为依托，建立绿色创新示范性产业基地，对新技术的产业竞争力、应用前景、经济效益进行展示，进而推广技术应用。

三是设立长三角绿色技术创新基金。建立以上海市科委为指导、以低碳技术创新功能型平台为载体、以上海及长三角相关环保产业发展投资基金公司等为支撑、多元主体共建的“长三角节能环保产业创新投资发展基金”，采用市场化运作模式，专注于绿色创新成果孵化、科技基础研究与应用开发、企业重组等领域。基金构成中政府、参投企业、基金公司、银行各占一定比例，成立董事会负责日常运营与管理，基金交由银行负责托管，为上海以及长三角地区技术含量高、具有较强市场需求和市场竞争力、有望成为新兴产业的绿色创新技术提供支持，并适当推动基金向科技型中小微企业倾斜。

四是共建绿色创新成果转化产业园区。以低碳技术创新功能型平台等为骨干力量，以张江高科技园区、漕河泾开发区等为龙头，联合长三角节能环保领域相关产业园区，共建绿色创新成果转化产业园区，挖掘具有绿色创新特征的企业或众创空间，加大相关政策支持力度进行重点培育，建立绿色创新产业链，为上海绿色创新技术研发与转化提供产品化和市场化空间载体，并推动建设一批国家级绿色创新成果转化示范园区。

（三）共建长三角绿色科技创新共同体载体

一是引领建设长三角“政产学研用金”绿色创新联盟。加快整合长三角绿色创新资源，引导创新要素向节能环保企业集聚，促进节能环保产业技术集成创新，提高创新能力，提升产业核心竞争力，建立以企业为主体、市场为导向、产学研相结合的生态技术创新体系。上海牵头成立“长三角绿色产业创新战略联盟”，搭建政产学研用金“六位一体”的服务平台，聚焦绿色产业相关政策、规划、技术、项目、金融、信息等资源，重点开展具有短期商业价值的绿色制造解决方案相关技术研发和推动产业化，兼顾中长期、前瞻性共性技术研究，促进长三角绿色制造智能化升级与绿色制造产业技术发展。积极拓展绿色产业创新战略联盟成员，吸引制造业企业、系统集成商、设备供应商、科研院所、高校、行业协会等，聚焦绿色产业人才培养，探索成立长三角绿色产业人才培训联盟，引导推动长三角绿色产业人才队伍技术交流与提升，进而将产业创新战略联盟和人才培训联盟建设成为国内绿色创新示范平台。

二是共建长三角环保云平台与应用系统。建立健全科技资源共享机制，积极鼓励通过联合资助、风险共担等方法推进科研机构共同开展科学研究，消除封闭和条块分割。依托上海大数据中心、低碳技术创新功能型平台，建立“上海环保科技云平台与应用系统”，包括专业数据库网络、科研教学机构网络、人才队伍网络、科学数据网络等，并融合金融支持、政策研究、信息交流、科技研发、人才孵化、交易会展等平台功能，积极引导鼓励长三角其他城市参与进来。

三是提升绿色技术银行服务能力。强化绿色技术银行在绿色技术成果、金融支持、人才支持上的服务能力，打造市场化的综合服务体系，打通绿色技术科技成果转化通道，探索建立市场导向的绿色技术创新体系。肩负起推动环保产业发展的重任，围绕污染防治攻坚战的瓶颈问题，推动绿色科技创新成果转移转化和推广应用，将绿色产业打造成新的增长点。瞄准绿色技术转移需求，将绿色技术银行作为科技成果转移转化的试验田，创新长三角绿色技术集成模式，探索需求导向的技术解决方案，建立合理的利益分配机制，形成可复制可推广的绿色技术转移转化模式。

参考文献

陈林、杨艳红、陆红娟：《促节能环保产业 走科技创新之路——江苏节能环保科技平台重点推进“五区一园”建设》，《江苏科技信息》2011 年第 8 期。

董颖：《企业生态创新的机理研究》，博士学位论文，浙江大学，2011。

韩洁平、文爱玲、闫晶：《基于工业生态创新内涵及外延的发展趋势研究》，《生态经济》2016 年第 2 期。

李宁、王玉婧、陈星：《创新共同体与学科内涵式建设互动研究》，《中国高校科技》2018 年第 9 期。

《上海市环境保护和生态建设“十三五”规划》，上海市人民政府网站，2016 年 10 月 31 日。

王德润、董文君：《构建长三角区域创新共同体的对策思路》，《安徽科技》2018 年第 8 期。

徐伟金、张旭亮：《长三角协同共建全球科技创新中心的思考》，《宏观经济管理》2016 年第 3 期。

《产业地上海节能环保产业布局形成“4 + X”格局 超 350 家企业受惠》，中商情报网，2019 年 1 月 21 日。

Arundel A. , and Kemp R. ,“Measuring Eco-innovation, UNN-MERIT Working Paper Series # 2009 - 017”, http://epip. unu-merit. nl/publications/wppdf/2009/wp2009-017. pdf, December 3, 2009.

Fussler C. , and James P. , *Eco-Innovation: A Break Thorough Discipline for Innovation and Sustainability*, London: Pitman, 1996.

Marchi V. D. , “Environmental Innovation and R&D Cooperation: Empirical Evidence from Spanish Manufacturing Firms,” *Research Policy* 41 (2012) .

OECD, *Sustainable Manufacturing and Eco-innovation*, Paris: OECD, 2009.

案 例 篇

Chapter of Cases

B.12
长三角生态绿色一体化发展示范区生态环境共保联治制度创新研究

胡 静　李月寒　邵一平*

摘 要： 2019年5月，中共中央政治局会议审议通过《长江三角洲区域一体化发展规划纲要》，明确了建设长三角生态绿色一体化发展示范区（以下简称“示范区”），要求打造生态友好一体化发展样板，破解生态发展矛盾，在高标准生态基础上推进高质量发展；破解行政区划阻止发展的障碍，在不打破行政区划基础上实现区域协调融合一体化发展。对照规划纲要的建设目标，当前示范区在生态环境保护方面面临诸多挑战和

* 胡静，上海市环境科学研究院低碳经济研究中心高级工程师，研究方向为环境管理与公共政策；李月寒，上海市环境科学研究院低碳经济研究中心工程师，研究方向为环境管理与公共政策；邵一平，上海市生态环境局综合规划处副处长，研究方向为环境管理与公共政策。

不足，从表象上看，仍存在环境质量达标压力较大、环境风险尚未消除、生态系统服务功能亟待提升等问题。透过表象看本质，可以说，示范区生态绿色一体化发展面临的不充分、不平衡等问题，一定程度上可归因于区域间的行政壁垒、制度藩篱和政策掣肘。为此，本文将在系统开展现状分析、问题梳理和经验借鉴的基础上，积极探索促进跨区域生态环境共保联治的制度创新路径，提出切实可行的对策建议，为推动示范区努力建设成为长三角世界级城市群的改革开放新高地、创新经济新高地、生态价值新高地、人居品质新高地提供政策参考。

关键词： 示范区　共保联治　制度创新

2018 年 11 月，习近平总书记在首届中国国际进口博览会主旨演讲时明确，支持长江三角洲区域一体化发展并上升为国家战略。2019 年 5 月，中共中央政治局会议审议通过《长江三角洲区域一体化发展规划纲要》，2019 年 10 月，国务院批复《长三角生态绿色一体化发展示范区总体方案》，标志着长三角一体化发展国家战略进入全面施工期。示范区的建设是实施长三角一体化发展国家战略的重要突破口，根据国家相关规划纲要的要求，示范区的战略定位已明确为实施长三角一体化发展国家战略的重要承载区，要率先推进新发展理念集中落实，率先探索一体化制度创新，率先探索高质量发展模式，率先实现创新型经济、高品质生活、可持续发展的有机统一，走出一条生态与发展相得益彰、跨行政区域共建共享的新路。

一　示范区生态环境基本特征

示范区行政区域包括上海市青浦区、江苏省苏州市吴江区和浙江省嘉兴市嘉善县，总面积约2300平方公里，常住人口超过300万。受自然地理条件和历史文化传承影响，两区一县在气候、环境、物产、民生上相亲相近，社会经济和文化发展相辅相成。在生态绿色发展方面，示范区具备较好的生态环境基底和鲜明的历史文化特色。

具体表现在，一是江南水乡特色鲜明，生态资源丰富。所谓“上有天堂，下有苏杭”，位于沪苏浙交界处的示范区自古以来就是“江南水乡”“鱼米之乡”的代表性区域，河湖交错，古镇幽幽，小桥流水，风光旖旎。区域内生态用地占比达到68.9%，绿化覆盖率超过40%，水面率18.6%，均高于上海、苏州、嘉兴全市的平均水平。青浦区的黄浦江上游金泽水库原水工程，担负上海市西南五区约700万人口供水任务，苏州吴江北依太湖，青嘉吴地区共同环绕淀山湖，既是重要的生态涵养区和保育区，同时也属于生态敏感地区。二是生态文明理念和实践走在全国前列，浙江是“两山”重要论述的诞生地，省委、省政府坚持将打造“绿色浙江”作为“八八战略”的重要组成部分;[①] 嘉善县先后成功创建国家生态县、浙江省首批生态文明建设示范县，并于2018年成功入选“全国第二批生态文明建设示范市(县)”。江苏始终将生态文明建设作为落实“六个注重”、实施“八项工程”的重要内容，在全国率先全面建立河长制、湖长制；吴江近年来为巩固和提升太湖水质和生态环境质量、努力实现社会经济发展和生态文明建设相得益彰做出了积极表率。上海始终按照“五位一体”总体布局推进生态文明建设，全力打造令人向往的创新之城、人文之城、生态之城，加快建成具有世界影响力的社会主义现代化国际大都市；青浦积极推进生态环境保护修复工作，已通过全国水生态文明城市试点验收，并正在创建全国生态文明先行示范区。三是区域生态环境共保联治已初具雏形。在长三角区域污染防治协作机制的推进带动下，示范区两区一县积极开展沟通协商，努力推动示范区生态环境保护共商、共治、共享。在三省一市联合签署《加强长三角临界地区省级以下生态环境协作机制建设工作备忘录》基础上，两区一县

① 《在践行“绿水青山就是金山银山”理念上谋好新篇》，搜狐新闻，2018年7月20日。

签署了《关于一体化生态环境综合治理工作合作框架协议》，积极推动省界区县（市）层面全面建立生态环境保护协作。建立水环境联防联治机制，就金泽水源地、太浦河沿线水质水量在线监测数据交换事宜达成共识。联合开展太浦河整治、交界河流清淤等工作，仅吴江段就关停“散乱污”企业2500多家，取缔太浦河沿线码头近40个。2019年4月，首届“绿色长三角”论坛在青浦举办，为推动落实长三角一体化发展国家战略和一体化示范区高质量绿色发展建言献策。

近年来，在三地共同努力下，两区一县环境质量明显改善，2018年三地AQI优良率达到76%，优于长三角平均水平，其中主要污染物$PM_{2.5}$浓度为40微克/米^3，较2015年下降27.27%。三地52个水质监测断面的优Ⅲ类比例达到61.5%；2015年以来，太浦河沿程各断面水质均有明显改善，淀山湖总氮和总磷浓度较2015年分别下降10.0%和26.4%。

二 示范区生态绿色一体化发展存在的主要问题

对照《长江三角洲区域一体化发展规划纲要》提出的“高水平建设长三角生态绿色一体化发展示范区”，特别是“探索将生态优势转化为经济社会发展优势、从项目协同走向区域一体化制度创新”“打造生态友好型一体化发展样板”“探索生态友好型高质量发展模式”等制度创新示范要求，当前示范区在自身绿色发展能级以及生态环保跨界协作水平和能力等方面仍面临诸多困难和挑战。

从表象上看，仍存在环境质量达标压力较大、环境风险尚未消除、生态系统服务功能亟待提升等问题。具体体现在以下几个方面。一是饮用水安全风险防控方面。太浦河上游吴江段主要是作为行洪通道，沿线产业布局密集，多次导致流域性锑污染，给下游嘉善和上海水源地供水安全带来风险。同时，太浦河作为太湖流域内重要的航运通道，高密度的货物运输、运输货物的危险性以及众多支流沿岸农业面源污染等均给下游供水安全带来巨大的隐患。二是地表水水质改善方面。淀山湖虽然总体水质有所改善，但长期以来氮、磷浓度远远高于国际上公认的湖泊富营养化营养盐限值，导致水体仍处于富营养化状态；2018 年水华发生的次数多于往年，淀山湖蓝藻水华暴发现象有抬头之势。受来水河流影响，以及河湖水质标准评价体系存在差异，近期淀山湖达到Ⅴ类水难度较大。元荡湖水质优于淀山湖，但总氮总磷浓度同样较高，且近年来氮磷营养盐浓度呈上升的态势。三是生态系统方面。2000～2018 年，示范区内耕地、湿地和草地生态系统类型面积呈下降趋势，同时，耕地、林地、湿地破碎度呈上升趋势，特别是湿地生态系统呈现较为明显的规模减少、破碎化加剧、连通度下降的趋势，自然生态系统受人类干扰影响明显。

透过表象看本质，可以说，示范区生态绿色一体化发展面临的不充分、不平衡等问题，一定程度上可归因于区域间的行政壁垒、制度藩篱和政策掣肘。一是规划层面以行政区划为边界，对生态系统的整体性和多功能性认识不足。区域间生态廊道体系规划和设计各自为政，示范区内生态系统破碎化呈加剧态势，生态系统服务功能受损。流域管理上，行政条块分割导致上下游环境功能区划不协调，如太浦河上下游功能定位不同，水质控制目标不对接，同时沿岸开发规划和管控要求不同，在建设范围、开发标准和连通性建设等方面尚未形成统一体系。二是产业发展耦合协调度不高，绿色发展转型有待提质加速。区域内专业化分工水平不高，优势产业重合度较高，尚未充分发挥整体联动效应。电子信息、装备制造、纺织服装等主导产业，在原创性研发设计、总装集成创新等高附加值的战略性环节供给不足。产业绿色发展水平不高，示范区单位土地产出率尚不足上海市单位土地产出率的 1/3；每万元产值能耗 0.21 吨标煤，虽优于长三角地区的平均水平，但仍为日本的近 3 倍、美国的 2 倍，经济增长过程中所付出的资源环境代价较高。三是生态环境管理体系不平衡、不统一。省界处的环境管控单元存在以污染防治为主的重点管控单元与以禁止开发为主的优先保护单元相邻的现象；受所属省级行政管理影响，两区一县执行的产业环境准入标准、污染物排放标准、环境监测标准和环境执法标准等均存在差异。此外，环境行政处罚、环保服务行业企业监管、环保信用评价等信息也仅面向国家和省级管理部门，示范区内部共享机制尚未形成。四是区域间协作以横向沟通协商为主，缺乏强制的法律法规约束机制和有效的区域利益平衡机制。在生态环境管理的立法、行政、司法等方面都缺少相关制度安排，生态绿色一体化发展缺乏与区域能源、产业、交通基础设施等重大发展战略对接的制度和机制保障。加之区域内利益主体和诉求多元化，单一的区域合作模式和运行机制很难平衡地方局部利益与区域整体利益、短期利益与长远利益。同时，当前示范区生态环境保护推进仍以政府主导为主，有待在专项规划编制、示范区建设和实际运营中更多引入市场和社会力量。

三 跨区域生态环境治理的经验借鉴和比较

俗话说，“他山之石，可以攻玉”。目前，国内外均有较为成熟的跨区域一体化管理模式值得学习和借鉴。欧盟、日本等国际较为成熟的跨区域协作，首先是建立了顶层设计并组建了管理实体，其次是通过法律体系建设增强了规划、实施的强制性和规范性，同时注重让利益相关方参与规划、建设、运营和监管的全过程。京津冀和粤港澳体现为区域横向合作、内部协商治理模式，雄安新区则体现为强有力的政府主导，但其在跨区域生态环保协作方面的新举措同样值得示范区学习和借鉴。

欧盟和日本依托多元治理体系实现跨区域的立体共治。在机构设置方面，欧盟建立了“3+1+X”跨区域立体多元治理架构，即欧盟理事会、欧洲议会、欧盟委员会负责维系日常行政运作和掌握最终决策，欧洲基层公民组织代表各类利益集团和社会团体，其他政党、游说集团和智库等发挥沟通桥梁和技术支撑作用；日本关西成立了“地方特别公共团体”跨域政府机构，内设议会、行政机构等超越地方边界直接承接中央跨区域事宜，企业、行业团体、非政府组织及个人参与日常运作和监督。[①] 在法律保障方面，欧盟形成了区域总领、成员国深入推进的纵向立法模式，如在大气和水污染联

---

① 杨达：《日本“广域连携”区域治理模式探析》，《政治学研究》2017年第6期，第69~80页；傅钧文：《日本跨区域行政协调制度安排及其启示》，《日本学刊》2005年第5期，第23~35页。

防联控上，欧盟定期制定包括目标和措施在内的欧洲共同体环境行动规划和指令法条，各成员国将区域立法指令转化为更严格的国内法律或法令予以贯彻落实；[①] 日本则通过立法明确了“特别地方公共团体”的适用范围、事权划分和组织架构，使其处理跨域问题的权责有法可依。在政策配套方面，为解决跨流域、跨区域生态环境问题，欧盟联合成员国开展管理措施、评价方法、数据上报及传输、社会经济绩效评估等联合研究，并制定了统一的标准和规范，一方面避免了目标差异及措施矛盾，另一方面为数据共享提供支撑。[②] 相关标准及规范涵盖监测、评价、共享、核查与监督全过程，[③] 体现了精细化管理思路，并辅以环境税、能源税、绿色信贷和结构基金等发挥市场主体对生态环保优势企业的激励作用。[④]

京津冀和粤港澳体现为区域横向合作、内部协商治理模式。在机构设置方面，京津冀为推进大气、水污染防治，成立了“京津冀及周边地区大气污染防治领导小组”和“京津冀及周边地区水污染防治协作小组”，在此基础上，三地签署了《京津冀区域环境保护率先突破合作框架协议》，以横向协作方式推进区域联防联控；粤港澳以《粤港澳大湾区发展规划纲要》为指导，以《深化粤港澳合作推进大湾区建设框架协议》《粤港合作框架协议》《粤澳合作框架协议》为基础，以联席会议的形式，通过成立粤港、粤澳环保合作小组及其下设的专责（项）小组，落实执行相关的环境合作规划、协议和行动方案。[⑤] 在制度保障方面，京津冀实施统一规划、统一标

① 常纪文：《中欧区域大气污染联防联控立法之比较——兼论我国大气污染联防联控法制的完善》，《发展研究》2015 年第 10 期，第 77 ~ 92 页；楼宗元：《国外空气污染治理府际合作研究述评》，《国外社会科学》2015 年第 5 期，第 35 ~ 43 页。

② 王海燕、葛建团、邢核等：《欧盟跨界流域管理对我国水环境管理的借鉴意义》，《长江流域资源与环境》2008 年第 6 期，第 944 ~ 947 页。

③ 环境保护部大气污染防治欧洲考察团：《欧盟大气环境标准体系和环境监测主要做法及空气质量管理经验——环境保护部大气污染防治欧洲考察报告之三》，《环境与可持续发展》2013 年第 5 期，第 11 ~ 13 页。

④ 刘洁、万玉秋、沈国成等：《中美欧跨区域大气环境监管比较研究及启示》，《四川环境》2011 年第 5 期，第 128 ~ 132 页。

⑤ 王玉明：《粤港澳大湾区环境治理合作的回顾与展望》，《哈尔滨工业大学学报》（社会科学版）2018 年第 1 期，第 117 ~ 126 页。

准、统一监测、统一执法，以“一张图”“一把尺”统筹跨区域生态环境保护工作；粤港澳推进了“粤港澳珠江三角洲区域空气监测网络”“粤港碳标签合作”等具体合作项目，并提出要联合建立环境污染“黑名单”制度，健全环保信用评价、信息强制性披露、严惩重罚等制度，用制度来保护生态环境。

雄安新区以“委员会 + 实体平台”模式推进区域生态环境保护。在机构设置方面，作为国家级新区组建了“2 +9 +1”管理体系架构，获批设立河北雄安新区工作委员会和河北雄安新区管理委员会两个领导机构，负责组织领导、统筹协调全面工作；内设党政办公室、党群办公室、改革发展局、规划建设局、公共服务局、综合执法局、安全监督局、公安局和生态环境局九个具体管理机构；另成立了中国雄安集团有限公司，负责新区的投资、融资、开发、建设和经营。在制度保障方面，建立了跨区域和跨部门工作衔接机制，制定了环境质量改善考核奖惩机制、生态环境保护“一票否决”机制，以及雄安集团生态治理协作和监督管理机制，严格按制度管权、管人、管事。

四 促进示范区生态环境共保联治的制度创新建议

要从根本上解决当前生态绿色一体化示范区建设的不平衡、不协调等问题，重中之重是要努力突破区域间的行政壁垒、制度藩篱和政策掣肘。示范区肩负着“积极探索深入落实新发展理念、一体化制度率先突破、深化改革举措系统集成”的重任，根据示范区目前的主要问题和挑战，建议在生态绿色一体化发展示范区规划和实施的顶层设计中，以创新体制机制和管理制度为突破口，更加突出“绿色共保、多元共治、创新共建、协调共进”，推动示范区高水平建设，为长三角地区全面深化改革、实现高质量一体化发展提供样板。

一是加快夯实区域生态环境一体化管控的技术支撑体系。依托“长三角区域生态环境联合研究中心”等机制建设，加快整合跨区域生态环境研究团队、研究基础和信息平台，在区域生态空间管控上，推动形成示范区国土开发保护“一张图”，突出重点生态保护功能和生态系统连贯性，着重协调跨界区域生态功能定位；在水环境管理上，突破原有行政区划管理约束，统筹谋划流域上下游、左右岸的水体功能、水质改善目标，并按照干流、支流、点源、面源等形式，分别研究制定流域内各控制片区氮、磷等特定污染物允许排放总量控制和分配机制；在大气环境管理上，以“十四五”区域大气环境质量改善目标研究为契机，进一步强化区域环境空气质量改善目标对区域能源、产业、交通等发展规划的刚性约束。协调经济、社会、环境与应对气候变化相关目标措施。强化温室气体与传统污染物的协同控制，加强绿化碳汇建设，协同推进区域降碳增容。

二是清晰界定三地推进生态绿色一体化发展的责、权、利。在三地充分开展联合研究基础上，针对区域内水、气、土、生态资源等不同要素，建立基于环境质量共同改善目标导向下的生态环境联合治理、绩效评估和考核体系。特别是以太浦河为重点，将流域内各控制片区的污染源总量管理目标落实到各区县及乡镇政府的管理职责，并统一建立监测、管理和考核平台，持续开展水环境质量的跟踪评估和绩效问责。在界定三地共同推进生态环境质量改善目标责任的同时，系统核定三地的成本投入和效益产出，为后续建立责、权、利对等的刚性约束和柔性利益平衡机制奠定坚实基础。

三是尽快确立区域生态绿色一体化发展法律法规架构。全力推动沪苏浙共同制定实施示范区饮用水水源保护法规，在三地充分沟通、协商基础上，将联合制定的饮用水水源保护区技术方案，及三地相应承担的责、权、利界定中有待法制化、制度化的管理要求，充分纳入示范区饮用水水源保护法规体系。与此同时，建议三地的地方人大加强与全国人大的沟通协商，研究建立与国家法律体系相配套、与国际惯例相接轨、与示范区发展目标和需求相匹配的生态绿色一体化发展法规架构。中长期应努力争取由国务院颁布《长三角生态绿色一体化发展示范区建设条例》，再由三地省市地方人大常委会出台条例实施细则，确保区域生态绿色一体化法律规范的权威性，各省市及中央驻示范区机构可一体遵守。

四是建议同步推进制度化利益平衡机制建设。努力改变以往生态环境基础设施建设中政府大包大揽的局面，充分总结、吸收两区一县生态环境建设投融资创新机制和浙江、江苏绿色金融改革发展的成功经验，以及安徽生态河道治理“建管结合”、张江长三角科技城建设协同发展投资基金等有益实践，在示范区的发展基金和平台公司设立过程中，纳入生态环境共保联治的投融资需求，加强跨区域生态环境基础设施投融资合作。探索建立利益表达、利益协调和利益补偿机制实现利益平衡，综合利用市场协调、政府协调和社会协调，形成稳定的利益共享合作链，实现长远的发展目标，使区域合作的利益格局相对公平合理。

五是建议搭建多方沟通平台深化合作机制。在政府主导的示范区绿色发展协作推进机构基础上，建议学习吸收欧盟、日本等跨行政区域多方协作治理经验，研究建立如“区域绿色发展决策咨询委员会”等形式的协作机制，成员涵盖中央及地方政府部门、研究机构、企业及社会团体等利益代表，一方面，为区域绿色发展决策提供多方视角，使社会各界的利益诉求和政策偏好得到充分表达；另一方面，为推进区域生态绿色一体化发展规划的实施落地搭建必要的平台和桥梁。同时针对区域环境基础设施建设、生态环保科技集成、生态环境宣传教育，以及绿色生活、绿色消费等行为引导方面，建议大力鼓励行业协会、生态环境民间组织、专家以及市民等多方参与，通过政府、企业、公众和社会组织良性互补，逐步推动区域协作从行政主导向市场化、社会化多元共治转型。

参考文献

《在践行“绿水青山就是金山银山”理念上谋好新篇》，搜狐新闻，2018 年 7 月 20 日。

杨达：《日本“广域连携”区域治理模式探析》，《政治学研究》2017 年第 6 期。

傅钧文：《日本跨区域行政协调制度安排及其启示》，《日本学刊》2005 年第 5 期。

常纪文：《中欧区域大气污染联防联控立法之比较——兼论我国大气污染联防联控

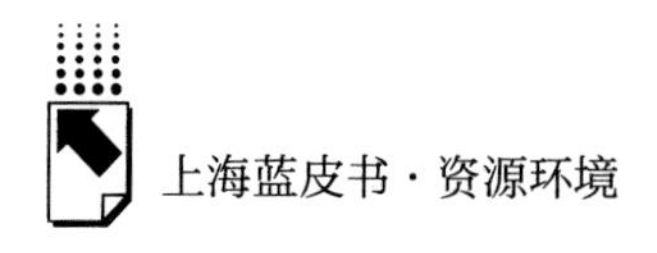

法制的完善》,《发展研究》2015 年第 10 期。

楼宗元:《国外空气污染治理府际合作研究述评》,《国外社会科学》2015 年第 5 期。

王海燕、葛建团、邢核等:《欧盟跨界流域管理对我国水环境管理的借鉴意义》,《长江流域资源与环境》2008 年第 6 期。

环境保护部大气污染防治欧洲考察团:《欧盟大气环境标准体系和环境监测主要做法及空气质量管理经验——环境保护部大气污染防治欧洲考察报告之三》,《环境与可持续发展》2013 年第 5 期。

刘洁、万玉秋、沈国成等:《中美欧跨区域大气环境监管比较研究及启示》,《四川环境》2011 年第 5 期。

王玉明:《粤港澳大湾区环境治理合作的回顾与展望》,《哈尔滨工业大学学报》(社会科学版)2018 年第 1 期。

B.13

长三角地区生态补偿法律调控

——以太浦河为例

李海棠*

摘　要： 太浦河作为长三角地区重要的跨界河流，对长三角生态绿色一体化发展意义重大。生态补偿法律调控可有效保障太浦河流域环境正义的合理配置、稀缺利益的公平分配以及激励功能的有效实现。长三角地区生态补偿法律制度散见于《宪法》、环境保护相关法律、行政法规以及地方性法规中，生态补偿标准、补偿方式、法律责任承担等方面仍存在明显不足。长三角地区的生态补偿实践主要有水质交易、异地开发、水权交易以及排污权交易，但也面临诸多法律困境。总体而言，长三角地区生态补偿立法和实践主要存在法律治理不足、多依赖政策驱动以及产权制度缺失、补偿主体识别难的问题。因此，长三角地区太浦河流域生态补偿法律调控，应从确定生态补偿的权利义务主体、界定生态补偿法律标准、丰富生态补偿法定方式、设立生态补偿管理机构、明确生态补偿产权界定以及健全生态补偿纠纷解决机制等方面着手。

关键词： 长三角地区　生态补偿　法律调控　太浦河

太浦河是长三角地区涉及沪、浙、苏两省一市的典型跨界河流，全长57.6公里，两岸包括两区（吴江、青浦）一县（嘉善）的15个乡镇，其

* 李海棠，法学博士，上海社会科学院生态与可持续发展研究所助理研究员，研究方向为环境与资源保护法学。

所流经的上海青浦、浙江嘉善、江苏吴江同时也是“长三角生态绿色一体化发展示范区”的所属区域。太浦河对长三角地区的重要性不言而喻，既是吴江等地的主要泄洪通道，也是青浦、嘉善等下游地区的主要饮用水水源地之一。[①] 但是，太浦河上下游产业发展现状和功能定位的差异，使得上下游对太浦河水资源保护与利用也存在不同诉求。[②] 太浦河为上游吴江地区提供着泄洪、航运的功能，但吴江纺织、印染产业以及航运的发展，不仅影响太浦河干流水质，而且其工业污水中锑浓度含量较高，直接威胁下游取水安全。太浦河下游地区的河流功能定位为水源供给，包括上海市金泽水库水源地和浙江省嘉定市嘉善－平湖水源地，水质保护目标为Ⅱ～Ⅲ类。上游江苏吴江地区为给下游提供良好的水质和丰富的水量，对区域内污染较高并有锑污染风险的纺织、印染企业进行停产、限产，并调控太浦闸下泄流量。下游上海青浦和浙江嘉善为保障上游江苏吴江地区汛期通过太浦河泄洪，需在一定程度上被动接受由泄洪带来的水质污染风险。因此，上下游地区虽然定位不同、诉求各异，但却需要相互合作、共同保障太浦河水环境的治理。生态补偿制度，作为一种有效调整各方利益的激励机制，既能积极促进太浦河流域上下游生态、经济和社会公平协调发展，也能助力长三角生态绿色一体化发展。

一　太浦河流域生态补偿法律调控的内在逻辑

（一）法律能够保障环境正义的合理配置

正义是法的最高序列价值。正义应遵循两项基本原则，即权利分配的“平等”和责任分担的“差别”，[③] 罗尔斯的正义论以强调“最弱势利益最

① 甘月云、季海萍、王凯燕：《太浦河水质预警联动方案实践与思考》，《中国水利》2019年第11期，第36～39页。

② 杨梦杰、杨凯、李根、牛小丹：《博弈视角下跨界河流水资源保护协作机制——以太湖流域太浦河为例》，《自然资源学报》2019年第6期，第1232～1244页。

③ 李海棠：《新形势下国际气候治理体系的构建——以巴黎协定为视角》，《中国政法大学学报》2016年第3期，第101～114页。

大化”为目标,[1] 能够为生态补偿制度的建构和实践的发展提供一定正义价值的理论支撑。基于环境正义的需要，在对长三角地区特定民众财产权和发展权予以限制并公平补偿时，法律能够在以下方面发挥作用。①限制和补偿同步进行。为保障长三角地区的水环境质量和生态平衡，一般会对位于上游江苏吴江等地的经济发展权和财产权予以一定程度的限制，包括对超标排放的一些纺织厂和印刷厂等产业的关停等。但同时，作为获得了达标水质的下游浙江嘉善和上海青浦，在法律法规约束的范围，应对上游的损失予以补偿。②保障补偿请求权有效实现。例如，针对长三角地区，需明确提出生态补偿具体实施方案，尽可能在较短时间内给予财产权和发展权受限制的民众合理补偿，同时对于已经受损的生态环境予以及时修复或恢复。③确定有利的补偿方式。法律有助于当事人选择最有利的补偿方式。任何限制必须于法有据，且必须辅之以合理补偿。补偿方式也应得到足够关切，相对于如何核算自己的补偿数额而言，生态服务提供者更加关注能够通过何种方式得到补偿。

（二）法律能够保障稀缺利益的公平分配

利益是能够满足人类需要的客观对象，不同经济发展阶段的不同民众的需求也不同。自然资源总量的稀缺性和人类利用资源的无序性，导致人们需要对其进行重新配置。自然资源的重新配置要求实现优化合理配置，反映到利益层面就表现为利益分配的公平正义。太浦河流域生态补偿的法律规制，就是对太浦河上下游地区发展权和取水权进行利益分配。但是利益分配的公平，需要借助法律制度才能得以实现。法律在利益公平分配方面的指导作用主要体现在以下几个方面。①将指导分配的正义原则法治化，甚至可以具体化为法律上的权利义务关系。稀缺利益分配的法律表现就是为具体的权利义务设置一定的标准。②通过法律衡量不同利益价值以有效保障利益分配。当不同级别的利益或需求发生冲突时，按照法律参照程度的不同，法律需要在不同级别的利益之间进行选择，势必造成某些权益的特别牺牲，需要对这种

① 〔美〕约翰·罗尔斯:《正义论》，何怀宏等译，中国社会科学出版社，1988，第84页。

限制所造成的损失予以合理补偿，这种合理补偿也是实现利益合理分配的一种形式。①

（三）法律能够保障激励功能的有效实现

生态补偿法律制度的核心是保障公平激励功能的实现。生态补偿法律制度注重上游和下游权利义务的合理分配，上游由于对土地利用和生产方式等进行了限制，积极从事生态保护活动，那么就有权利获得一定的补偿；一旦未能从事生态保护活动，造成下游地区水生态环境的破坏或污染，造成下游地区生存权和发展权受到一定限制，则需对下游地区实施补偿。生态补偿法律制度激励功能体现在两方面：①体现能动激励基本要求。生态补偿请求权的立法确认，将改变保护者在生态补偿实践中长期所处的被动地位，并能督促其从自身利益需求出发，实现自我约束和自我激励，积极调整自然资源利用类型和产业发展，在保障相应生态服务供给的同时，实现自身利益满足。②体现互动激励基本要求。长期以来，生态补偿保护者和受益者互动关系不畅的原因在于两者之间缺少互动平台，导致保护者缺少生态服务供给的内在激励，生态服务供给的逐渐短缺也就成为必然。生态补偿请求权的确认则改变了这一局面，它通过向具体的受益者或代理人提起请求权，启动了相应的法律关系。保护者因保障相应生态服务供给而拥有获得一定利益的可能性，受益者因一定的支付行为而要求保护者必须满足一定的条件，双方权利义务通过相互博弈和讨价还价而逐渐得到明晰。

二 长三角地区生态补偿法律调控现状及具体实践

（一）长三角地区生态补偿法律调控现状

目前，我国虽然还未形成专门的生态补偿立法，但在相关法律法规中都

① 王清军：《流域生态补偿标准的制度研究》，载秦天宝主编《环境法评论》（第二辑），中国社会科学出版社，2019，第3～22页。

有所涉及，并已逐渐成为我国环境与资源保护法律体系的重要内容。

1.《宪法》中的相关规定

《宪法》作为根本大法，是我国其他法律的立法依据，其对生态保护的规定是生态补偿法律制度的基础，《宪法（2018 年修正）》第九条、第十条原则上规定国家自然资源生态补偿制度。[①]《宪法》在强化对自然资源生态保护的同时也提出了对私人利益进行补偿的原则，为长三角地区生态补偿法律制度的完善提供了根本依据。

2. 环境保护法律中的相关规定

作为环境保护基本法，《环境保护法（2014 年修订）》第三十一条明确规定，国家建立生态保护补偿制度。《环境保护法（2014 年修订）》将生态补偿制度确定为我国环境保护的一项基本制度，对我国生态补偿的基本类型、责任主体、补偿手段等做了明确规定，对我国生态补偿法律和制度体系建设起着重要指导作用。此外，有关流域生态补偿制度在一些生态环境保护单行法中也有所涉及，例如《水污染防治法（2017 年修正）》第八条，[②]《水法（2016 年修正）》第二十九条、第三十一条、第三十五条、第三十八条，[③]

---

① 《宪法（2018 年修正）》第九条规定：国家保障自然资源的合理利用，保护珍贵的动物和植物。禁止任何组织或者个人用任何手段侵占或者破坏自然资源。第十条规定：国家为了公共利益的需要，可以依照法律规定对土地实行征收或者征用并给予补偿。

② 《水污染防治法（2017 年修正）》第八条规定：国家通过财政转移支付等方式，建立健全对位于饮用水水源保护区区域和江河、湖泊、水库上游地区的水环境生态保护补偿机制。

③ 《水法（2016 年修正）》第二十九条规定：国家对水工程建设移民实行开发性移民的方针，按照前期补偿、补助与后期扶持相结合的原则，妥善安排移民的生产和生活，保护移民的合法权益。移民安置应当与工程建设同步进行。第三十一条规定：开采矿藏或者建设地下工程，因疏干排水导致地下水水位下降、水源枯竭或者地面塌陷，采矿单位或者建设单位应当采取补救措施；对他人生活和生产造成损失的，依法给予补偿。第三十五条规定：从事工程建设，占用农业灌溉水源、灌排工程设施，或者对原有灌溉用水、供水水源有不利影响的，建设单位应当采取相应的补救措施；造成损失的，依法给予补偿。第三十八条规定：在河道管理范围内建设桥梁、码头和其他拦河、跨河、临河建筑物、构筑物，铺设跨河管道、电缆，应当符合国家规定的防洪标准和其他有关的技术要求，工程建设方案应当依照防洪法的有关规定报经有关水行政主管部门审查同意。因建设前款工程设施，需要扩建、改建、拆除或者损坏原有水工程设施的，建设单位应当负担扩建、改建的费用和损失补偿。但是，原有工程设施属于违法工程的除外。

《水土保持法（2010 年修订）》第三十一条，[①]《防洪法（2016 年修正）》第三十二条，[②]《渔业法（2013 年修正本）》第二十八条[③]等都对生态补偿有原则性规定，各单行法从不同的保护利用目标出发，大多规定对开发利用水资源行为征收费用或对水资源保护行为予以补偿，为长三角地区生态补偿法律制度提供上位法支持。

3. 行政法规中的相关规定

太浦河作为沟通太湖和黄浦江的人工河道，是长三角地区重要的跨界河流。《太湖流域管理条例》第十四条、第十七条、第十八条分别规定太湖流域管理机构可对太浦河下达调度指令、制订取水计划等。[④] 同时，第四十九条还对流域双向补偿做出明确规定，[⑤] 全国首例“协议水质”——新安江生态补偿协议便以此为依据。

---

① 《水土保持法（2010 年修订）》第三十一条规定：国家加强江河源头区、饮用水水源保护区和水源涵养区水土流失的预防和治理工作，多渠道筹集资金，将水土保持生态效益补偿纳入国家建立的生态效益补偿制度。

② 《防洪法（2016 年修正）》第三十二条规定：因蓄滞洪区而直接受益的地区和单位，应当对蓄滞洪区承担国家规定的补偿、救助义务。国务院和有关的省、自治区、直辖市人民政府应当建立对蓄滞洪区的扶持和补偿、救助制度。国务院和有关的省、自治区、直辖市人民政府可以制定洪泛区、蓄滞洪区安全建设管理办法以及对蓄滞洪区的扶持和补偿、救助办法。

③ 《渔业法（2013 年修正本）》第二十八条规定：县级以上人民政府渔业行政主管部门应当对其管理的渔业水域统一规划，采取措施，增殖渔业资源。县级以上人民政府渔业行政主管部门可以向受益的单位和个人征收渔业资源增殖保护费，专门用于增殖和保护渔业资源。渔业资源增殖保护费的征收办法由国务院渔业行政主管部门会同财政部门制定，报国务院批准后施行。

④ 《太湖流域管理条例》第十四条规定：发生供水安全事故，需要实施跨流域或者跨省、直辖市行政区域水资源应急调度的，由太湖流域管理机构对太湖、太浦河、新孟河、望虞河的水工程下达调度指令。第十七条规定：太浦河太浦闸、泵站，新孟河江边枢纽、运河立交枢纽，望虞河望亭、常熟水利枢纽，由太湖流域管理机构下达调度指令。国务院水行政主管部门规定的对流域水资源配置影响较大的水工程，由太湖流域管理机构商当地省、直辖市人民政府水行政主管部门下达调度指令。第十八条规定：太湖、太浦河、新孟河、望虞河实行取水总量控制制度。太湖流域管理机构应当对太湖、太浦河、新孟河、望虞河取水总量控制情况进行实时监控。对取水总量已经达到或者超过取水总量控制指标的，不得批准建设项目新增取水。

⑤ 《太湖流域管理条例》第四十九条规定：上游地区未完成重点水污染物排放总量削减和控制计划、行政区域边界断面水质未达到阶段水质目标的，应当对下游地区予以补偿；上游地区完成重点水污染物排放总量削减和控制计划、行政区域边界断面水质达到阶段水质目标的，下游地区应当对上游地区予以补偿。补偿通过财政转移支付方式或者有关地方人民政府协商确定的其他方式支付。具体办法由国务院财政、环境保护主管部门会同两省一市人民政府制定。

4. 地方性法规、规章及规范性文件中的相关规定

长三角地区三省一市在生态补偿领域的地方立法方面也做了有益尝试。上海早在2009年就发布了《关于本市建立健全生态补偿机制若干意见》，开始针对基本农田、公益林、水源地和湿地开展生态补偿实践，江苏、浙江、安徽均在2017年颁布了省内流域生态补偿办法或方案，为各自省内生态补偿实践提供法规依据。

表1 长三角地区生态补偿地方性法规、规章及规范性文件

省市	地方性法规、规章及规范性文件
上海	2009年发布《关于本市建立健全生态补偿机制若干意见》;2011年颁布《生态补偿转移支付办法》;2016年修正《上海市环境保护条例》,其中第18条明确规定,建立健全生态保护补偿制度
江苏	2013年颁布《江苏省水环境区域补偿实施办法(试行)》;2014年颁布《苏州市生态补偿条例》;2017年实施《江苏省水环境区域补偿工作方案》,增加补偿断面,提高补偿标准;2018年修正《江苏省太湖水污染防治条例》,其中第18条对生态补偿做出规定
浙江	2005年发布《浙江省森林生态效益补偿基金管理办法(试行)》和《浙江省人民政府关于进一步完善生态补偿机制的若干意见》;2011年印发《浙江省森林生态效益补偿基金管理办法》;2017年发布《关于建立省内流域上下游横向生态保护补偿机制的实施意见》;2018年全省启动流域上下游横向生态保护补偿机制建设
安徽	2017年颁布《安徽省地表水断面生态补偿暂行办法》,建立以市级横向补偿为主、省级纵向补偿为辅的地表水断面双向补偿机制。当断面水质超标时,责任市支付污染赔付金;反之,断面水质优于目标水质一个类别以上时,责任市获得生态补偿金

从目前的立法现状来看，我国对于流域生态补偿主要采取的是分散立法模式，相关条文散见于《环境保护法（2014年修订）》《水法（2016年修正）》《水污染防治法（2017年修正）》《水土保持法（2010年修订）》等法律中，而且各部门的立法侧重点不同，难免造成部门之间关于生态补偿标准、方式、法律责任承担等方面的冲突。《太湖流域管理条例》作为长三角地区流域生态补偿的重要依据，第四十四条、[①] 第四十九条明确规定了流域

① 《太湖流域管理条例》第四十四条规定：需要临时占用太湖、太浦河、新孟河、望虞河岸线内水域、滩地的，应当经太湖流域管理机构同意，并依法办理有关手续。临时占用水域、滩地的期限不得超过2年。临时占用期限届满，临时占用人应当及时恢复水域、滩地原状；临时占用水域、滩地给当地居民生产等造成损失的，应当依法予以补偿。

生态补偿的主要制度。但是，该条例只是从宏观上对太湖流域生态补偿做出规定，具体的补偿标准、补偿方式、法律责任承担等方面都缺乏细化规定，可操作性不强，导致生态补偿执法难以进行。[①]

（二）长三角地区生态补偿具体实践及法律分析

1. 基于水质交易的模式——以新安江流域为例

新安江上游隶属安徽省，下游是浙江省重要的饮用水源地，也是长三角地区重要的备用水源地。[②] 为加强新安江的水污染防治，中央政府于2011年印发《新安江水环境补偿试点实施方案》,[③] 2012年启动全国首个跨省流域生态补偿机制，首轮试点期限为2012～2014年，签订《新安江流域水环境补偿协议》,[④] 补偿方式以政府补偿为主导。第二轮试点期限为2015～2017年，签订《关于新安江流域上下游横向生态补偿的协议》。[⑤] 2017年，设置新安江绿色发展基金，逐步建立市场化生态补偿机制。根据生态环境部环境规划院2018年4月编制的《新安江流域上下游横向生态补

① 张艳芳、Melinda E. Taylor:《对中国流域生态补偿的法律思考》,《生态经济》2013年第1期，第142～146页。

② 乐天中:《新安江流域生态补偿机制政策探究》,《环境保护与循环经济》2019年第8期，第1～3页。

③ 该方案规定：在监测年度内，以皖、浙交界处确定的水质标准为考核依据，如果上游水质高于该标准，由浙江省对安徽省补偿1亿元；相反，如果上游水质低于该标准，由安徽省向浙江省支付1亿元。

④ 按照协议要求，以皖浙两省跨界断面高锰酸盐指数、氨氮、总氮、总磷四项指标为考核依据，设置补偿基金每年5亿元（中央3亿元、皖浙两省各出资1亿元），年度水质达到考核标准，浙江省拨付给安徽省1亿元；水质达不到标准，安徽省拨付给浙江省1亿元；不论上述何种情况，中央财政3亿元全部拨付给安徽省。参见《新安江流域综合治理和生态补偿机制试点工作新闻发布会实录》，黄山市人民政府网，2019年9月21日。

⑤ 按照协议要求，以高锰酸盐指数、氨氮、总磷和总氮四项指标，设置补偿基金每年7亿元（中央3亿元、皖浙两省各出资2亿元），测算补偿指数P，核算补偿资金，并实行分档补助。若$0.95 < P \leq 1$，浙江省拨付1亿元补偿资金给安徽省；若$P > 1$或新安江流域安徽省界内出现重大水污染事故（以原环境保护部界定为准），安徽省拨付1亿元补偿资金给浙江省；若$P \leq 0.95$，浙江省再拨付1亿元补偿资金给安徽省。不论上述何种情况，中央财政补偿资金全部拨付给安徽省。参见《新安江流域综合治理和生态补偿机制试点工作新闻发布会实录》，黄山市人民政府网，2019年9月21日。

偿试点绩效评估报告（2012～2017）》，试点实施以来，新安江上游水质为优，连年达到补偿标准，并带动下游水质与上游水质变化趋势保持一致。新安江上下游坚持实行最严格的环境保护制度，实现了生态、经济、社会效益多赢。因此，2018 年 10 月，继续签订第三轮生态补偿协议，浙皖两省每年各出资 2 亿元，设立新安江流域上下游横向生态补偿资金，并积极争取中央财政资金，同时延续流域跨省界断面水质考核。

新安江生态补偿协议将水质保护目标作为唯一构成要件和考核依据，构建了跨省流域生态补偿制度。虽然这种双向可逆的生态补偿责任制度可以激发流域上下游各区段的水污染治理与生态环境保护的积极性，但从法律角度考虑，新安江生态补偿协议还有以下几点值得商榷。首先，协议的法律属性未明确。有观点认为，由于协议方均为省级政府，其形成行政法上的权利义务关系，应当适用行政法调整或者运用行政救济解决争议。[①] 还有观点认为，由于流域生态补偿体现了生态利益的再分配，其本质是民法中关于自然资源的物权处分关系，应适用民法或者民事救济来解决争议。[②] 其次，协议主体未明确。我国《环境保护法（2014 年修订）》第三十一条规定生态补偿受益方地方政府和生态补偿保护方地方政府之间有通过协商确定具体生态补偿方案的权力，[③] 但却未明确规定进行协商的适格主体应为哪一级政府，因此安徽省政府和浙江省政府进行协商在法律上是否为适格主体仍然存疑。最后，违约责任未落实。尽管新安江生态补偿协议对水质不达标时安徽省政府所应承担的违约责任进行了约定，但是除了资金交付这一主给付义务之外，对于附随义务的履行情况也应明确。例如，当合理使用补偿资金的义务

---

① 杜群、陈真亮：《论流域生态补偿“共同但有差别的责任”——基于水质目标的法律分析》，《中国地质大学学报》2014 年第 1 期，第 9～16 页。

② 潘佳：《流域生态保护补偿的本质——民事财产权关系》，《中国地质大学学报》2017 年第 3 期，第 34～44 页。

③ 《环境保护法（2014 年修订）》第三十一条规定：国家建立、健全生态保护补偿制度。国家加大对生态保护地区的财政转移支付力度。有关地方人民政府应当落实生态保护补偿资金，确保其用于生态保护补偿。国家指导受益地区和生态保护地区人民政府通过协商或者按照市场规则进行生态保护补偿。

得不到履行时，应当如何救济并没有明确规定。①

2. 基于异地开发的模式——以浙江金华磐安为例

浙江省金华市磐安县地处天台山，是浙江的生态高地、经济洼地。为保护磐安县水源区水环境，使水质保持在Ⅲ类饮用水标准以上，上游磐安县和金华市区合作开发，将上游磐安县招商引资项目引入金磐开发区，磐安县政府授权金磐开发区县级政府经济管理职能，工商、财税、建设管理权由金华市政府和磐安县政府双重授权，自主负责。金磐开发区一期区块实现的销售、税收收益全部归磐安县，二期区块收益与金华市分成。“金磐模式”采用异地开发模式，建立扶贫开发区，将水源区附近的部分企业搬迁到开发区内，水源区的生态环境得到了有效保护，水源区县政府则从开发区的经济发展中获得相应的税收补贴，作为经济开发受限的补偿资金。这种异地开发的生态补偿模式，给一些重要生态保护区和生态敏感脆弱区提供了异地发展的空间和区域，帮助为保护生态而发展受限的地方政府实现“造血式”的生态补偿，促进其经济社会可持续发展。②

但是，这种异地开发的生态补偿模式在实践中仍存在一些法律困境。一方面，生态补偿立法阙如，导致在诸多异地开发生态补偿中，经济开发与生态补偿利益关系未明晰，一定程度上阻碍制度的实施。例如，在开发过程中导致生态损害或者环境侵权，法律责任的承担主体以及责任划分界限不清，难以通过法律程序保障权利的实现。另一方面，这种异地开发生态补偿同时属于生态扶贫的创新模式，地方政府可能会过于强调对生态产业的培育，而缺少对贫困地区生态环境可持续发展的深入关注，需要法律法规予以制度化的约束。同时，对于补偿资金的支付与保管，也应有法律的监督保障，以使生态补偿内核落到实处。

3. 基于水权交易的模式——以浙江东阳－义乌为例

东阳市和义乌市位于浙江省中部，隶属于金华市。东阳市在金华江上

---

① 陈璐：《政府间环境保护契约制度研究》，硕士学位论文，重庆大学，2018。

② 李志鹏：《京津冀异地开发生态补偿机制的构建理路》，《河北企业》2017年第10期，第52～54页。

游，义乌市在金华江下游。东阳市水资源相对丰富，供水能力强，不仅能满足东阳市正常用水，还有3000多万吨水富余。义乌市水资源相对紧缺，市区供水能力每天只有9万吨，不能满足义乌经济发展需求。因此，东阳市政府与义乌市政府双方约定，东阳市政府每年向义乌市政府提供5000万立方米的饮用水，义乌市政府向东阳市政府一次性支付2亿元。

作为全国首例的东阳义乌水权交易曾受到广泛关注，因为这开了我国水权交易制度的先河，[①] 但也随之引发一些争论。比如，地方政府是否有权对水资源进行交易。根据《宪法（2018年修正)》和《水法（2016年修正)》，水资源属于国家所有。东阳市不拥有水资源所有权，更不是水资源所有权的转让主体。[②] 此外，在权属不清的背景下，政府推进的水权交易可能会损害相关利益人的权益。譬如，水权交易由于扩大用水总量会损害水资源体系，水权交易会损害水源地居民的利益。地方政府之间的交易，并不能使水源地附近的农民直接受益，反而会影响其基本生存和经济发展。虽然近年来水权交易的种类有所扩充，包括区域水权交易、取水权交易、灌溉用水户水权交易等，但是水权市场的完全建立仍受制于诸多实践难题和法律障碍。

4. 基于排污权交易的模式——以江苏南通－苏州为例

2002年，江苏开始建立污染物总量控制制度和排污权交易制度。2003年，江苏南通实施了第一例排污权交易。如皋市泰尔特染整有限公司经过环保治理，富余了85吨COD排放指标。而同处一条河上的南通亚点毛巾染织有限公司缺少新增的COD排放指标，影响了生产进度。在南通市环保局撮合下，两家企业就交易COD排放指标进行商谈，最终，泰尔特染整有限公司拿出30吨COD排放指标，以每吨1000元的价格卖给亚点毛巾染织有限公司。2007年，江苏省苏州市太仓印染厂每天的印染废水排放量由170吨

① 胡鞍钢、王亚华：《从东阳－义乌水权交易看我国水分配体制改革》，《中国水利》2001年第6期，第35～37页。

② 崔建远：《水权转让的法律分析》，《清华大学学报》（哲学社会科学版）2002年第5期，第40～50页。

增加到470吨，太仓印染厂的排放指标不够。此时，新建的港口污水处理厂所拥有的污水排放指标还有富余。经双方商定，港口污水处理厂以每吨2.5元的价格卖给太仓印染厂废水排放指标9万吨。[①]

近年来，长三角地区全面推开基于政府主导的排污权有偿使用一级市场和基于企业的排污权交易二级市场。虽然排污权交易是市场化生态补偿机制的主要模式，但也存在如下法律问题。一方面，排污权交易法律体系不健全。缺乏排污权交易的专门法律法规，导致排污权的性质和法律属性不清、初始分配的方法和程序不明、二级市场交易的规则和机制混乱、政府监管不到位，以及排污企业之间法律责任分担机制缺失，在一定程度上阻碍了排污权交易市场的进一步发展。[②] 另一方面，产权不明晰也使相关方的权利和责任不明确，难以通过市场力量实现资源的有效配置和环境改善，使得市场化补偿方式难以推广。[③]

（三）长三角地区生态补偿立法和实践存在的问题

1. 法律治理不足，多依赖政策驱动

长三角流域生态保护补偿实践更多有赖于“自上而下”的政策驱动和以“补偿项目”“补偿协议”为支撑的财政转移支付。但这样的生态保护补偿政策却面临诸多问题。[④] 一方面，制定主体不同，补偿基准各异。例如，浙江省财政厅等四部门2017年发布的《关于建立省内流域上下游横向生态保护补偿机制的实施意见》规定：“各地可选取高锰酸盐指数、氨氮、总氮、总磷以及用水总量、用水效率、流量、泥沙等监测指标，也可根据实际情况，选取其中部分指标。”安徽省政府发布的《安徽省地表水断面生态补

---

① 陈坤：《长三角跨界水污染防治法律协调机制研究》，复旦大学出版社，2014，第131～132页。

② 曹金根：《排污权交易法律规制研究》，博士学位论文，重庆大学，2017。

③ 林群丰、梁岩妍：《排污权市场的制度缺陷与完善——以交易成本为分析框架》，《华南理工大学学报》（社会科学版）2015年第6期，第76～82页。

④ 杜群、车东晟：《新时代生态补偿权利的生成及其实现——以环境资源开发利用限制为分析进路》，《法制与社会发展》2019年第2期，第43～58页。

偿暂行办法》规定，“断面污染赔付因子共三项，包括高锰酸盐指数、氨氮和总磷”。江苏省在2017年落实《江苏省水环境区域补偿工作方案》过程中进一步规定：“差别补偿标准，区分断面水质浓度和排放量，设定不同补偿标准；适时提高补偿标准，更大程度地发挥水环境区域补偿制度创新优势和财政投入的环境效益。”以上三省份在补偿标准方面各不相同且没有实现信息共享，难以实现长三角生态补偿制度的一体化建设。另外，三省份在生态补偿方式、补偿资金来源、资金用途和监管等方面也是规定各异。

此外，政策自身的不稳定性影响了生态补偿制度的长效性。许多生态补偿政策主要以具有一定时效性的生态补偿项目为载体，一旦补偿项目结束，补偿资金就不再发放。例如，新安江流域水质交易目前进行到第三轮试点，每一轮试点的资金来源和金额均不相同（前文已述），导致生态补偿的可持续性和稳定性欠佳。因此，必须要为生态补偿机制提供法治保障，将相关成熟的政策及时升格或固化为法律，逐步形成一种制度化的利益分配机制，以激励生态服务功能的持续供应。①

总之，目前长三角地区生态补偿制度以政府为主导，通过具体的项目实现财政转移支付，以资金流转平衡区域间的生态保护利益。项目制虽然能够协调与整合复杂的利益关系，并能丰富资金的来源，形成流域生态补偿的治理合力，在一定程度上对流域水环境质量的改善起到积极促进作用，但却未能在法律层面对生态补偿利益相关方进行规制和调控。这种以项目政策为主的治理方式使得我国生态补偿制度长期游离于法律调控之外，是行政治理而非法律治理。因此，需要适时将较为成熟的生态补偿实践加以提炼，并在条件成熟之时将生态补偿政策法律法规化，形成相对稳定的规范体系。②

2. 产权制度缺失，补偿主体识别难

在经济学中，产权明晰是交易的前提。只有水权界定清晰，才能将流域污染外部成本内部化，才能使流域水环境的保护者与受益者有较强的动机维

① 王清军：《法政策学视角下的生态保护补偿立法问题研究》，《法学评论》2018年第4期，第154～164页。

② 陈海嵩：《生态环境政党法治的生成及其规范化》，《法学》2019年第5期，第75～87页。

护自身利益。水质资产的分配不明确，导致污染物排放权的分配规则不清，同时也导致水质产权的污染者、受益者责任不清。水质产权界定不清晰，导致上下游水权交易很难达成共识，容易使上下游之间互相推卸责任，使上游的发展权和下游的用水权之间产生矛盾，而且即使生态补偿在一定范围内能达成共识，水权交易价格难以确定也会使交易无法真正落实。[①] 法律调控下的市场化生态补偿，以产权明晰为主要实现前提。例如美国纽约市为保障上游来水水质达到或优于饮用水标准，与上游卡茨基尔斯（Catskills）流域签订流域协议备忘录，投入14亿美元对上游水源地附近农民的生产方式和土地利用类型进行改造，上游水质经过数年改造，常年保持较优，符合纽约市饮用水标准，同时也节省了46亿美元建造过滤设施的费用。该案例的成功之处在于，纽约市政府直接与饮用水水源地土地权人进行交易，购买其未开发的土地和保育地权，使水源地附近土地使用者直接受益，使其改变土地利用结构的积极性更高，生态补偿效果更显著。[②] 反观东阳义乌水权交易，该案例的交易主体是两个地方政府，虽然代表国家对区域内的居民用水行使管理权能，但是对于水资源的真正使用者——东阳市居民而言，其水资源权益并没有被充分考虑。水权交易的收益也并没有真正使水源地农民获益，从而遭到东阳市水源地附近农民的抵触，使其并没有通过改变种植结构的方式节约用水，[③] 不仅影响了水权交易的进一步落实，而且使生态补偿效果大打折扣。虽然我国居民个人不享有水资源所有权，但水资源产权个体同样对水资源享有用益物权，可以对其进行占有、使用和处分。因此，水资源用益物权可以构成水资源产权的核心内容。[④]

---

① 胡涛：《中国流域水质管理：生态补偿还是污染赔偿？——基于美国跨界流域水质管理的教训》，《环境经济研究》2017年第2期，第121～132页。

② Mark D. Hoffer, "The New York City Watershed Memorandum of Agreement: Forging a Partnership to Protect Water Quality," *U. Balt. J. Envtl. L.* 18 (2011): 113.

③ 王慧：《水权交易的理论重塑与规则重构》，《苏州大学学报》（哲学社会科学版）2018年第6期，第73～84页。

④ 杜群、车东晟：《新时代生态补偿权利的生成及其实现——以环境资源开发利用限制为分析进路》，《法制与社会发展》2019年第2期，第43～58页。

三　长三角地区太浦河流域生态补偿法律调控的完善

（一）确定太浦河流域生态补偿的权利义务主体

太浦河流域生态补偿法律中的权利义务主体，指流域生态补偿法律规定之有民事行为能力和民事责任能力的自然人、法人或其他组织（包括政府和国家）。太浦河流域生态补偿的主体，包括因太浦河流域水生态环境改善和可持续发展而受益或者对太浦河流域水质带来不利影响的群体或区域，既包括“增益性”（生态保护）补偿主体，也包括“损益性”（生态损失）补偿主体。[①] ①中央政府。长三角地区由于各省市生态补偿政策和标准不尽相同，需要中央政府作为太浦河流域生态补偿的主体并利用其较高的职权，对于太浦河各级地方利用财政支付转移等方式公平高效地进行补偿。②太浦河流域地方政府。中央政府的补偿毕竟是从宏观上考虑，对于太浦河流域内的一些具体地方事务或者突发事件难以做到有效应对。同时，太浦河流域内地方政府可以更加有效地针对具体的流域生态补偿进行监管、控制和执行。③水环境效益的获益方。依据“谁获益、谁补偿”原则，太浦河流域内的个人、单位或企业因为使用太浦河流域的水环境资源而获益，应对产生这些生态效益的区域或主体进行相应的补偿，避免环境正义的缺位。④水环境效益的侵害方。指为了片面追求经济利益而忽视生态环境利益，违反法律规定，污染和破坏太浦河流域水环境的主体。例如太浦河流域上游吴江多为纺织、印染企业，如果违法排污，造成锑污染，不仅威胁下游饮用水安全，还会影响长三角地区的水环境健康。需对这些群体进行处罚，处罚所得用于恢复太浦河流域的生态环境。[②]

太浦河流域生态补偿的对象为在太浦河流域生态环境保护和发展过程中

---

① 李小强、史玉成：《生态补偿的概念辨析与制度建设进路——以生态利益的类型化为视角》，《华北理工大学学报》（社会科学版）2019 年第 2 期，第 15 ~ 19 页。

② 胥一康：《对我国太湖流域生态补偿的立法思考》，硕士学位论文，中国矿业大学，2016。

有贡献与受到一定损失的主体。①对太浦河水环境改善做出贡献的主体。主要包括流域内环境保护的管理者、水源地生态安全的实施者。为保护太浦河流域生态安全，势必会关停太浦河两岸有污染的企业，对于财产权和发展权受限的当地企业、政府和居民均应按照法律规定进行合理补偿。②太浦河流域环境污染受害者。如果太浦河流域的上游吴江地区以牺牲环境为代价追求其发展权，不仅对上游地区的生态环境造成破坏，也严重影响了下游地区公平享用太浦河流域水环境的权利，那么上游地区也应为自己破坏生态环境的行为负责，对下游地区进行补偿。

（二）界定太浦河流域生态补偿的法律标准

在流域生态补偿制度中，无论是补偿（受偿）主体的确定、补偿方式的选择还是补偿责任机制的有效履行，科学、合理且有效的补偿标准均发挥着不可替代的重要作用。流域生态补偿机制中，补偿关系主体的确定、补偿资金的分配、补偿方式的确立和补偿绩效的评估，均围绕生态补偿标准展开。

首先，确定补偿的法律标准。在太浦河流域生态补偿中，对上游吴江地区的财产权、发展权受限以及下游青浦、嘉善用水权影响所招致的实际损失的补偿是推行公平、合理补偿原则的最低标准。在损失补偿中，损失常被分为两个部分：直接损失和间接损失。直接损失就是流域上游地区为了提供符合一定条件的流域生态服务，所投入的各种直接成本的支出。例如，上游吴江地区为保障太浦河水质和水量达到下游饮用水标准，对流域水环境进行恢复和治理所投入的所有支出，或者下游上海青浦为治理由于上游江苏吴江泄洪带来的雨水径流污染所付出的所有支出。间接损失主要是发展机会成本的损失，法学在流域生态补偿标准的制度规定中，回应机会成本的法理依据主要在于，无论是流域上游地区还是下游地区，均有平等的发展机会。

其次，明确标准制定主体。长三角地区生态补偿的制定主体有两种。一是流域上下游地方政府，在中央政府或太湖流域管理局的指导下，上海青浦、江苏吴江和浙江嘉善政府作为地方利益的代理人，依据市场原则签署生态补偿协议，这种补偿协议所确定的生态补偿标准实际上介于政府标准和市场标准之间，可以称之为准政府标准或准协定标准。二是市场主体。常见的就是流域生态保护受益者与生态保护者通过直接协商，经过邀约、承诺等系列合同签署程序确定的带有一定协定意义的补偿标准。例如长三角地区企业与企业之间或者企业与政府之间签订生态补偿协议或者制定生态补偿标准。因生态补偿标准的制定主体不同，其法律效力也不同。政府直接主导的补偿标准，因其主体享有法定职权，制定的补偿标准即便设定了一定的权利义务，仍具有一定的法律约束力和强制性，对于流域所辖下级政府具有规范效应。市场主体主导的补偿标准是市场主体之间经过协商、签署合同而确立的，补偿标准已经成为合同（协议）内容的主要组成部分，违反标准所确定的权利义务可能构成违约。

最后，标准支付基准和支付方式。依据不同核算方法核算出来的补偿标准涉及一定的支付基准条件。我国流域生态补偿实践中，多采用基于结果的条件支付，具体包括一定的水质或水量结果，例如新安江流域生态补偿就是以水质水量的结果为支付基准。太浦河流域生态补偿也可以参照该种支付基准。尽管这种以水质水量指数为支付基准存在一定的不足或者规范化问题，但这会随着流域生态补偿在实践中的进步和完善而逐步趋于规范化。另外，标准支付方式包括直接方式和间接方式。直接方式包括货币补偿和财政转移支付补偿等方式，间接方式包括技术补偿、发展权转移等方式。货币补偿标准计算更加科学、更加公平；在非现金补偿中，优惠政策更符合可持续发展以及法治环境构建的要求。太浦河流域生态补偿可以根据水质、水量或者水的利用效率等其他量化要求，将同一补偿标准划分为多种层级，每一层级采用不同的标准。以法定标准为例，可将其划分为最高标准、一般标准和最低标准。不同层级的标准采用不同的标准数额，从而适当拉开差距，彰显流域生态补偿标准的激励或惩罚功能效应。

（三）丰富太浦河流域生态补偿的法定方式

长三角地区生态补偿以省内政府资金补偿为主。如《上海市环境保护

条例》第十八条,[①] 对生态补偿财政转移支付做出明确规定。2014 年 10 月,江苏省在全国率先建立覆盖全省的“双向补偿”制度,2017 年全省补偿资金达 4.8 亿元。[②] 2018 年浙江省全省启动流域上下游横向生态补偿机制建设。虽然以资金补偿为主的省内横向生态补偿方式已相对成熟,但也存在补偿方式单一、多以政府财政补偿为主的问题,而且对于跨省资金补偿的方式,还需进一步探索和完善。因此,太浦河流域生态补偿方式应该更加多元化。

首先,资金补偿。可以借鉴新安江的补偿模式,建立示范区生态补偿基金,由江苏吴江、上海青浦、浙江嘉善三地各自按照一定比例出资,再由中央政府给予一定拨款,争取吸引社会资本加入。同时规定,太浦河通过上游吴江,流经下游青浦和嘉善的水质和水量必须达到一定标准。如果达标,可从生态补偿基金中领取一定额度的生态补偿金;如果不达标,则需向示范区生态补偿基金支付一定资金。对于出资比例的确定,可以根据三地为保护太浦河流域水环境所做的努力和牺牲来衡量,上游吴江可能因为关闭高耗能企业导致发展权受限,出资比例可以低一些,而下游青浦和嘉善相对因此而受益,出资比例可以高一点。

其次,生态绿色产业补偿。太浦河上游吴江地区为了保障下游地区优质的水源,其传统产业发展势必受影响,除接受资金补偿之外,还可以考虑向生态绿色产业转型,例如打造生态文化旅游产业。结合长三角地区发达的古镇文化旅游产业,包括青浦朱家角古镇、嘉善西塘古镇、吴江黎里古镇以及周边的千灯古镇和周庄古镇等,加之京杭大运河也从太浦河经过的独特地理优势,可以结合运河古镇文化,在长三角地区打造运河古镇文化产业新高地。与资金补偿相比,生态绿色产业开发和支持更加可持续,不仅有助于保护和恢复长三角地区水生态环境,而且对于受关停企业影响的劳动者,可以

---

① 《上海市环境保护条例》第十八条规定:本市根据国家规定建立、健全生态保护补偿制度。对本市生态保护地区,市或者区人民政府应当通过财政转移支付等方式给予经济补偿。市发展改革部门应当会同有关行政管理部门建立和完善生态补偿机制,确保补偿资金用于生态保护补偿。受益地区和生态保护地区人民政府可以通过协商或者按照市场规则进行生态保护补偿。

② 江苏省人民政府网(http://www.jiangsu.gov.cn/art/2018/7/10/art_59167_7744421.html)。

直接解决就业和生计问题，实现发展权和财产权的有效补偿。

最后，市场化生态补偿。太浦河位于长三角地区，依托其发达的经济基础和较快的市场化进程，可逐步探索一对一的生态补偿模式和基于市场的生态标记模式，使流域生态补偿更加灵活，资金的来源更加丰富。同时，也可借鉴欧盟流域市场投资计划中的具体实践和案例，例如，德国自20世纪80年代以来农业不断加强，水质在许多水体中逐渐退化，主要由于肥料和其他化学品的过量负荷。因此，德国采取流域市场投资计划，通过改善农业管理做法来保护清洁水质。另外，2002年，西班牙为了恢复流域管理，在其东北部开发生态补偿PPP项目，建立了公私合作自愿协议。该计划旨在逐步恢复其盆地下部的埃布罗河部分，目的是恢复河流水环境，从而改善河流生态系统的各种功能。长三角太浦河流域也可引入PPP机制，促进其生态补偿的市场化发展。

（四）设立太浦河流域生态补偿行政管理机构

根据《太湖流域管理条例》，太湖流域管理局负责太浦河的流域管理工作，并对太浦河下达调度指令、制订取水计划等。2015年，太湖流域管理局牵头建立了太浦河水资源保护省际协作机制，在太浦河水质监测预警、水源地供水安全保障等方面发挥了积极作用；2017年，太湖流域管理局提出《太浦河水资源保护省际协作机制——水质预警联动方案》，在太浦河水资源保护、水污染防治联合执法等方面做出规定，但是作为水利部在太湖流域的派出机构，太湖流域管理局只是一个事业单位，在协调长三角地区流域生态补偿中，其行政权力受到很大限制，而且作为派出机构，在无法律法规规章授权的情况下，没有独立的法律地位，在行政诉讼中不能作为被告。[①] 太湖流域管理局行政权力和级别的限制，使其不可能在太浦河流域治理中起到决定性

① 《最高人民法院关于适用〈中华人民共和国行政诉讼法〉的解释》第二十条规定，行政机关的内设机构或者派出机构在没有法律、法规或者规章授权的情况下，以自己的名义做出具体行政行为，当事人不服提起诉讼的，应当以该行政机关为被告。法律、法规或者规章授权行使行政职权的行政机关内设机构、派出机构或者其他组织，超出法定授权范围实施行政行为，当事人不服提起诉讼的，应当以实施该行为的机构或者组织为被告。

作用。因此，可以考虑设立真正有权力、有灵魂的太浦河流域管理机构。2019年11月1日，长三角生态绿色一体化发展示范区在上海正式揭牌，11月5日，长三角生态绿色一体化发展示范区执行委员会正式挂牌。示范区的建立旨在通过综合配套改革，在生态建设等方面，努力实现标准统一、规则一致、市场一体，并将其成功经验复制到长三角全区域、实现长三角地区更高质量的一体化发展。这也为示范区流域管理委员会的成立提供了良好契机。

本文认为，应由沪浙苏三个省级单位牵头，会同自然资源部或生态环境部，根据各省市在太浦河流域的流经范围或者对各省市的重要程度划分权力，成立示范区流域管理委员会，其职责包括但不限于对太浦河流域的管理职责，还包括整个示范区的所有流域和水环境安全管理。例如，美国田纳西河流域治理和生态补偿的成功，主要在于田纳西河流域管理局的成立。流域内的所有规划和建设均由该管理局全面负责，包括航运和防洪问题的解决、水能发电效率的提升、流域内土地资源利用方式和产业结构的调整，以及对流域内居民的直接生态补偿等。对于太浦河流域生态补偿制度的完善和实施，示范区流域管理委员会也应起到重要管理和协调作用，具体表现在对太浦河流域生态补偿权利义务主体的确定、生态补偿法律标准的界定以及纠纷解决和责任承担等方面，进行宏观把控、积极协调，对长三角地区太浦河流域生态补偿制度的建立和完善进行有效监管。

（五）明确太浦河流域水流或涉水产权界定

产权明晰是市场化生态补偿立法及流域生态补偿得以顺利进行的前提条件。水权作为水资源所有权和各种水权利与义务的行为准则，可以高效配置水资源，同时可以起到激励水资源保护和制约水资源污染与浪费的功能。欧美发达国家生态补偿制度起步较早，发展也较为完善，可为我国流域生态补偿制度提供经验借鉴。例如，澳大利亚墨累－达令河流域治理、[①] 美国湿地

---

① 史璇、赵志轩、李立新等：《澳大利亚墨累－达令河流域水管理体制对我国的启示》，《干旱区研究》2012年第3期，第419～424页。

缓解银行,[1] 以及法国水质付费[2]等生态补偿制度对该国跨界流域的生态治理与环境保护起到重要推动作用。以上案例之所以取得成功，皆因自然资源产权制度明确，从而可以利用市场化生态补偿进行资源保护。为使我国流域生态补偿得以顺利开展，水权的清晰界定必不可少。根据《宪法(2018年修正)》《水法（2016年修正)》《物权法》的规定,[3] 我国水资源所有权归国家所有，而且任何单位和个人不能取得所有权。所以应明确水资源的使用权、收益权、转让权，以实现水权的界定，对水资源进行有效配置。

近年来，我国启动了水流产权确权及其法定化（登记）改革进程。2016年12月七部委联合发布《自然资源统一确权登记办法（试行)》，2019年4月中共中央办公厅、国务院办公厅印发《关于统筹推进自然资源资产产权制度改革的指导意见》，这两个文件规定，完善自然资源资产产权法律体系，其中水流是重要项。2019年7月，五部委联合印发《自然资源统一确权登记暂行办法》，其中明确规定，国家实行自然资源统一确权登记制度。同时规定：“全民所有自然资源所有权代表行使主体登记为国务院自然资源主管部门，所有权行使方式分为直接行使和代理行使。”根据该规定，结合《长三角生态绿色一体化发展示范区方案》的落地，可考虑将太浦河也进行确权登记，规定太浦河的所有权行使方式，国务院可委托示范区流域管理委员会代理行使水资源使用权、收益权和转让权。太浦河流域水资源确权登记的法治化，将推动建立归属清晰、权责明确、流转顺

---

① 柳荻、胡振通、靳乐山：《美国湿地缓解银行实践与中国启示：市场创建和市场运行》，《中国土地科学》2018年第1期，第65～72页。

② 孙宇：《生态保护与修复视域下我国流域生态补偿制度研究》，博士学位论文，吉林大学，2012。

③ 《宪法（2018年修正)》第九条规定：矿藏、水流、森林、山岭、草原、荒地、滩涂等自然资源，都属于国家所有，即全民所有；由法律规定属于集体所有的森林和山岭、草原、荒地、滩涂除外。国家保障自然资源的合理利用，保护珍贵的动物和植物。禁止任何组织或者个人用任何手段侵占或者破坏自然资源。《水法（2016年修正)》第三条规定：水资源属于国家所有。水资源的所有权由国务院代表国家行使。农村集体经济组织的水塘和由农村集体经济组织修建管理的水库中的水，归各该农村集体经济组织使用。《物权法》第四十六条规定：矿藏、水流、海域属于国家所有。第四十一条规定：国家专有法律规定专属于国家所有的不动产和动产，任何单位和个人不能取得所有权。

畅、监管有效的太浦河流域产权制度，同时为长三角地区市场化生态补偿机制的完善奠定基础。

（六）健全太浦河流域生态补偿纠纷解决机制

太浦河流域生态保护补偿制度运行的法治化，不仅在于示范区三地政府间生态环境协同治理的规范化与程序化，更在于流域上下游政府间因生态补偿而产生的纠纷处理机制的合法化和多元化。因此，健全太浦河流域以及示范区生态补偿纠纷解决机制势在必行。首先，自力解决。主要包括生态补偿权利义务主体间自行协商，或者通过非上级行政机构进行协调，虽然该种方式灵活可行，但是因为缺乏强制性，其纠纷解决效果并不理想。[①] 其次，行政解决。主要是指在生态补偿履行过程中产生的纠纷可由共同的上级行政机关进行调解或裁决。该种方式主要依赖权威而又中立的第三方上级行政机构进行争议的解决，具有一定强制性。在太浦河流域生态补偿中，应由上海青浦、江苏吴江、浙江嘉善的共同上级行政机关仲裁解决，可由国务院或者国务院委托生态环境部、自然资源部等环境保护主管部门牵头仲裁补偿方案纠纷，财政部门牵头仲裁补偿资金纠纷，仲裁不停止补偿资金划拨。同时，也可建立比三省市行政级别更高的示范区流域管理委员会，通过该机构进行行政调解和裁决。最后，司法解决。指通过司法审判机关的司法裁判解决生态补偿纠纷。虽然我国法律并没有对生态补偿的纠纷解决机制做出直接规定，但是可以借鉴《水污染防治法（2017 年修正）》第九十七条生态损害赔偿纠纷解决之规定，[②] 示范区省级政府之间的流域生态保护补偿纠纷可以通过民事诉讼途径司法解决。另外，也可根据《民事诉讼法（2017 年修正）》

① 吕成：《水污染规制之行政合作研究》，博士学位论文，苏州大学，2010。

② 《水污染防治法（2017 年修正）》第九十七条规定：因水污染引起的损害赔偿责任和赔偿金额的纠纷，可以根据当事人的请求，由环境保护主管部门或者海事管理机构、渔业主管部门按照职责分工调解处理；调解不成的，当事人可以向人民法院提起诉讼。当事人也可以直接向人民法院提起诉讼。

第五十五条和《行政诉讼法（2017 年修正）》第二十五条之规定，[1] 由检察机关提起检察行政公益诉讼。例如，流域上游行政区域内政府的违法行为或不作为使流域生态环境受到侵害，下游地方政府和居民用水权受限的，可以通过检察机关提起环境行政公益诉讼。[2]

---

① 《民事诉讼法（2017 年修正）》第五十五条规定，对污染环境、侵害众多消费者合法权益等损害社会公共利益的行为，法律规定的机关和有关组织可以向人民法院提起诉讼。人民检察院在履行职责中发现破坏生态环境和资源保护、食品药品安全领域侵害众多消费者合法权益等损害社会公共利益的行为，在没有前款规定的机关和组织或者前款规定的机关和组织不提起诉讼的情况下，可以向人民法院提起诉讼。前款规定的机关或者组织提起诉讼的，人民检察院可以支持起诉。《行政诉讼法（2017 年修正）》第二十五条规定，人民检察院在履行职责中发现生态环境和资源保护、食品药品安全、国有财产保护、国有土地使用权出让等领域负有监督管理职责的行政机关违法行使职权或者不作为，致使国家利益或者社会公共利益受到侵害的，应当向行政机关提出检察建议，督促其依法履行职责。行政机关不依法履行职责的，人民检察院依法向人民法院提起诉讼。

② 邓纲、许恋天：《我国流域生态保护补偿的法治化路径——面向“合作与博弈”的横向府际治理》，《行政与法》2018 年第 4 期，第 44 ~ 51 页。

B.14
太湖流域水环境综合治理回顾与展望

张红举*

摘　要： 太湖流域是我国经济最发达、人口最密集、最具发展潜力的区域之一。流域独特的平原河网特征决定了流域水环境、水资源等问题的复杂性。太湖流域水环境综合治理实施以来，流域饮用水安全得到有效保障，水环境质量稳中趋好。然而，流域生态环境质量与经济社会高质量发展要求相比，仍存在不少差距，水环境继续改善还面临着不少困难和挑战。本文从太湖及淀山湖水质，平原河网水功能区达标率、污染物排放量等方面分析了水环境综合治理的成效，从规划、机制、环境监管、科技、资金保障、考核等方面总结了流域水环境综合治理的经验，分析了太湖生态环境存在的问题以及流域深化治理遇到的瓶颈。在此基础上，围绕全面建成小康社会、长江三角洲区域一体化发展、流域高质量发展对生态环境的要求，对下阶段流域水环境治理工作进行了展望。

关键词： 水环境治理　太湖　淀山湖　长三角一体化　太湖流域

* 张红举，理学博士，生态环境部太湖流域东海海域生态环境监督管理局教授级高级工程师，研究方向为环境科学、水文水资源。

2007年5月底暴发的太湖水危机，引起了中共中央、国务院的高度重视以及社会各界的广泛关注。[①] 2008年，国家组织实施太湖流域水环境综合治理，范围包括江苏苏州、无锡、常州和镇江4个市30个县（市、区），浙江湖州、嘉兴、杭州3个市20个县（市、区），上海青浦区练塘镇、金泽镇和朱家角镇，总面积3.18万平方公里。[②] 治理近期水平年为2015年，远期水平年为2020年。

一 治理成效

经江苏、浙江以及上海（以下简称“两省一市”）人民政府及国务院相关部委的共同努力，太湖流域水环境综合治理各项措施稳步推进。2018年，在治理区内常住人口、GDP分别较2013年增长3%、52.4%的情况下，水环境质量持续改善，实现了经济持续增长、污染持续下降的双赢发展格局。

（一）饮用水供水安全有效保障

太湖流域基本形成了以长江、太湖－太浦河－黄浦江、山丘区水库及钱塘江为主，多源互补互备的供水水源布局，基本实现了城乡一体化供水。流域主要饮用水水源地水质明显改善。流域内自来水厂积极改进制水工艺，主要城市基本实现自来水深度处理“全覆盖”，出厂水质达到或超过国家《生活饮用水卫生标准》（GB 5749—2006）规定的水质要求。两省一市通过水源地保护及双水源工程建设，以及自来水厂的深度处理、饮用水源污染事故应急预案制定等措施，有效保障流域供水安全，太湖流域连续多年实现了“两个确保”[③] 目标。

① 杜鹰：《加强“三湖”流域水环境综合治理》，《中国经贸导刊》2007年第15期，第4～5页；胡惠良、谈俊益：《江苏太湖流域水环境综合治理回顾与思考》，《中国工程咨询》2019年第3期，第92～96页。

② 《太湖流域水环境综合治理总体方案》，江苏省审计厅网站，2009年6月8日。

③ “两个确保”，即确保饮用水安全，确保不发生大面积水质黑臭。

（二）太湖以及入湖河流水质持续改善

太湖水质状况总体呈明显改善趋势。2018 年，太湖水体除总磷外，高锰酸盐指数、氨氮和总氮的年均浓度已提前达到2020 年治理目标（见表1）。太湖平均营养指数为60.3，为近年来最低。[①] 2018 年，22 个主要入太湖河道[②]控制断面中，达到或优于Ⅲ类的断面有12 个，占总数的54.5%；Ⅳ类9 个，占40.9%；Ⅴ类1 个，占4.6%，达到或优于Ⅲ类标准的入湖断面比例较2013 年增加了27.2 个百分点。[③]

表1 太湖主要水质指标年均浓度

单位：毫克/升

项目	高锰酸盐指数	氨氮	总磷	总氮
2013 年	4.00(Ⅱ)	0.22(Ⅱ)	0.070(Ⅳ)	2.15(劣Ⅴ)
2014 年	4.80(Ⅲ)	0.16(Ⅱ)	0.060(Ⅳ)	1.96(Ⅴ)
2015 年	4.00(Ⅱ)	0.15(Ⅰ)	0.059(Ⅳ)	1.81(Ⅴ)
2015 年目标	Ⅲ	Ⅱ	0.06	2.2
2016 年	3.80(Ⅱ)	0.14(Ⅰ)	0.064(Ⅳ)	1.74(Ⅴ)
2017 年	3.90(Ⅱ)	0.14(Ⅰ)	0.081(Ⅳ)	1.65(Ⅴ)
2018 年	3.90(Ⅱ)	0.16(Ⅱ)	0.087(Ⅳ)	1.38(Ⅴ)
2020 年目标	Ⅱ	Ⅱ	0.05	2.00

资料来源：中国国际工程咨询有限公司：《太湖流域水环境综合治理总体方案（2013 年修编）实施情况的咨询评估报告》，2019。

（三）淀山湖水质有较大改善

淀山湖2018 年主要水质指标实测值分别为：高锰酸盐指数4.13 毫克/

① 《太湖健康状况报告（2018）》，水利部太湖流域管理局网站，2019 年12 月5 日。

② 《太湖流域管理条例》第六十八条规定，主要的入太湖河道控制断面包括望虞河、大溪港、梁溪河、直湖港、武进港、太滆运河、漕桥河、殷村港、社渎港、官渎港、洪巷港、陈东港、大浦港、乌溪港、大港河、夹浦港、合溪新港、长兴港、杨家浦港、旄儿港、苕溪、大钱港等。

③ 中国国际工程咨询有限公司：《太湖流域水环境综合治理总体方案（2013 年修编）实施情况的咨询评估报告》，2019。

升，氨氮 0.43 毫克/升，总氮 2.4 毫克/升，总磷 0.116 毫克/升。与 2008 年相比，淀山湖水体中氨氮、总磷、总氮改善率为 40% ~70%。高锰酸盐指数和氨氮均达到了Ⅲ类水标准，已提前达到 2020 年水质目标，但要实现“2020 年总磷达到Ⅳ类、总氮达到Ⅴ类”（即总磷 0.1 毫克/升、总氮 2.0 毫克/升）的目标，还有一定的差距。

（四）平原河网水功能区达标率呈上升趋势

2018 年，太湖流域 380 个水功能区达标率为 82.5%，较 2013 年提高了 45.7 个百分点。上海市太湖流域综合治理区内的主要河道有太浦河、大蒸港、北庄河、华田泾、拦路港、北横港、北胜浜、和尚泾和淀浦河等河道，近年来水质达标率为 100%。

（五）污染物排放量显著下降

通过点源污染治理、船舶污染控制等综合措施，流域污染物排放量大幅削减。与 2015 年相比，2018 年高锰酸盐指数、氨氮、总磷、总氮等指标排放总量分别下降了 44.2%、36.3%、72.3%、44.7%，提前实现了 2020 年控制目标。

二　经验总结

太湖流域水环境综合治理实施以来，各级政府按照中央的要求，加强制度建设，统筹源头治理、过程严管与污染严惩，协同推进资源节约、生态环境保护、绿色发展、制度建设、技术创新与资金投入，治理的各环节、各要素形成了一个系统完整的有机整体，[①] 生态环境质量不断改善，人民群众的安全感、获得感、幸福感不断增强。[②]

---

① 周宏春：《持续深入地推进生态环境保护》，《中国经济时报》2019 年 7 月 25 日。

② 李干杰：《守护良好生态环境这个最普惠的民生福祉》，《人民日报》2019 年 6 月 3 日。

（一）科学规划是做好流域水环境综合治理的前提

规划是政府职能和行政手段，要落实中共中央、国务院关于生态环境保护的重大战略思想，就需要编制规划，实现治理工作安排、项目实施、效果评估与责任考核的全链条管理。[①] 2007 年 6 月，国务院先后在无锡市召开“太湖水污染防治座谈会”和“太湖、巢湖、滇池污染防治座谈会”,[②] 根据会议要求，国家发展改革委会同有关部门和地方启动了《太湖流域水环境综合治理总体方案》（以下简称《总体方案》）的编制工作。2008 年 5 月，国务院批复《总体方案》。《总体方案》坚持高标准、严要求，同时结合流域经济社会发展和水环境的实际，提出了 2012 年和 2020 年的分阶段治理目标、主要任务以及综合治理措施。

2013 年，国家发展改革委组织对《总体方案》进行了修编，经国务院同意，国家发展改革委、环保部、住建部、水利部、农业部等五部委联合批复《太湖流域水环境综合治理总体方案（2013 年修编）》（以下简称《总体方案修编》）。《总体方案修编》就太湖治理工作出现的问题，对目标、措施和项目安排做了相应调整：一是根据总氮长期变化规律和近期改善特征及相关研究成果，调整了总氮浓度指标；二是将饮用水安全放到更加突出的位置，重点支持饮用水水源地保护和饮用水深度处理；三是升级改造污水处理设施，完善管网配套，确保已建污水处理厂发挥环境效益；四是加大生态修复力度，逐步构建健康的流域生态系统；五是强化面源污染防治，主攻畜禽养殖业和农村生活污染治理，大幅降低氮、磷营养负荷；六是提高蓝藻、水生植物、清淤底泥等资源化利用水平，最大限度避免二次污染；七是建立健全 COD、氨氮、总磷和总氮污染物控制的三级考核体系，强化项目运行管理。

《总体方案》以及《总体方案修编》是太湖水环境综合治理的指导性文

---

① 王金南、万军、王倩、苏洁琼、杨丽阎、肖旸：《改革开放 40 年与中国生态环境规划发展》,《中国环境管理》2018 年第 6 期，第 5 ~ 18 页。

② 《太湖流域水环境综合治理总体方案》，江苏省审计厅网站，2009 年 6 月 8 日。

件，根据要求，各部门和两省一市分别编制了专项规划和实施方案，进一步细化、落实治理任务和措施，将治理任务落到实处。例如，江苏省在太湖流域治理方面编制了《江苏省“十三五”太湖流域水环境综合行动方案》《“十三五”重点流域水环境综合治理建设规划》《江苏省“两减六治三提升”专项行动方案》《太湖流域撤并乡镇集镇区污水处理设施全覆盖规划》《江苏省太湖流域水环境综合治理种植业污染防治规划（2016～2020年）》《太湖流域畜禽养殖污染防治及综合利用专项行动方案》《江苏省打好太湖治理攻坚战实施方案》等，明确了太湖流域治理的各项任务及详细要求，有力指导了太湖流域治理工作的推进及实施。

（二）系统治理是做好流域水环境综合治理的核心

生态是统一的自然系统，是相互依存、紧密联系的有机链条。人的命脉在田，田的命脉在水，水的命脉在山，山的命脉在土，土的命脉在林和草，[①] 各个要素相互制约、相互影响。太湖流域水环境治理以“总量控制、浓度考核、综合治理”为思路，创新重点流域水污染防治模式，避免头痛医头、脚痛医脚，各管一摊、相互掣肘，通过统筹水资源、水环境、水生态的各要素，整体施策，多措并举，全方位、全地域、全过程开展治理。国家发展改革委、工业和信息化部指导两省一市研究在稳增长中推进太湖流域经济结构调整、产业及城乡空间布局优化，重视对战略性新兴产业的布局规划，加强对重点产业定位及园区规划等方面的指导。生态环境部指导两省一市抓好已整治行业的长效监管，督促各地制定实施长效管理办法；推动印染等高污染行业专项整治和提升改造，进一步削减污染物排放总量。水利部指导两省一市按照节水优先的要求，全面实施节水减排措施，着力推进太湖流域重大引排工程建设，有效提高水资源水环境承载能力。住房和城乡建设部指导两省一市推进城镇污水处理厂脱氮除磷工艺升级改造，加快配套管网和污泥处理处置设施建设。农业农村部指导两省一市持续开展农业面源污染综

---

① 《推动我国生态文明建设迈上新台阶》，《奋斗》2019年第3期，第1～16页。

合防控示范与现代生态循环农业示范建设，推进农业面源污染综合防治。交通运输部指导两省一市建立完善的船舶污染物接收处理机制，提升船舶污染防治能力。自然资源部指导两省一市统筹安排年度土地利用计划，进一步推进环太湖地区水环境综合治理重点项目建设。林业和草原局指导两省一市加大生态防护林体系建设力度，做好湿地公园建设等保护与修复工作。

在治理项目安排方面，《总体方案修编》从系统工程和全局角度，共安排饮用水安全保障、工业点源污染治理、城乡污水和垃圾处理、面源污染治理、生态修复、引排通道、河网综合整治、节水减排、资源化利用、监测预警及科技攻关等十一大类 542 个项目，总投资 1164.13 亿元。[①] 通过项目实施，既抓紧解决了危及群众饮用水安全的突出问题，确保城乡居民生产生活用水安全，又通过源头减排与提高水环境承载能力相结合，污染治理与生态修复相结合，全方位削减污染物，扭转水环境恶化趋势。

（三）“三线一单”是做好流域水环境综合治理的基础

习近平总书记指出，“要从根本上解决生态环境问题，必须贯彻创新、协调、绿色、开放、共享的发展理念，加快形成节约资源和保护环境的空间格局、产业结构、生产方式、生活方式，把经济活动、人的行为限制在自然资源和生态环境能够承受的限度内，给自然生态留下休养生息的时间和空间”，明确要求“要加快划定并严守生态保护红线、环境质量底线、资源利用上线三条红线”[②]。2017 年，环境保护部启动了包括太湖流域在内的长江经济带战略环境评价，基于制定落实生态保护红线、环境质量底线、资源利用上线和生态环境准入清单（简称“三线一单”），系统提出流域管控要求和近远期生态环境战略性保护的总体方案。指导两省一市于 2017 年完成生态保护红线划定方案，2018 年获国务院批准；印发“三线一单”编制技术指南和实施方案，建立月调度机制，划定环境管控单元，初步制定了相关管

① 《太湖流域水环境综合治理总体方案（2013 年修编）》，环保网，2014 年 1 月 14 日。

② 《推动我国生态文明建设迈上新台阶》，《奋斗》2019 年第 3 期，第 1～16 页。

控要求及生态环境准入清单。同时，积极开展《总体方案》实施过程中的项目环境影响评价工作，通过项目环评，预测评价工程实施对环境的不利影响，提出了预防或减轻不利影响的对策和措施。

江苏省将“三线一单”工作纳入省政府2018年度十大主要任务百项重点工作，在环境质量底线划定上，划定水环境优先保护区103个，重点管控区154个，一般管控区72个；在“三线”基础上划定管控单元，制定环境准入清单，江苏省共划定4638个环境管控单元，其中，环太湖区域市县实行高精度管控，最小管控单元划至乡镇街道以下，实现要素空间全覆盖、不留白。浙江省完成流域综合管控单元划定，确定了要素管控分区的管控要求，完成了综合管控单元生态环境准入清单编制，建立生态保护红线制度和基本单元生态红线台账系统，形成生态保护红线“一张图”，流域划定生态红线面积1521.86平方公里，占浙江省流域面积的11.37%。上海市将淀山湖离岸1公里范围内的境内水域都划入生态保护红线，原则上按照禁止开发区域的要求进行管理，禁止城镇化和工业化活动，严禁不符合主体功能定位的各类开发活动，将根据各红线区块的主体功能，通过制定清单进行管理。

流域省（市）通过大力强化环境准入，全面提升产业能级，淘汰了一批产出效益差、环境污染大的落后企业，新引进了一批新能源、高端制造、仓储等环境友好型、成长型企业。例如，上海市结合淀山湖世界级创新湖区建设，不断优化产业布局，提升产业能级，其中华为青浦研发中心建设成为高标准的研发基地，是青西三镇产业发展的重要依托。

（四）有效的协调机制是做好流域水环境综合治理的关键

搞好太湖水环境综合治理工作涉及两省一市人民政府和国务院各有关部门。《总体方案》明确，国家发展改革委对太湖流域水环境综合治理工作负总责，完善有关部门和两省一市人民政府共同治理太湖水环境工作的协调机制。

2008年，国务院批复设立了由国家发展改革委牵头，两省一市及环保、水利等13个部门组成的太湖流域水环境综合治理省部际联席会议制度（以下简称“省部际联席会议”)。[①] 国家发展改革委主任担任联席会议总召集人，分管副主任任召集人，其他成员单位的有关负责同志为联席会议成员，联席会议下设办公室。联席会议积极推动部门间、系统内、地方间的沟通与协作，推动信息共享，统筹协调并研究解决治理工作中的重点、难点问题。发改、科技、工信、财政、国土、环保、住建、交通、水利、农业、林业、气象、法制等有关部门，与两省一市通力合作，共同推进太湖治理工作，有力保证了《总体方案》各项任务和措施的落实。截至2019年，省部际联席会议已召开6次。

2016年，上海、浙江、江苏和安徽三省一市和环境保护部等14个部委建立了长三角区域水污染防治协作机制，并印发了《长三角区域水污染防治协作机制工作章程》，在运行机制上与大气污染防治协作机制相衔接，机构合署、议事合一，探索出了一套跨区域污染联防联控工作模式。

2018年11月，在水利部太湖流域管理局（以下简称“水利部太湖局”）的倡导下，水利部太湖局、江苏、浙江正式建立了太湖湖长协商协作机制。[②] 太湖湖长协商协作机制是我国首个跨省湖泊湖长高层次议事协调平台。[③] 在团结治水精神的指引下，太湖流域水环境综合治理水利工作有效组织、高效协调、长效运行的沟通协作机制逐步形成并不断充实和完善，有力保证了各项水利任务和措施的落实。水利部太湖局还牵头建立了太浦河水资源保护省际协作机制和省际地区水葫芦联防联控机制，探索建立淀山湖水资源保护、水污染防治的省市合作机制，创新建立环太湖城市水利工作联席会议制度，每年召开环太湖城市水利工作联席会议，进一步增进理解，扩大共识，深化协作。

2019年，水利部太湖局、生态环境部太湖流域东海海域生态环境监督

① 《太湖流域水环境综合治理总体方案》，江苏省审计厅网站，2009年6月8日。

② 尤珍、钱纯纯、马颖卓：《太湖局　打造湖长制“升级版”太湖首创跨省湖泊湖长协商平台》，《中国水利》2018年第24期，第112～113页。

③ 《浙江江苏建立国内首个跨省湖长协商协作机制　两省湖长共治太湖》，人民网，2018年11月21日。

管理局、江苏省水利厅、江苏省生态环境厅、浙江省水利厅、浙江省生态环境厅、上海市水务局、上海市生态环境局建立太湖流域水环境综合治理信息共享机制，共享的主要内容包括各成员单位在依法履职过程中采集和获取的与水资源、水环境等相关的信息资源。

通过这些机制，高效协调解决了太湖治理工作中出现的重大问题，积极推动了部门、地方之间的沟通与协作，有力保证了治理方案中各项任务和措施的落实。

（五）法规标准是做好流域水环境综合治理的遵循

保护生态环境必须依靠制度、依靠法治。2011 年 11 月 1 日，我国第一部流域综合性行政法规《太湖流域管理条例》（以下简称《条例》）正式施行。《条例》共九章七十条，对水资源保护、水污染防治、防汛抗旱、水域岸线保护、保障机制、监督措施、地方政府责任等做出了规定，是依法管理太湖的法律保障。[①] 水利部太湖局联合两省一市全力推进《条例》贯彻落实，加快配套水法规建设，印发实施了《太湖流域水功能区管理办法》《太湖流域河道管理范围内建设项目管理暂行办法》《太湖局负责审查签署水工程建设规划同意书的河流湖泊名录》等配套制度。

流域内各地颁布实施了一系列专门法规和规范标准。江苏省于 2010 年 9 月、2012 年 1 月、2018 年 1 月三次修订《江苏省太湖水污染防治条例》，实行严格的环保标准。为进一步完善“污染者付费、治污者受益”的机制，江苏太湖流域污水排放口全部征收总氮或氨氮、总磷排污费；进一步提升排污费征收标准，2016 年起总氮总量排污费征收标准提升至每污染当量 4.2 元。

浙江省出台了《浙江省跨行政区域河流交接断面水质管理考核办法》《浙江省重点流域水污染防治专项规划实施情况考核办法》《浙江省城镇污水集中处理管理办法》。2017 年 7 月，浙江省人大通过《浙江省河长制规

① 叶建春:《太湖流域——推进综合管理 实现水利跨越》,《中国水利报》2011 年 11 月 1 日。

定》。这是全国首个河长制地方性法规，为规范河长工作和职责提供了重要依据。

上海市印发《上海市生态环境保护工作责任规定（试行）》，进一步明确各级党委、政府以及有关部门的环境保护责任。贯彻《生态文明建设目标评价考核办法》，进一步优化环境质量考核指标，将水环境质量恶化等纳入环境底线指标。制定《上海市领导干部自然资源资产离任审计试点实施意见》,[①] 开展区、镇离任审计试点工作。[②]

（六）科技攻关是做好流域水环境综合治理的支撑

各相关部门以及地方政府加强科学研究和成果转化，开展流域生态保护修复技术研发，系统推进技术集成创新，形成了一批可复制可推广的科研成果。生态环境部大力推进“水体污染控制与治理科技重大专项”太湖项目实施。一是开展太湖富营养化控制与治理技术及工程示范项目，按照“控源治河为主，加强面源治理和流域生态修复”的思路，开展技术研发攻关，建立竺山湾、苕溪、太湖新城三个小流域水质改善综合示范区，在控源减排、生态修复和水安全保障等方面取得成效。二是在太湖流域水环境管理技术集成综合示范项目方面，开展两项地方水污染物排放标准评估及修订，对太湖流域 15 条入湖河流进行主要水污染物入湖总量核定及动态监控，建立集风险源监控、水环境监测、总量风险监控、风险源溯源决策于一体的主要水污染物总量监控与风险预警平台。

江苏省围绕问题短板和关键领域，深入开展科技攻关和调查研究。一是实施课题专家委员会制度。制订专家委员会年度工作计划，召开专家委员会工作座谈会。提出科研方向，专家委员会开展分组活动及各项调研考察，及时汇总整理专家建议，并向相关职能部门反馈。根据实际工作需要及多方意

---

① 张全：《聚焦十九大：上海生态、绿色发展谋新篇》，《环境保护》2017 年第 22 期，第35 ~ 39 页。

② 《上海市关于贯彻落实中央环保督察反馈意见整改情况报告》，上海市人民政府网站，2018 年 5 月 15 日。

见，调整专家委员会成员。二是完成重点领域专题研究。围绕氮磷污染控制、小流域治理等重点领域的需求，2013 年以来完成了 74 项科研课题研究，更加突出了技术集成示范。

浙江省遴选专家负责指导流域市控断面的消劣工作，组织专家负责指导流域“污水零直排区”建设。[①] 聘请了两院院士等专家组成治水专家团，针对截污纳管、清淤治污、水利建设等问题开展决策咨询、技术指导和难题攻关。重点开展了水污染治理技术集成和适用技术的示范推广、太湖入湖口地区污染物削减及水生态修复示范、县域面源污染整治综合示范。“真空预压法”“真空薄膜技术”“分级分离固化干结技术”等一批科学治污新技术得到利用并做出成效；声波探测仪、“电子眼”、“无人机”、“河长工作站”等信息化管理模式全面推广。

（七）多元化的资金投入是做好流域水环境综合治理的保障

流域各地进一步加大资金扶持力度，充分利用市场手段，完善“政府引导、地方为主、市场运作、社会参与”[②] 的多元化投入机制。

江苏省编制年度治太资金指南和资金项目安排方案，加大对太湖治理重点工程的支持力度。2017 年 6 月省政府办公厅印发《江苏省太湖流域水环境综合治理省级专项资金和项目管理办法》，对省级治太专项资金项目管理方式进行改革。太湖水环境综合治理专项资金分配方法改为“因素法”和“项目法”相结合，以“因素法”为主的专项资金分配模式。除省级统筹涉及的重大工程、重点项目、跨流域区域项目和省本级项目外，其余资金以“地方上年度区域水质改善情况、污染物减排情况、地方年度目标责任书考核情况”三个因素切块分配至流域 14 个设区市、县（市），提高了水质改善情况在资金分配中的比重，促进地方治太的积极性和主动性。积极推进投融资模式创新，开放污水处理经营市场，引入市场竞争机制，充分吸引社会

---

① 浙江省发展改革委：《浙江省太湖流域水环境综合治理总体方案中期自评报告》，2019。

② 《太湖流域水环境综合治理总体方案》，江苏省审计厅网站，2009 年 6 月 8 日。

资本、民营资本等参与城乡环境基础设施建设与运行；常州市武进区等在农村生活污水建设运营、黑臭河道整治、小流域综合整治等领域积极探索PPP模式，吸引和鼓励社会资本参与水环境治理工作。

浙江省创新实施财政激励政策，2017~2019年对流域的临安、德清、安吉三县（区）每年每县（区）给予1亿元专项资金激励。探索实施流域上下游横向生态补偿，制定出台《关于建立省内流域上下游横向生态保护补偿机制的实施意见》，流域的余杭、湖州、长兴、安吉、德清等地已建立起横向生态补偿机制。建立健全绿色发展财政奖补机制，出台《关于建立健全绿色发展财政奖补机制的若干意见》，实施单位生产总值能耗、出境水水质、森林质量财政奖惩制度，实行与环境质量挂钩分配的生态环保财力转移支付制度。

上海市为加快新谊河、新塘港整治项目进度，将补贴标准由区管河道标准提升为市管河道标准，即工程费用由市财政补贴70%提高到全额补贴；制定《上海市饮用水水源地二级保护区内企业清拆整治市级资金补贴方案》，在全面落实二级保护区内禁止新改扩建排放污染物建设项目的基础上，对现有工业企业实施关闭调整。

（八）强化考核、落实责任是做好流域水环境综合治理的保证

国务院相关部门按照联席会议制度工作细则和职责分工，各司其职，加强对地方太湖治理工作的检查指导和督促。生态环境部受国务院委托，与两省一市分别签订《水污染防治目标责任书》，对照《水污染防治行动计划》目标要求，对太湖流域的水环境状况进行评价，针对水质反弹且降类断面，每月向省级发出预警。每季度调度通报，定期调度水污染防治重点任务实施进展，每季度向省级人民政府通报《水污染防治行动计划》重点任务、水质目标完成情况和水质反弹断面。开展中央生态环境保护监督检查，加强环境执法检查，对太湖流域开展专项监督检查，联合相关部门开展国家级自然保护区监督检查、饮用水水源地保护专项行动等。

江苏省在太湖流域65个重点断面建立“断面长制”，由各县（市、区）党委政府负责同志担任断面长。印发《太湖流域水污染治理目标责任考核

细则》，在初步建立省、市、县三级考核体系的同时，开展部门考核工作；各地结合实际，采取调度通报、点评打分、挂牌督办等形式，逐步健全监督检查考核工作。落实新修订的太湖治理工作监督检查考核办法及细则，流域五市进一步完善市、县监督检查考核体系，组织对所辖县（市、区）年度目标责任书检查考核。

浙江省每年印发太湖流域水环境综合治理年度工作任务清单，省、市、县逐层签订主要污染物减排责任书，将减排目标、减排任务和减排项目等做了全面梳理分解，明确工作任务与责任；将太湖流域水环境综合治理工作纳入生态省建设和“五水共治”目标责任考核，考核结果作为对各级领导班子和领导干部政绩考核的重要依据。

上海市参照中央环保督察模式，出台《上海市环境保护督察实施方案（试行）》，建立集中督察和日常监察相结合的环境保护督察制度，完成对青浦区等的环保督察，2017 年 11 月 23 日至 12 月 22 日现场督察期间，办理信访 408 件，立案查处 81 件，责令整改 130 件。①

三　存在的问题

在流域各省市和国家有关部门的共同努力下，太湖流域水环境状况得到明显改善，太湖水体水质取得明显好转，氨氮、总氮浓度呈大幅度下降趋势，然而“冰冻三尺，非一日之寒”，今天的生态环境问题是历史不断累积的过程和结果，生态环境质量改善也需要一个长期奋斗的过程，湖泊治理是世界难题，绝非一朝一夕就可以解决。当前，太湖流域发展与保护的矛盾依然十分突出，资源环境承载能力已经达到或接近上限，污染负荷重、生态受损大、环境风险高，生态产品供给与需求矛盾仍未根本缓解，我们要对其复杂性、艰巨性有清醒的认识。

---

① 《上海市关于贯彻落实中央环保督察反馈意见整改情况报告》，上海市人民政府网站，2018 年 5 月 15 日。

（一）太湖水质继续改善的难度在不断增加

1. 太湖总磷浓度未达到治理目标且处于高位波动

2018 年，太湖湖体高锰酸盐指数、氨氮和总氮浓度已达到 2020 年目标，但总磷浓度仍超出目标 74%，总体上呈波动上升趋势。

近几年入湖污染负荷总体呈降低趋势，但仍超出湖体纳污能力，总磷入湖污染负荷量大是太湖总磷浓度居高不下的根本原因。22 个主要入太湖河道控制断面水质状况虽然明显改善，但总磷的平均浓度（2018 年）仍为太湖湖体的 1.6 倍，特别是 2016 年流域发生大洪水，总磷入湖污染物量达 2500 吨，为近年来最高，与太湖总磷浓度呈明显正相关。太湖为典型的浅水湖泊，近年来由于太湖沉水植物大量减少，风浪扰动后容易造成底泥再悬浮，加速了底泥沉积磷的大量释放。同时，蓝藻水华会加快湖体磷循环，近年来太湖蓝藻数量增加，也导致水体中总磷浓度的上升。① 多种因素共同作用，导致近年太湖总磷浓度处于高位波动。

2. 主要入湖河流水质达标难度大

近年来，22 个主要入太湖河道控制断面水质总体呈好转趋势，达标比例持续提升，但与《总体方案修编》确定的目标仍有差距。2018 年，江苏省 15 条入湖河流，总氮达标率最低，仅为 27.2%，总磷次之，为 54.5%。从近十年水质数据变化情况来看，目前仅宜兴市大港河和苏州市望虞河 2 条河流能稳定达到《总体方案修编》考核要求，到 2020 年，梁溪河、小溪港可望达到考核水质目标，其他 11 条主要入湖河流仍难以达到《总体方案修编》考核水质目标。

3. 太湖暴发大面积蓝藻水华的潜在风险仍然存在

2007 年以来，流域水环境质量得到明显改善，太湖富营养化趋势得到基本遏制，但入河（湖）污染物总量远超水体纳污能力，太湖营养过剩的

---

① 王华、陈华鑫、徐兆安、芦炳炎：《2010～2017 年太湖总磷浓度变化趋势分析及成因探讨》，《湖泊科学》2019 年第 4 期，第 919～929 页。

状况没有根本扭转，太湖蓝藻水华强度总体呈上升趋势。2017 年，太湖蓝藻数量和蓝藻水华发生最大水华面积均达到近年来最高值。[①] 近年来太湖营养状况虽有所改善，但太湖氮磷营养盐长期累积，湖体藻型生境已经形成，目前尚未得到有效改变。[②] 只要气温、光照、风力等外部条件具备，部分湖区仍有蓝藻水华大面积暴发的可能，[③] 受东南季风影响，西北部湖湾、西部沿岸区和湖心区等仍将是蓝藻水华主要发生水域。

4. 太湖沉水植物分布面积处于较低水平

沉水植物能抵抗风浪扰动，具有抑制底泥再悬浮的作用，从而减少底泥中的氮磷释放；同时，沉水植物自然生长过程需吸收水体中的氮磷，进而达到净化水质的目的。另外，沉水植物具有一定的物理阻隔作用，可削弱蓝藻的空间迁移。但监测情况表明，自 2015 年以来太湖沉水植物面积大幅减少。沉水植物大面积减少后，难以在短时间内恢复至原有水平。

近年来，地方有关部门已认识到沉水植物对太湖水质改善的作用，加强了对太湖水草收割的管理，同时，水利部太湖局通过流域水资源调度，适度降低冬春季太湖水位，有效促进了太湖沉水植物的恢复。2018 年，太湖沉水植物面积有所恢复，已达到 64 平方公里，但与 2014 年的 244 平方公里相比仍有较大差距。

（二）深化治理瓶颈亟待突破

1. 工程项目实施的难度不断增加

通过几年努力，太湖治理项目总体实施顺利，已经开始发挥效益。但也要看到，已经完成的项目大多是见效快的、容易实施的，也就是说，好做的事情已经做得差不多了，剩下的都是难啃的硬骨头。太湖生态系统退化，湖

---

① 《太湖健康状况报告（2017）》，水利部太湖流域管理局网站，2019 年 8 月 28 日。

② 徐雪红：《加强流域综合治理与管理　推动太湖流域水生态文明建设》，《中国水利》2013 年第 15 期，第 63 ~ 65 页。

③ 朱伟、陈怀民、王若辰等：《2017 年太湖水华面积偏大的原因分析》，《湖泊科学》2019 年第 3 期，第 621 ~ 632 页。

体藻型生境难以在短时间内得到根本改变，污染物浓度指标要进一步地下降一点，都要花费更大的力气和更多的代价，可以说太湖综合治理的边际效应已经出现。突出的几个难题有，面源污染所占比重逐步提高，成为太湖治理的主要瓶颈（根据中国国际工程咨询有限公司2012年评估数据，农业面源污染占太湖流域主要污染物比例分别为：COD 45.6%、氨氮56.7%、总氮69.8%、总磷79.1%），而面源污染治理项目完成率较低，缺乏针对性的政策支持和考核机制，治理难度大。污水处理设施运营和管理水平有待提高，污水收集管网建设滞后，一些污水处理厂运行负荷低，尚未充分发挥效益。部分治太骨干工程推进难度大，目前一些太湖治理项目实施进展相对缓慢，如生态修复、河网综合整治、引排通道建设等。主要原因就是土地供给与工程建设需求严重不匹配，受到征地、拆迁等因素的制约，往往还涉及上下游、省际的协调，成了难啃的硬骨头，工程建设推进难度越来越大。同时，基础支撑工作有待加强，监测信息未得到有效整合和共享，水环境监测共享信息平台已经初步建立，但共享信息不多，科研成果和实用技术难以得到有效转化应用。要突破这些瓶颈，需要我们在工作中坚持制度、管理和技术创新，全面提升综合治理水平。

2. 流域经济产业结构调整任重道远

虽然近年来太湖流域持续推进产业结构调整和转型升级，加快淘汰落后产能，大力发展高新技术产业和服务业，实现了经济持续增长、污染持续下降的双赢发展格局，但太湖流域社会经济发达、人口资源集聚、城市化水平高，经济社会发展与环境承载能力之间的矛盾依旧突出，流域污染排放总量仍远超水环境承载能力的情况没有得到根本改变。[①] 流域部分地区战略性新兴产业处于起步培育阶段，产出效率偏低，重污染行业占比仍然偏高，主要污染物单位排放强度较大，高投入、高排放、低效益的问题尚未得到根本解决，产业结构调整仍任重道远。[②]

---

① 程声通、钱益春、张红举：《太湖总磷、总氮宏观水环境容量的估算与应用》，《环境科学学报》2013年第10期，第2848~2855页。

② 陆桂华、张建华：《太湖水环境综合治理的现状、问题及对策》，《水资源保护》2014年第2期，第67~69页。

（三）跨区域协同治理力度尚待加强

目前，太湖流域的水污染防治管理体制仍以行政区域管理为主，各行政区污染责任不清，跨界水污染问题难以有效解决，难以协调污染物排放量超过流域环境容量的问题，一些省际边界地区河湖治理与保护、污染防控尚缺乏上下游统一规划，跨省河湖的协同治理保护机制尚未全面建立。以淀山湖治理为例，经监测分析和水质模型模拟计算，2018 年淀山湖全湖总氮负荷量约 14219 吨，总磷负荷量约 629 吨。[①] 其中，青浦区三镇只有金泽镇和朱家角镇的污染源进入淀山湖，入湖污染源总量中总氮和总磷分别只占淀山湖总负荷量的 4.37% 和 13.0%，超过 85% 的污染物来源于上游。要实现淀山湖水质目标，需要上下游联动，协同治理。随着长三角一体化发展上升为国家战略，太湖流域水环境综合治理跨区域、跨行业合作协同的要求更高，迫切需要推动形成两省一市和国家相关部门协同融合治太的工作新局面。

四　形势分析

随着我国社会主要矛盾转化为人民日益增长的美好生活需要和不平衡不充分的发展之间的矛盾，人民群众对优美生态环境需要已经成为这一矛盾的重要方面。[②] 党的十九届四中全会从实行最严格的生态环境保护制度、全面建立资源高效利用制度、健全生态保护和修复制度、严明生态环境保护责任制度等四个方面，对建立和完善生态文明制度体系，促进人与自然和谐共生做出安排部署，进一步明确了生态文明建设和生态环境保护最需要坚持与落实的制度、最需要建立与完善的制度。2019 年 9 月 18 日，习近平总书记在黄河流域生态保护和高质量发展座谈会上发表重要讲话，深刻阐述了事关黄河流域生态保护和高质量发展的根本性、方向性、全局性重大问题，发出了让黄河成为造

---

① 上海市发展和改革委员会：《上海市太湖流域水环境综合治理工作总结报告》，2019。

② 《推动我国生态文明建设迈上新台阶》，《奋斗》2019 年第 3 期，第 1～16 页。

福人民幸福河的伟大号召，[1] 不仅为新时代加强黄河治理保护提供了根本遵循，也为做好新时代流域水环境治理工作提供了科学指南。太湖流域是长三角一体化发展等重大国家战略的交会点，正处于追求更高水平、更高质量发展的关键阶段，对流域生态环境提出了新的更高要求。

从全面建成小康社会的要求来看。全面建成小康社会是一个经济、政治、文化、社会、生态全面协调发展的目标，也是衡量人民生活水平、生活质量的目标。[2] 太湖流域地跨江苏、浙江、上海两省一市，是长江三角洲的核心区域，是我国人口密度最大、工农业生产发达、国内生产总值和人均收入增长最快的地区之一。经济发展了，社会进步了，生活富裕了，生态环境在人们生活幸福指数中的分量就会不断加重，“晴日见蓝天、河中飞白鹭”的景象就越令人向往。太湖流域生态环境尽管有所改善，但流域污染排放总量较大，环境风险隐患不少，河湖环境容量有限、生态系统脆弱的状况还没有根本扭转，流域生态环境质量与经济高质量发展要求以及人民群众热切期盼相比，还存在不少差距。老百姓要求改善环境的呼声非常强烈。党的十九大将坚决打好污染防治攻坚战作为决胜全面建成小康社会的三大攻坚战之一，只有协调好增长与转型、生产与生态关系，补齐生态环境的短板，才能让更多的碧波美景展现在流域大地上。

从长江三角洲区域一体化发展的要求来看。长三角是我国经济发展最活跃、开放程度最高、创新能力最强的区域之一。推动长江三角洲区域一体化发展，是习近平总书记亲自谋划、亲自部署、亲自推动的重大战略。2019年，中共中央政治局会议审议通过《长江三角洲区域一体化发展规划纲要》，国务院批复《长三角生态绿色一体化发展示范区总体方案》，标志着长三角一体化发展国家战略全面进入施工期。太湖流域位于长江三角洲地区腹地，当前流域水生态安全仍存在风险，生态空间管控要求不统一，部分区域水生态廊道衔接贯通不充分，规范标准地区差异较大，不同地区排放标准

---

① 《习近平在黄河流域生态保护和高质量发展座谈会上的讲话》，新华网，2019年9月18日。

② 王桂英、吴春玲：《邓小平小康社会理论述论》，《商业时代》2011年第21期，第4~5页。

限值也互有宽严。为全面落实长三角一体化发展国家战略，走好绿色发展之路，流域各省市党委政府和水治理机构应进一步聚焦生态环境问题，重点在水生态安全保障、生态空间建设、基础设施共享和环境政策制度共建等方面，加强自然资源、生态环境、水利、住建、交通、农业农村等多部门协作，大力推动区域间法规、政策、规划、标准、规范等协调统一，[①] 更好地发挥长三角的带动和示范效应。

从流域高质量发展的要求来看。太湖流域经济社会经过长期高速增长，经济实力明显增强，生产体系趋于完备，主要经济指标基本与世界发达经济体相当。在探索高质量发展路径方面，应全面对标国际最高标准，以更宽视野、更卓越要求，在建设中实现新理念、新方法、新技术的综合集成，在发展中实现生态、创新、人文的有机融合，打造高质量发展标杆。[②] 在实施高水平水环境保护治理方面，强化水环境承载力刚性约束，着力从能源、产业、交通、用地四大结构调整优化入手，加强工业集聚区污水集中治理设施建设，推动城镇污水处理设施及污水收集管网建设与改造、城市黑臭水体治理，科学实施流域畜禽养殖污染治理，严格管控生态环境风险，把住资源消耗上限、兜住环境质量底线、守住生态保护红线，实现更有活力、更可持续的高质量发展。

五　工作展望

鉴于流域水环境综合治理的复杂性、艰巨性和长期性，且《总体方案修编》中确定的远期水平年 2020 年已经到来，有必要在全面分析总结上一阶段流域水环境综合治理工作成效和存在问题的基础上，提前谋划未来一段时期太湖流域水环境综合治理的思路、目标、任务和措施。新一轮规划应坚持问题导向、目标导向、发展导向，吸收和反映目前水环境治理的

① 张壬戌：《长三角全国人大代表会诊“太湖水”——沪苏浙皖 20 位全国人大代表首次开展联合视察调研》，《上海人大月刊》2018 年第 12 期，第 8 ~ 9 页。

② 《长三角生态绿色一体化发展示范区总体方案》，中国政府网，2019 年 11 月 19 日。

新政策和新要求，突出引领性、指导性、流域性、可操作性，以便更好地指导太湖流域水环境综合治理。

（一）推动流域分区分类生态环境保护

构建并完善以控制单元、水功能区为空间基础的“三线一单”生态环境空间管控体系，以水环境质量改善为核心，“减排”“扩容”[①] 两手发力，建立水环境、水生态、水资源“三水”统筹，突出工业污染、农业污染、生活污染、航运污染“四源齐控”的流域水环境管理体系。

流域上游湖西区和浙西区以水源涵养及水生态保育为重点，建议加强河流源头水保护，以及苕溪、长荡湖、滆湖、老石坎水库等上游湖库水生态保护与修复，实施河网、湖荡湿地清淤、连通和水生植物恢复等生态修复工程，引导低污染水进入湿地系统，并充分停留，使氮磷污染物得到深度净化，从而减轻太湖环境压力。

太湖及湖区建议以生态水位保障及水生态修复为重点，科学实施内源污染治理，[②] 继续实施太湖蓝藻打捞及收运处置，推进资源化利用，推动湖泊从藻型生境向草型生境的恢复。[③] 按照“还河流以空间”的理念，开展太湖及重要支流生态缓冲带综合整治，腾退受侵占的高价值生态区域，将太湖及其重要支流生态缓冲带纳入生态保护红线管理，遏制沿河环湖各类无序开发活动，保护修复沿河环湖湿地生态系统。

下游武澄锡虞区、阳澄淀泖区、杭嘉湖区和浦西浦东区以污染消纳及河网湿地修复为重点，开展引江济太输水通道的湖荡湿地生态修复。在望虞河西岸支河上的湖荡以及望虞河沿线漕湖等湖荡的非行洪区域探索开展湖荡湿地生态修复，提高生态净化能力，降低望虞河的氮磷负荷。

---

① 余辉：《新时期太湖流域综合治理“减排”与“扩容”策略》，《中国环境报》2018 年 4 月 26 日。

② 单玉书、沈爱春、刘畅：《太湖底泥清淤疏浚问题探讨》，《中国水利》2018 年第 23 期，第 11 ~ 13 页。

③ 周娅、吴东浩、翟淑华：《河湖健康评估对水系治理的启示——以太湖为例》，加强城市水系综合治理　共同维护河湖生态健康——2016 第四届中国水生态大会，浙江海宁，2016。

（二）进一步加强下游“一河三湖”的保护

太浦河、淀山湖、元荡湖和汾湖涉及上海市青浦区、江苏省苏州市吴江区以及浙江省嘉兴市嘉善县，水质状况对于做好长三角生态绿色一体化发展示范具有重要意义。[①] 对于太浦河、元荡湖和汾湖，建议协调跨界区域生态功能定位，统一划分区域生态空间分类控制线，协调功能分区目标和定位，明确管控机制要求。[②] 例如，可将太浦河两岸纵深 1 公里范围陆域划定为优先保护单元。建立完善太浦河水资源应急调度和水质优化调度机制，明确太浦河两岸水利工程运行和管理原则，建立工程调度信息共享机制。

淀山湖地处江苏省昆山市、苏州市吴江区和上海市青浦区，是流域跨省界的重要湖泊。建议在完善淀山湖地区水资源保护、水污染防治省（市）合作机制的基础上，进一步聚焦急水港、千灯浦、朱厍港等主要入湖河流的统筹治理。通过饮用水安全保障、工农业与城乡污染源治理、水生态修复、河网综合治理、疏浚清淤等综合治理工程措施，有效降低点源和面源污染，减少河道内源污染，提高河网水生态系统自我修复能力。

（三）积极拓宽环境治理投融资渠道

采取多种方式拓宽融资渠道，鼓励、引导和吸引政府与社会资本合作（PPP）项目参与太湖流域水环境综合治理。完善资源环境价格收费政策，探索将生态环境成本纳入经济运行成本，逐步建立完善污水垃圾处理收费制度。推动水权、排污权交易试点，完善初始权益分配机制，培育和规划水权、排污权交易市场。推行绿色信贷，建立企业环境信用评价体系，鼓励高环境风险行业投保环境污染责任保险。拓展政府与社会资本合作模式，将属于政府事权的水环境治理项目纳入地方融资平台融资；以政府财政投入为引

---

① 陈雯：《长三角一体化发展示范区为什么是生态绿色的?》，《第一财经日报》2019 年 11 月 6 日。

② 周宏伟、黄佳聪、高俊峰等：《太湖流域太浦河周边区域突发水污染潜在风险评估》，《湖泊科学》2019 年第 3 期，第 646 ~ 655 页。

导，充分调动社会资本投入，对第三方治理、环境服务采购等机制和模式进行补贴、奖励，探索建立社会资本投资回报收益机制，促进环保产业发展。全面清理取消对高污染排放行业的各种不合理价格优惠政策。[1]

（四）强化生态环境保护督察执法

做好太湖流域控制单元和水功能区划融合工作，明晰责任考核断面和水质目标，督导各地层层细化分解，逐步提升流域水质目标管理体系的精细化、系统化水平。深化落实重点区域、重点行业和重点污染源治理，太湖流域相关城市继续实施城市黑臭水体整治，生态环境行政主管部门组织开展劣Ⅴ类国控断面整治、入河排污口排查整治、省级及以上工业园区污水收集设施整治、国家级自然保护区监督检查、打击固体废物环境违法行为、饮用水水源地保护等专项行动，强化跨界湖泊的环境监管，定期开展联合监测、联合执法、信息通报、协同处置，共同推进流域环境质量改善。同时，继续在太湖流域组织开展水质例行监测、自动监测及卫星遥感监测，并组织指导地方做好藻类水华预警和应急监测，进一步提升太湖流域水环境监测能力。

（五）促进提高太湖治理公众参与水平

建议两省一市多层次搭建政府与公众对话的平台，尊重和支持公众参与环境保护的权利和意愿，[2] 提高公众参与太湖治理的广度和深度；更加重视社会组织在太湖治理中的作用，引导其有序参与环境治理工作；[3] 创新体制机制，切实依靠农民，建立有利于环境保护的生活习惯和生产方式；依法定期向社会公布太湖流域检查和治理的有关信息，主动接受舆论和群众监督；加快推进企业环境信息披露，逐步公开对重点污染企业的在线监测数据，逐步扩大监控范围，强化社会化监管；依法调整提高城镇污

---

① 《长江保护修复攻坚战行动计划》，中国政府网，2018 年 12 月 31 日。

② 王艳洁：《我国跨区域流域水管理体制分析——以太湖流域为例》，《经济研究导刊》2018 年第 1 期，第 118 ~ 120 页。

③ 刁欣恬：《太湖流域整体性治理问题研究》，硕士学位论文，南京大学，2019。

水处理收费和排污收费标准的透明度，确保公众的知情权和参与权；通过加强执法和教育培训并举，增强企业社会责任感。新闻媒体充分发挥监督引导作用，全面阐释水环境治理的重要意义，积极宣传各地生态环境管理法律法规、政策文件、工作动态和经验做法，积极引导社会形成可持续消费、绿色文明的生活方式，营造爱护生态环境的良好社会风尚，使生态文明理念真正成为每个社会成员的广泛共识和行为准则。[①]

参考文献

杜鹰：《加强“三湖”流域水环境综合治理》，《中国经贸导刊》2007 年第 15 期。

胡惠良、谈俊益：《江苏太湖流域水环境综合治理回顾与思考》，《中国工程咨询》2019 年第 3 期。

《太湖流域水环境综合治理总体方案》，江苏省审计厅网站，2009 年 6 月 8 日。

《太湖健康状况报告（2018）》，水利部太湖流域管理局网站，2019 年 12 月 5 日。

中国国际工程咨询有限公司：《太湖流域水环境综合治理总体方案（2013 年修编）实施情况的咨询评估报告》，2019。

上海市发展和改革委员会：《上海市太湖流域水环境综合治理工作总结报告》，2019。

周宏春：《持续深入地推进生态环境保护》，《中国经济时报》2019 年 7 月 25 日。

李干杰：《守护良好生态环境这个最普惠的民生福祉》，《人民日报》2019 年 6 月 3 日。

王金南、万军、王倩、苏洁琼、杨丽阎、肖旸：《改革开放 40 年与中国生态环境规划发展》，《中国环境管理》2018 年第 6 期。

《推动我国生态文明建设迈上新台阶》，《奋斗》2019 年第 3 期。

《太湖流域水环境综合治理总体方案（2013 年修编）》，环保网，2014 年 1 月 14 日。

尤珍、钱纯纯、马颖卓：《太湖局　打造湖长制“升级版”太湖首创跨省湖泊湖长协商平台》，《中国水利》2018 年第 24 期。

《浙江江苏建立国内首个跨省湖长协商协作机制　两省湖长共治太湖》，人民网，2018 年 11 月 21 日。

叶建春：《太湖流域——推进综合管理　实现水利跨越》，《中国水利报》2011 年 11 月 1 日。

张全：《聚焦十九大：上海生态、绿色发展谋新篇》，《环境保护》2017 年第 22 期。

---

① 周宏春：《持续深入地推进生态环境保护》，《中国经济时报》2019 年 7 月 25 日。

《上海市关于贯彻落实中央环保督察反馈意见整改情况报告》，上海市人民政府网站，2018 年 5 月 15 日。

王华、陈华鑫、徐兆安、芦炳炎：《2010 ~ 2017 年太湖总磷浓度变化趋势分析及成因探讨》，《湖泊科学》2019 年第 4 期。

浙江省发展改革委：《浙江省太湖流域水环境综合治理总体方案中期自评报告》，2019。

《太湖健康状况报告（2017）》，水利部太湖流域管理局网站，2019 年 8 月 28 日。

徐雪红：《加强流域综合治理与管理　推动太湖流域水生态文明建设》，《中国水利》2013 年第 15 期。

朱伟、陈怀民、王若辰等：《2017 年太湖水华面积偏大的原因分析》，《湖泊科学》2019 年第 3 期。

程声通、钱益春、张红举：《太湖总磷、总氮宏观水环境容量的估算与应用》，《环境科学学报》2013 年第 10 期。

陆桂华、张建华：《太湖水环境综合治理的现状、问题及对策》，《水资源保护》2014 年第 2 期。

《习近平在黄河流域生态保护和高质量发展座谈会上的讲话》，新华网，2019 年 9 月 18 日。

王桂英、吴春玲：《邓小平小康社会理论述论》，《商业时代》2011 年第 21 期。

张壬戌：《长三角全国人大代表会诊“太湖水”——沪苏浙皖 20 位全国人大代表首次开展联合视察调研》，《上海人大月刊》2018 年第 12 期。

翟淑华：《太湖流域水生态文明建设理念与实践》，2017 中国水资源高效利用与节水技术论坛，哈尔滨，2017。

《长三角生态绿色一体化发展示范区总体方案》，中国政府网，2019 年 11 月 19 日。

余辉：《新时期太湖流域综合治理“减排”与“扩容”策略》，《中国环境报》2018 年 4 月 26 日。

单玉书、沈爱春、刘畅：《太湖底泥清淤疏浚问题探讨》，《中国水利》2018 年第 23 期。

周娅、吴东浩、翟淑华：《河湖健康评估对水系治理的启示——以太湖为例》，加强城市水系综合治理　共同维护河湖生态健康——2016 第四届中国水生态大会，浙江海宁，2016。

陈雯：《长三角一体化发展示范区为什么是生态绿色的?》，《第一财经日报》2019 年 11 月 6 日。

周宏伟、黄佳聪、高俊峰等：《太湖流域太浦河周边区域突发水污染潜在风险评估》，《湖泊科学》2019 年第 3 期。

《长江保护修复攻坚战行动计划》，中国政府网，2018 年 12 月 31 日。

王艳洁：《我国跨区域流域水管理体制分析——以太湖流域为例》，《经济研究导刊》2018 年第 1 期。

刁欣恬：《太湖流域整体性治理问题研究》，硕士学位论文，南京大学，2019。

B.15
杭州湾污染特征、原因及对策建议

张希栋*

摘　要： 杭州湾污染严重，不利于杭州湾沿岸城市的可持续发展。杭州湾污染主要来源于入海河流以及入海排污口等陆源污染，两岸城市对杭州湾不同污染物的贡献影响程度不同，工业、农业、生活以及畜禽污染对杭州湾不同污染物的贡献也存在差异化影响。当前，由于自然因素、过度开发、监管薄弱、重陆轻海以及缺乏协同治理机制等，杭州湾污染并未得到有效遏制。应从以下四个方面加强杭州湾污染治理：陆海统筹、以海定陆，流域统筹、河海兼顾，绿色发展、源头减排，完善监管、加强治理。

关键词： 杭州湾　海洋污染　治理对策

国家重视长三角环保联防联控机制建设。2019 年 10 月 25 日，国务院批复同意《长三角生态绿色一体化发展示范区总体方案》，标志着长三角跨行政区域绿色发展即将加速。长三角绿色一体化发展迎来了前所未有的历史机遇，环杭州湾地区作为长三角经济圈的核心区域之一，在长三角地区绿色一体化发展进程中扮演重要角色。

然而，在环杭州湾城市经济发展不断取得新突破的情况下，杭州湾污染

---

* 张希栋，博士，上海社会科学院生态与可持续发展研究所助理研究员，研究方向为资源环境经济学。

严重，生态环境质量面临重大挑战。杭州湾是中国沿海重要海湾，具有重要的生态系统服务功能。杭州湾海域生态环境质量的恶化，对地区可持续发展造成了严重挑战。当前，环杭州湾地区均非常重视绿色发展，各城市基于自身条件提出了相应的发展目标，如杭州正大力建设世界名城、宁波正推进全球门户城市建设、上海正加快迈向卓越的全球城市，这些发展目标不约而同地将生态环境建设摆在重要位置。在这一背景下，改善杭州湾生态环境质量成为环杭州湾地区发展的共同目标。2018 年 9 月，上海市环保局等十部门联合印发《上海市长江口及杭州湾近岸海域污染防治方案》，指出要切实打好污染防治攻坚战，改善上海市长江口及杭州湾近岸海域环境质量状况；2019 年 4 月，浙江省生态环境厅等九部门联合印发《杭州湾污染综合治理攻坚战实施方案》，指出要加快解决杭州湾存在的突出生态环境问题，将杭州湾建成生态良好、环境优美、生活舒适的美丽海湾。上海市与浙江省靠近杭州湾，是杭州湾污染的重要来源地，两地均非常重视杭州湾污染治理问题，但其他地区是否也在一定程度上造成了杭州湾的污染呢？杭州湾污染的影响因素有哪些？其污染治理还存在哪些问题？当前，非常有必要深入研究杭州湾污染治理问题，以改善杭州湾生态环境质量、支持长三角地区绿色一体化发展。

一　杭州湾污染特征

杭州湾由于特殊的自然地理位置以及邻近地区的社会经济发展特征，其污染状况也具有一定的独特性。

（一）水环境质量差、富营养化严重

2014～2017 年，杭州湾水质均为劣Ⅳ类，主要污染因子是无机氮和活性磷酸盐，水体处于严重富营养化状态。2018 年，杭州湾水质仍全部为劣Ⅳ类。与 2017 年相比，2018 年尽管杭州湾水体富营养化状态与上年持平，但富营养化指数有所上升。

（二）生态系统健康状况堪忧

根据《2018 年中国海洋生态环境状况公报》，其对中国沿海典型的河口海湾生态系统进行了监测。对 2018 年全国重点监测的河口、海湾生态系统健康状况结果进行比较可以发现，在全国重点监测的 5 个河口、7 个海湾生态系统状况中，杭州湾为不健康状态，其余河口、海湾均为亚健康状态（见表 1）。因此，从全国范围来看，与其他河口、海湾相比，杭州湾的生态系统健康状态最差。

表 1　2018 年全国河口、海湾生态系统监测评价

单位：平方公里

项目	监控区名称	监测区域面积	健康状态
河口	双台子河口	3000	亚健康
	滦河口 - 北戴河	900	亚健康
	黄河口	2600	亚健康
	长江口	13668	亚健康
	珠江口	3980	亚健康
海湾	锦州湾	650	亚健康
	渤海湾	3000	亚健康
	莱州湾	3770	亚健康
	杭州湾	5000	不健康
	乐清湾	464	亚健康
	闽东沿岸	5063	亚健康
	大亚湾	1200	亚健康

资料来源：《2018 年中国海洋生态环境状况公报》。

（三）内湾污染重于外湾

由于数据可得性，本文梳理了相关学者对杭州湾污染空间特征的研究。虞锡君和贺婷研究发现，1989 年内湾区已经严重污染，主要超标污染物是无机氮，2006 ~2007 年无机氮浓度升高至 1.68 毫克/升，近年来无机氮浓度无明显增加，内湾区活性磷酸盐浓度 20 年来维持在 0.03 ~0.07 毫克/升范围内；外湾区水质 2002 年后开始恶化，2006 年以后趋于严重，2009 年无机氮浓度达 1.26 毫克/升，外湾区活性磷酸盐于 2007 年超Ⅳ类标准，2009 年达到 0.05 毫克/升左右。[①] 因此，总体上，相对于外湾区，内湾区水环境恶化时间早、恶化程度严重。顾骅珊对杭州湾污染的空间特征进行了研究，以 2011 年的数据作为分析杭州湾水污染现状的基础，发现杭州湾污染呈现由西向东逐渐降低的变化趋势。[②] 陈思杨等采用 2015 年 1 ~ 12 月杭州湾 12 个航次的调查资料，发现无机氮和活性磷酸盐含量分布趋势多呈现为湾内高、湾外低。[③] 综上所述，从当前学者对杭州湾污染空间特征的研究来看，杭州湾污染内湾重于外湾。

二　杭州湾污染来源

杭州湾污染主要来源于陆地，本部分对杭州湾污染的来源进行分析。同时梳理学者对杭州湾污染来源的相关研究，明晰杭州湾污染来源。

（一）来源渠道

杭州湾污染主要来源于陆源排污，包括三个方面：第一，河流入海污染源，包括入海河流、入海溪闸；第二，主要是入海排污口，以城市污水处理厂排污口以及工业排污口为主；第三，输入性污染，主要是来自长江口的污染物，经由水体交换进入杭州湾。

1. 入海河流

入海河流、溪闸是杭州湾污染的重要来源。杭州湾入海河流主要包括钱塘江、曹娥江、甬江 3 条；杭州湾入海溪闸主要包括四灶浦闸、长山河、海盐塘、上塘河、盐官下河 5 条。陈思杨等对杭州湾污染的研究表明：杭州湾

---

① 虞锡君、贺婷：《杭州湾水污染特征、原因及防治对策》，《嘉兴学院学报》2013 年第 4 期，第 47 ~52 页。

② 顾骅珊：《杭州湾海域水污染演变及污染源分析》，《嘉兴学院学报》2015 年第 1 期，第 68 ~75 页。

③ 陈思杨、宋琍琍、余骏等：《杭州湾营养盐时空分布特征及其影响研究》，《海洋开发与管理》2018 年第 11 期，第 61 ~66 页。

2015 年的调查结果与 20 世纪 80 年代相比，无机氮月均含量增幅大于 100%，活性磷酸盐平均含量增加 72%，钱塘江和曹娥江等携带的污染物增加。以钱塘江为例，根据 2015～2017 年《浙江省海洋环境状况公报》，各年度钱塘江携带入海污染物数量较大，以化学需氧量、总有机碳以及总氮为主，2015 年化学需氧量随钱塘江进入杭州湾数量较大，2016 年明显下降，2017 年有所回升，近几年钱塘江携带总有机碳的数量较大，且持续增加，总氮的排放有所下降，不同入海污染物排放变化特征呈现差异性。钱塘江北源、南源分别为新安江、马金溪，流经安徽省、浙江省等区域，涉及的行政区较多。

2. 入海排污口

目前，尚未获得关于杭州湾入海排污口污染物排放量的相关数据。从当前公布的浙江省统计的部分入海排污口污染物排放数据来看（见表 2），入海排污口污染物排放并未明显降低，且杭州湾两岸分布有众多未被监测的入海排污口，向杭州湾排放了大量的污染物。进一步研究，根据《浙江省海洋环境状况公报》，整理得到近年来浙江省入海排污口排放入海的污染物情况。浙江全省入海排污口共 44 个，杭州湾入海排污口共 5 个。其中，2017 年，小曹娥排污口污染较为严重；其余入海排污口污染相对较轻。除了常规统计的污染物，杭州湾还每年接纳其他污染物，如 Xie 等的研究发现，杭州湾两岸的污水处理厂每年至少向杭州湾排放 645.4 吨的 AOX（可吸附有机卤化物），大部分来自工业活动。①

表 2　浙江省入海排污口污染物排放量

单位：吨

年份	化学需氧量	总氮	悬浮物	氨氮	石油类	重金属	其他各类污染物
2017	27700	10400	8700	323	64	62	1.2
2016	52600	8900	26700	424	73	40	2
2015	28900	10800	15800	2013	151	42	1.4

① Xie Y. W., Chen L. J., and Liu R., et al., "AOX Contamination in Hangzhou Bay, China: Levels, Distribution and Point Sources," *Environmental Pollution* 235 (2018): 462－469.

3. 输入性污染

根据2018年《中国河流泥沙公报》，从近十年平均径流量数据来看，钱塘江年径流量为长江的2.7%。根据1994年《杭州湾环境研究》和2005年《长江口及毗邻海域碧海行动计划》调查结果，无机氮、活性磷酸盐等污染物分别约有90%、94%来自长江。[①] 此外，2019年4月，浙江省生态环境厅等九部门联合印发的《杭州湾污染综合治理攻坚战实施方案》，指出多个综合性调查结果显示长江输入性污染是杭州湾水质超标的主要原因。

（二）污染来源分析

就以往对杭州湾污染来源的研究来看，学者主要将杭州湾污染来源分为三个部分：第一，杭州湾两岸入海排污口直接排放（点源污染）；第二，钱塘江上中游的陆源污染（径流污染）；第三，杭州湾两岸河流及入海溪闸（河道污染）。

浙江省水利河口研究院与顾骅珊对杭州湾污染来源的研究具有较大差异。[②] 浙江省水利河口研究院采取2007年的相关数据计算进入杭州湾的不同污染物占比，顾骅珊计算的是2010~2012年进入杭州湾不同污染物占比。从计算结果来看，来自河流的污染物排放近年来增加较为明显。此外，顾骅珊的研究表明，2010~2012年杭州湾沿岸共有工业企业排污口14个、污水处理厂排污口24个。其中，杭州市、宁波市、绍兴市、嘉兴市入海（河口）排污口分别为9个、15个、2个、12个。顾骅珊还估算了通过点源、径流、河道进入杭州湾的污染物情况，计算结果表明从入海排污口进入杭州湾的化学需氧量、氨氮、总磷分别占10.76%、19.69%、7.78%（见表3）。然而，当前入海排污口的真实数量可能远高于政府部门掌握的入海排污口数量。因此，当前对于杭州湾入海污染物来源的研究中，来自入海排污口污染物的排放量可能被低估了。

① 原二军：《积极推动杭州湾近岸海域污染防治》，《中国环境报》2019年3月14日。

② 浙江省水利河口研究院：《钱塘江河口水环境容量及纳污总量控制研究》，2010；顾骅珊：《杭州湾海域水污染演变及污染源分析》，《嘉兴学院学报》2015年第1期，第68~75页。

表 3　杭州湾污染来源不同渠道占比

单位：%

污染类型	浙江省水利河口研究院			顾骅珊		
	氨氮	总磷	化学需氧量	氨氮	总磷	化学需氧量
点源污染	44.7	14.1	27.4	19.69	7.78	10.76
径流污染	11.1	35.9	28.2	48.47	63.78	54.62
河道污染	44.2	50.0	44.4	31.84	28.44	34.62

资料来源：浙江省水利河口研究院：《钱塘江河口水环境容量及纳污总量控制研究》，2010；顾骅珊：《杭州湾海域水污染演变及污染源分析》，《嘉兴学院学报》2015 年第 1 期，第 68 ~75 页。

进一步地，从污染来源地区的视角对杭州湾污染来源进行分析，可以发现化学需氧量、氨氮、总磷一半以上来自富春江电站上中游区域（见表 4），杭州湾沿岸城市排放的化学需氧量、氨氮、总磷占全部污染来源的 40% 左右。从杭州湾沿岸城市排放来看，不同学者对沿岸城市污染物排放的贡献研究结果差别较大。顾骅珊的研究表明杭州湾沿岸城市中杭州、绍兴对杭州湾的污染贡献程度最大，宁波对杭州湾的污染贡献最小。[①] 刘莲等的研究则表明杭州湾沿岸城市仅嘉兴的污染贡献较小，上海、杭州、绍兴和宁波对杭州湾的污染贡献均在 22% 左右，其中杭州对杭州湾的污染贡献最大[②]。

表 4　杭州湾污染不同地区来源占比

单位：%

项目	顾骅珊			项目	刘莲等		
	化学需氧量	氨氮	总磷		化学需氧量	总氮	总磷
富春江电站上中游区域	54.95	52.43	62.46				
杭州	12.42	15.79	15.54	杭州	24.66	21.63	18.76
宁波	0.77	2.15	1.22	宁波	21.71	28.71	33.45

① 顾骅珊：《杭州湾海域水污染演变及污染源分析》，《嘉兴学院学报》2015 年第 1 期，第 68 ~75 页。

② 刘莲、黄秀清、曹维等：《杭州湾周边区域的污染负荷及其特征研究》，《海洋开发与管理》2012 年第 5 期，第 108 ~112 页。

续表

项目	顾骅珊			项目	刘莲等		
	化学需氧量	氨氮	总磷		化学需氧量	总氮	总磷
嘉兴	3.32	4.31	1.93	嘉兴	9.03	13.78	14.16
绍兴	21.75	13.68	10.67	绍兴	21.38	20.68	18.74
上海	6.79	11.64	8.18	上海	23.22	15.21	14.88

资料来源：顾骅珊：《杭州湾海域水污染演变及污染源分析》，《嘉兴学院学报》2015 年第 1 期，第 68～75 页；刘莲、黄秀清、曹维等：《杭州湾周边区域的污染负荷及其特征研究》，《海洋开发与管理》2012 年第 5 期，第 108～112 页。

此外，还有学者从其他角度对杭州湾污染开展了研究。Pang 等对杭州湾重金属的浓度和来源进行了研究，发现大部分重金属近岸浓度升高，说明重金属污染主要来源于陆源，但也受东海沉积物的影响。① Zhao 等对杭州湾南岸滩涂沉积物中三种持久性有机污染物 HCHs、DDTs、PCBs 的浓度和分布进行了研究，发现 2009～2013 年三种污染物水平缓慢下降，冬季浓度明显高于春季和夏季，HCHs、DDTs 来源于大气降水和历史残留物，PCBs 则可能来源于杭州湾南岸非法拆除和堆放废弃油漆、变压器或电子设备。②

杭州湾海域污染严重，存在多种类型污染物，且污染来源复杂。当前，关于杭州湾海域污染来源的研究仍然不足，缺乏长时间持续性的跟踪研究，直接表现为当前关于杭州湾污染来源的数据缺乏，因而杭州湾污染治理缺乏科学依据。

三 杭州湾污染原因

杭州湾污染来源主要是陆源污染物排放，从杭州湾污染的现状来看，当前杭州湾污染严重的原因主要有以下几个方面。

---

① Pang H. J., Lou Z. H., and Jin A. M., et al., "Contamination, Distribution, and Sources of Heavy Metals in the Sediments of Andong Tidal Flat, Hangzhou Bay, China," *Continental Shelf Research* 110 (2015): 72－84.

② Zhao P., Gong W., and Mao G., et al., "Pollution of HCHs, DDTs and PCBs in Tidal Flat of Hangzhou Bay 2009－2013," *Chinese Journal of Oceanology and Limnology* 3 (2016): 539－548.

（一）自然因素

杭州湾特殊的自然地理条件，是导致杭州湾污染严重的原因之一。主要表现为三个方面：第一，杭州湾为开口的喇叭形，其与东海的海水交换能力较差，加之浙江地区海拔较低，受气候变暖影响，海平面上升，且伴随着频繁的涨潮落潮，进一步减弱了杭州湾与东海的海水交换能力，有研究显示杭州湾的水体交换时间是胶州湾、大连湾的两倍左右；第二，钱塘江径流量相对较少，根据2018年《中国河流泥沙公报》，中国主要河流近十年平均径流量排名中，钱塘江位列第5，径流量排名并不低，但与邻近的长江相比，年均径流量仅为长江的2.7%，且2018年钱塘江径流量与多年平均值相比较小，径流量减少意味着其对水体的稀释能力降低，不利于改善杭州湾海域水质；第三，杭州湾临近长江口，长江由于横跨众多的地理单元携带大量污染物入海，经由洋流作用进入杭州湾，对杭州湾造成输入性污染。

（二）过度开发

杭州湾污染严重的另一个重要原因为社会对自然资源的开发活动，其削弱了杭州湾原本的生态修复功能。影响杭州湾生态修复功能的开发活动主要有两类。第一，钱塘江是汇入杭州湾的主要河流，其径流在很大程度上起到稀释污染物、促进杭州湾与东海海水交换的作用，然而社会对钱塘江进行了开发，修建了水力发电站，如富春江电站，导致钱塘江下游径流量减小，对杭州湾的污染稀释作用降低。第二，杭州湾海岸线的开发，造成海岸线附近的湿地面积持续缩减。刘甲红等利用2006年、2011年和2016年三期遥感影像数据对杭州湾南岸湿地进行了研究，结果发现2006～2016年，杭州湾南岸湿地总面积持续减少，湿地趋于破碎化。① 杭州湾地区是中国经济最为发达的湾区之一，土地资源稀缺，为了缓解这一状况，对杭

① 刘甲红、胡潭高、潘骁骏等：《2006年以来3个时期杭州湾南岸湿地分布及变化研究》，《湿地科学》2018年第4期，第502～508页。

州湾沿岸进行了填海造地、围垦等活动，杭州湾两岸的新区大部分为填海而成，而过度的围垦滩涂导致原本的海洋与陆地的界限消失，使得海洋潮汐变得越来越短、越来越窄，滨海湿地的大面积消失，使得原本的生物消失，生态功能也丧失，近岸海域的生态系统功能下降，削弱了海洋的自净能力。

（三）监管薄弱

入海排污口是向杭州湾直接排放污染的来源之一。《中华人民共和国海洋环境保护法》对入海排污口的设置已经由原来的“审批”制转为现在的“备案”制，降低了入海排污口设置的烦琐程序。法律规范仅规定了针对非法设置的入海排污口进行关闭及罚款，但是法律并未就非法设置入海排污口的监管责任人或部门进行明确，导致职能部门对非法设置入海排污口的主动打击力度较弱。2017 年，在开展海洋专项督察时，督察组发现浙江存在各类入海污染源 1376 个，远高于浙江省提供的入海排污口数量（462 个）。此外，宁波市通过摸排，共发现入海排污口 1131 个。数据表明，真实的入海排污口数量有待进一步摸排。而对入海排污口的数量掌握不清，就不能准确掌握入海排污口的排污情况。

（四）重陆轻海

重陆轻海不仅是治理杭州湾过程中存在的问题，更是全国生态环境污染治理过程中的通病。国家在生态环境治理过程中更加注重居民看得见、容易感受到的环境污染，而轻视居民看不见、不容易感受到的环境污染。杭州湾污染治理同样面临这一问题，政府对陆域水环境管理以及考核相对于海洋更为严格。从《地表水环境质量标准》（GB 3838—2002）以及《海水水质标准》（GB 3097—1997）对地表水以及海水的分类标准来看，对海水的分类标准更为粗糙。此外，入海排污口排放标准低于内陆，如《污水综合排放标准》（GB 8978—1996）规定，针对排入Ⅲ类水域和排入Ⅱ类海域的污水，执行一级标准；针对排入Ⅳ类、Ⅴ类水域和排入Ⅲ类海域的污水，执行二级标准。因此，污水排放标准内陆高于海洋。这客观上降低了沿海地区企业或者相关单位在向海洋排污时的处理成本，在相当程度上鼓励了沿海地区的企业或相关单位向海洋排污。

（五）缺乏协同治理机制

2019 年 4 月，浙江省生态环境厅等九部门印发《杭州湾污染综合治理攻坚战实施方案》，提出了杭州湾区域污染综合整治区范围。从浙江省出台的杭州湾污染治理方案的区域范围来看，并未包含钱塘江及其上游城市。2018 年 9 月，上海市环保局等十部门联合印发《长江口及杭州湾近岸海域污染防治方案》，提出了长江口及杭州湾近岸海域污染防治的具体措施。但是二者均未就上海与浙江如何开展杭州湾污染治理合作出台相关方案。同时，地理上不靠近杭州湾却同样对杭州湾造成污染的地区则对杭州湾污染治理缺乏动力。

从协同治理机制的角度来看，杭州湾污染治理缺乏横向的协同以及纵向的协同。横向的协同是指经过钱塘江进入杭州湾的污染物，河流流经城市缺乏协同治理机制。从进入杭州湾的污染物来源来看，有研究表明富春江电站上中游区域携带污染物较多。而钱塘江以及其上游城市在管理体制上没有形成有效的流域管理机构，也没有实施一套在杭州湾污染总量控制下的钱塘江污染总量（“双总量”）的控制机制。纵向的协同是指杭州湾沿岸城市，也未能形成跨城市之间的海洋环境管理机构，没有在杭州湾污染总量控制下进行有效的污染排放安排。尽管现有研究表明绝大多数污染物是经过钱塘江进入杭州湾，但是由于监测数据的可得性以及入海排污口排污数量的不可知性，众多的入海排污口排放的污染物数据可得性较差，杭州湾入海排污口的排污数量是被远远低估的，没有形成纵向的协同治理机制就不能有效控制沿岸城市污染物进入杭州湾。此外，有研究表明，来自长江的输入性污染是杭州湾污染的重要原因，因此仅仅浙江、上海对杭州湾污染进行协同治理还不够，需要在更大区域范围内开展协同治理合作。

四　杭州湾污染治理的对策建议

实施杭州湾污染治理，首先要明确当前杭州湾的环境容量，科学有效分配排放指标；其次要增强杭州湾及陆上进入杭州湾的江河湖泊的生态系统功能，增强其自净能力；再次是要转变发展模式，实现经济绿色发展，从源头上削减污染物排放；最后是要加强末端治理监管，一方面要增强末端治理能力，另一方面要加强末端污染源排放监管。

（一）陆海统筹、以海定陆

对目前杭州湾的污染来源以及环境容量进行科学评估。在考虑杭州湾现有排污量以及环境容量的基础上，根据杭州湾污染来源地区排放量制定减排目标。按照横向（即杭州、钱塘江上游城市金华、黄山等城市）及纵向（即上海、杭州、宁波、嘉兴等城市）排放情况，将减排目标分摊到各城市，通过行政、经济和技术手段对杭州湾入海污染物总量进行控制。在具体的政策执行过程中，由于部分城市跨省级行政区域，应该成立杭州湾协调管理委员会，具体负责污染物减排的跨行政区协调管理工作。同时，考虑到化学需氧量、总有机碳、氨氮、总磷等污染物的不同，其来源不同，制定污染物总量削减的指标分配时要注意差异性。

（二）流域统筹、河海兼顾

杭州湾地理位置特殊，是钱塘江与东海交汇的地方，同时靠近长江入海口，受到长江来水影响。因此，要治理杭州湾污染需要流域统筹、河海兼顾。一方面，要注重江河湖海的整体性、系统性，加强杭州湾两岸入海河流及溪闸的管理，减少河流入海污染；另一方面，要加强对长江的环境管理，降低长江携带的污染物总量，减少长江对杭州湾的输入性污染。此外，还要加强杭州湾两岸的生态修复，确保在杭州湾海岸线长度不减少的前提下，有序推进杭州湾海岸线生态保护和修复工作，同时加强杭州湾两岸江河湖泊的生态修复力度，增强陆上河流以及杭州湾的生态系统功能，提高其自净能力。

（三）绿色发展、源头减排

坚持绿色发展，从源头降低污染。第一，制订城市发展规划，推进产业转型升级，同时对化工、印染、造纸等污染较重的行业建设相应的产业园区，将企业搬迁入园，建设完备的园区污水管理体系，降低工业污水对杭州湾的影响。第二，推进湾区绿色发展，从杭州湾湾区经济的视角，以上海、杭州、宁波为中心城市，限制化工产业发展，优先发展现代装备制造业以及服务业，推进经济发展模式向环境友好型转变。第三，加强污水处理厂处理能力，对污水处理厂进行提标改造，增强城市生活污水、工业污水处理能力。第四，发展生态农业，降低农业面源污染，减少农业对地表径流的影响。第五，加强水产养殖污染治理，各地区要制订水产养殖规划，对水产养殖规模、区划进行管控，清理违法养殖，提高养殖尾水治理能力，严控养殖污染。此外，还要加强港口与船舶污染治理，降低海上交通污染。

（四）完善监管、加强治理

实现排放标准的统一，加强排污口数量的管理，对污染排放达标情况进行监管。第一，转变以往重陆轻海的观念，明确海洋环境的重要性，细化海洋水质类型，提高排污口排海标准。第二，加强入海排污口、入河排污口的监管，明确地方政府相关职能部门的责任，对排污口进行分类管控，实现排污口的在线监测，定期摸排清查非法排污口数量，对非法排污口进行惩处。第三，对排污口排放的废水进行监测，可重点监测排放量较大的排污口废水排放达标情况，对其余小型排污口进行随机抽查监测。通过加强末端治理监管，严控污染物进入杭州湾。

参考文献

虞锡君、贺婷：《杭州湾水污染特征、原因及防治对策》，《嘉兴学院学报》2013 年第4期。

顾骅珊:《杭州湾海域水污染演变及污染源分析》,《嘉兴学院学报》2015年第1期。

陈思杨、宋琍琍、余骏等:《杭州湾营养盐时空分布特征及其影响研究》,《海洋开发与管理》2018年第11期。

浙江省水利河口研究院:《钱塘江河口水环境容量及纳污总量控制研究》,2010。

刘莲、黄秀清、曹维等:《杭州湾周边区域的污染负荷及其特征研究》,《海洋开发与管理》2012年第5期。

刘甲红、胡潭高、潘骁骏等:《2006年以来3个时期杭州湾南岸湿地分布及变化研究》,《湿地科学》2018年第4期。

贺婷、虞锡君:《杭州湾水污染防治公众参与的现实困境与对策分析》,《嘉兴学院学报》2013年第5期。

曹幸申、顾骅珊:《杭州湾沿岸跨界海域水污染防治的制度创新》,《绿色科技》2014年第11期。

李楠、李龙伟、陆灯盛等:《杭州湾滨海湿地生态安全动态变化及趋势预测》,《南京林业大学学报》(自然科学版)2019年第3期。

廖毛微:《杭州湾南岸近岸海域海水质量2006~2015年变化特征》,《浙江农业科学》2018年第9期。

马英杰、赵丽:《我国近岸海域污染防治法律体系建设》,《环境保护》2013年第1期。

陶以军、杨翼、许艳:《关于"效仿河长制,推出湾长制"的若干思考》,《海洋开发与管理》2017年第11期。

袁志明:《长三角海湾河口水环境管理体制存在的问题及对策》,《嘉兴学院学报》2015年第1期。

张丹、孙振中、张玉平:《春、夏季杭州湾北部近岸水域水化学及营养状况评价》,《大连海洋大学学报》2017年第6期。

Xie Y. W., Chen L. J., and Liu R., et al., "AOX Contamination in Hangzhou Bay, China: Levels, Distribution and Point Sources," *Environmental Pollution* 235 (2018).

Pang H. J., Lou Z. H., and Jin A. M., et al., "Contamination, Distribution, and Sources of Heavy Metals in the Sediments of Andong Tidal Flat, Hangzhou Bay, China," *Continental Shelf Research* 110 (2015).

Zhao P., Gong W., and Mao G., et al., "Pollution of HCHs, DDTs and PCBs in Tidal Flat of Hangzhou Bay 2009 - 2013," *Chinese Journal of Oceanology and Limnology* 3 (2016).

附　　录

Appendix

B.16
上海市资源环境年度指标

许晶晶*

一　环保投入

2018 年，上海市环保总投入 989.19 亿元（见图 1），占当年 GDP 的 3.0%，比上年增长 7.1%（名义价格）。其中，城市环境基础设施投资大幅增长，比上年增长 17.0%，污染源防治投资下降 16.9%，而农村环境保护投资上涨 10.0%。值得注意的是，生态保护和建设投资上涨 223.7%。

2018 年，城市环境基础设施投资、污染源防治投资、农村环境保护投资和环保设施运转费用占环保总投入的比重分别为 43%、23%、16% 和 13%（见图 2）。

* 许晶晶，硕士，上海社会科学院生态与可持续发展研究所，研究方向为生态经济学。

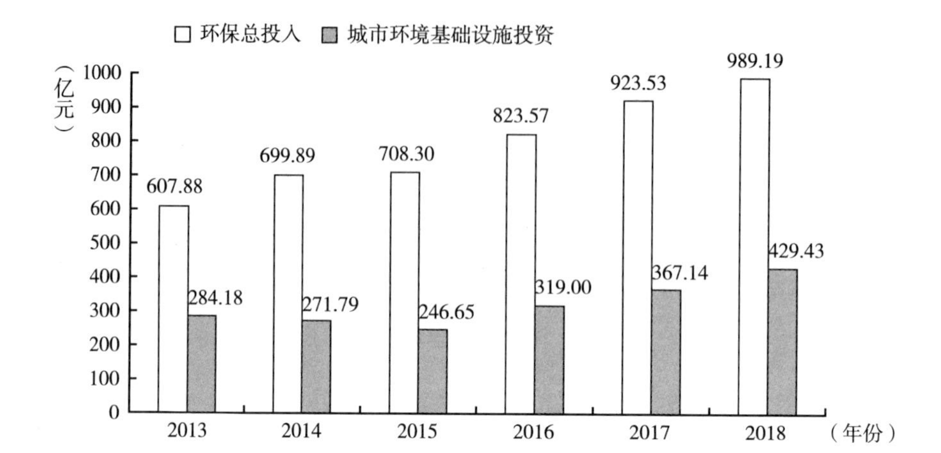

图1　2013～2018年上海市环保总投入及环境基础设施投资状况

资料来源：2013～2018年《上海环境状况公报》。

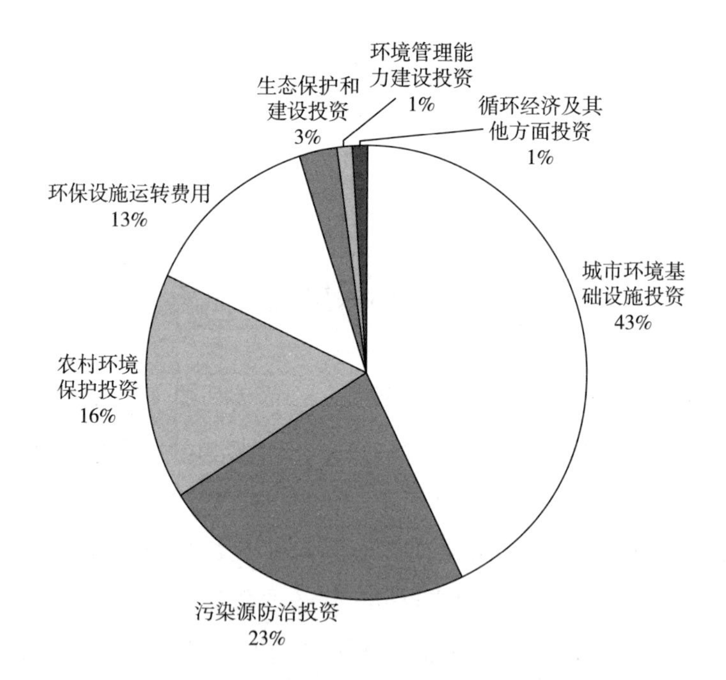

图2　2018年上海市环保投资结构概况

资料来源：2018年《上海环境状况公报》。

二　大气环境

2018 年，上海市环境空气质量指数（AQI）优良天数为 296 天，较 2017 年增加 21 天，AQI 优良率为 81.1%，较 2017 年上升 5.8 个百分点。臭氧为首要污染物的天数最多，占全年污染日的 50.7%。全年细微颗粒物（$PM_{2.5}$）、可吸入颗粒物（PM_{10}）、二氧化硫、二氧化氮的年均浓度分别为 36 微克/米^3、51 微克/米^3、10 微克/米^3、42 微克/米^3（见图 3）。$PM_{2.5}$和二氧化氮的年均浓度超出国家环境空气质量二级标准，二氧化硫年均浓度达到国家环境空气质量一级标准，可吸入颗粒物的年均浓度达到国家环境空气质量二级标准。

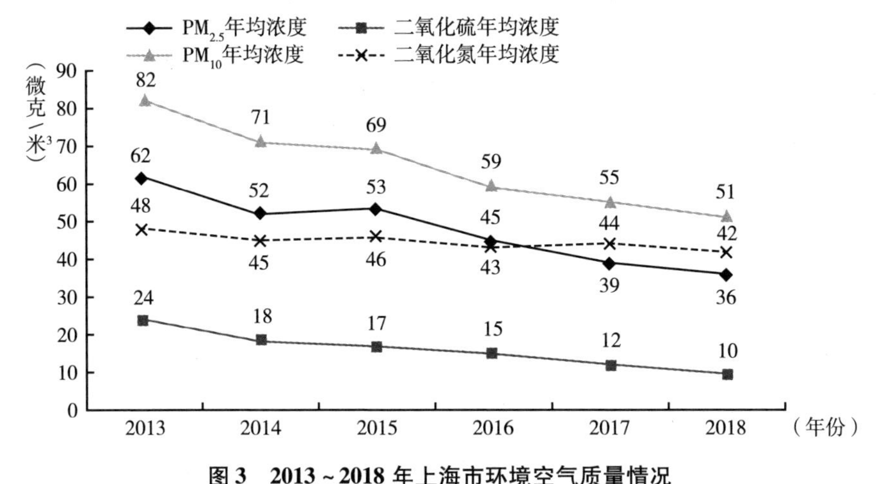

图 3　2013～2018 年上海市环境空气质量情况

资料来源：2013～2018 年《上海环境状况公报》。

2018 年，上海市二氧化硫和氮氧化物排放总量分别为 12.01 万吨和 26.50 万吨（见图 4），比 2015 年分别下降了 29.68% 和 11.84%。

三　水环境与水资源

2018 年，全市主要河流断面水质达Ⅲ类水及以上的比例占 27.2%，劣Ⅴ类水达 7.0%（见图 5），主要污染指标为氨氮和总磷，相对于 2017 年，

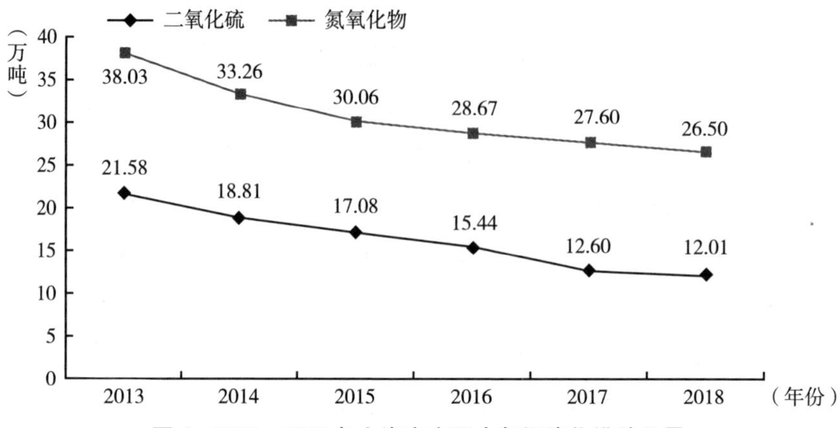

图4　2013～2018年上海市主要大气污染物排放总量

资料来源：2013～2018年《上海环境状况公报》。

地表水环境质量有所改善，尤其是劣Ⅴ类水下降了11.1个百分点，氨氮和总磷平均浓度分别下降了31.4%和1.9%。

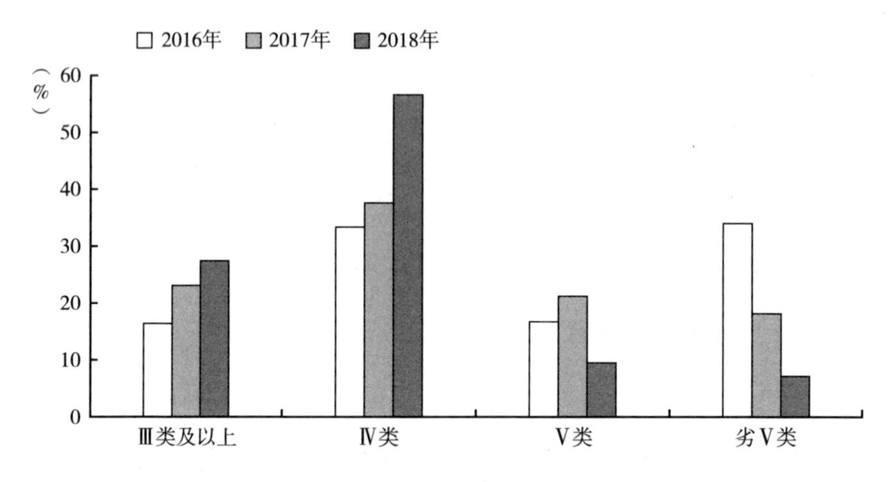

图5　2016～2018年上海市主要河流水质类别比重变化

注：2016年、2017年数据选取的断面为259个，其中2个断面受施工影响未开展监测，2018年纳入统计的断面总数为257个。

资料来源：2016～2018年《上海环境状况公报》。

2018年，上海市化学需氧量和氨氮排放总量分别为15.94万吨与3.57万吨（见图6），比2017年分别下降了7.3%和8.5%。

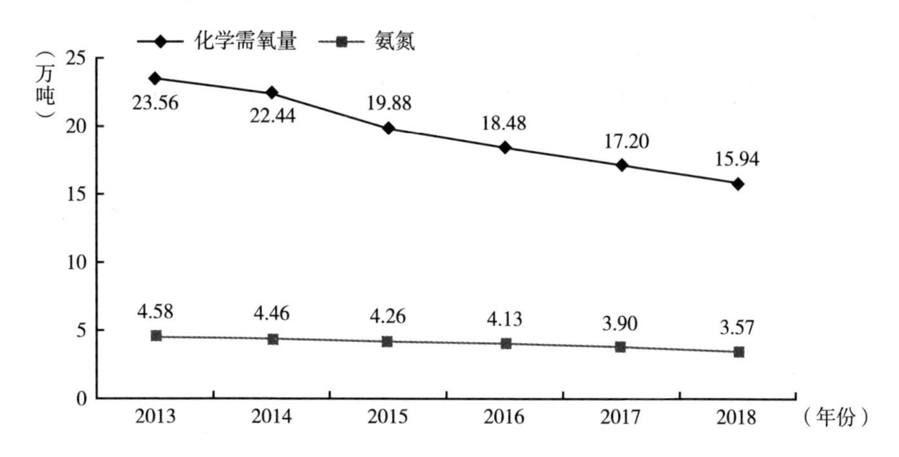

图 6　2013～2018 年上海市主要水污染物排放总量

资料来源：2013～2018 年《上海环境状况公报》。

2018 年，全市自来水供水总量 30.55 亿立方米（见图 7），比上年下降 1.5%。

2018 年，上海市城镇污水处理率为 94.7%（见图 8）。

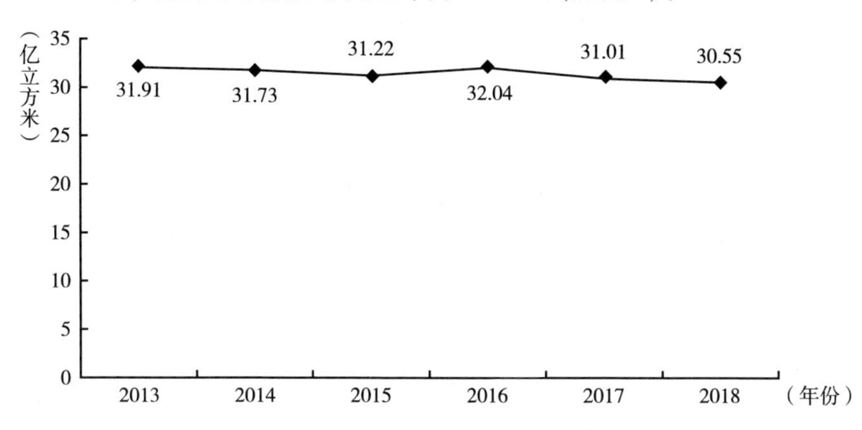

图 7　2013～2018 年上海市自来水供水总量变化

资料来源：2013～2017 年《上海水资源公报》，2018 年数据来自上海市统计局。

四　固体废弃物

2018 年，上海市工业废弃物产生量为 1706.76 万吨（见图 9），综合利

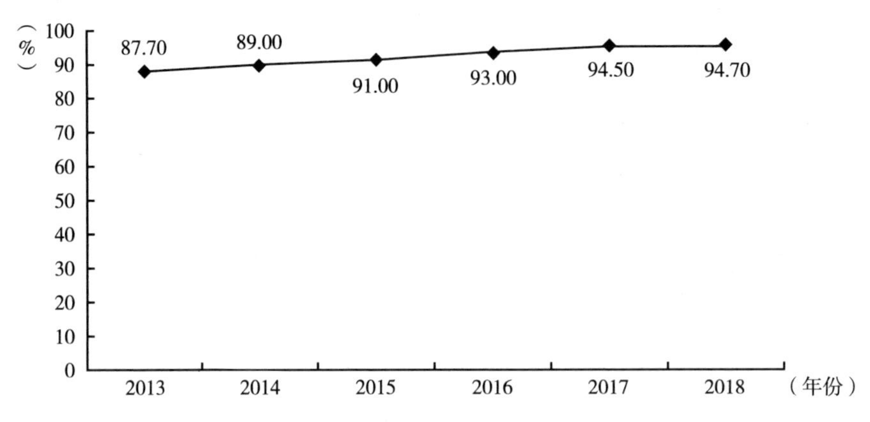

图 8　2013～2018 年上海市城镇污水处理率变化

资料来源：2013～2017 年《上海水资源公报》，2018 年数据来自上海市统计局。

用率为 91.80%。冶炼废渣、粉煤灰、脱硫石膏占一般工业固体废弃物总量的 63.86%。2018 年上海市生活垃圾清运量为 984.31 万吨，无害化处理率为 100%。其中，2018 年生活垃圾卫生填埋量和焚烧处理量分别为 387.31 万吨和 386.00 万吨（见图 10），焚烧处理量和卫生填埋量基本持平。

2018 年，上海市危险废弃物产生量为 123.72 万吨。

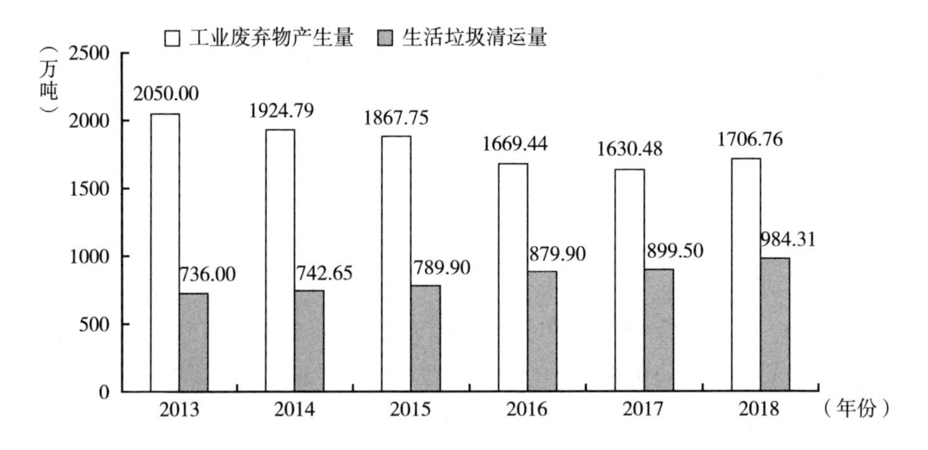

图 9　2013～2018 年上海市工业废弃物产生量和生活垃圾清运量

资料来源：2013～2018 年《上海市固体废弃物污染环境防治信息公告》。

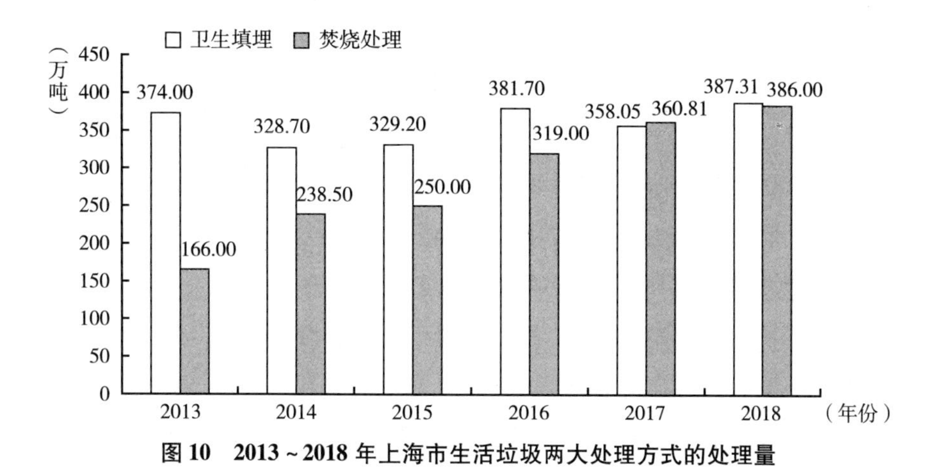

图10　2013～2018年上海市生活垃圾两大处理方式的处理量

资料来源：2013～2018年《上海市固体废弃物污染环境防治信息公告》。

五　能源

2018年，上海万元地区生产总值的能耗比上年下降了5.56%，万元地区生产总值电耗下降了3.71%。

2018年，上海市能源消费总量比上年下降了3.8%，达到1.135亿吨标准煤（见图11）。

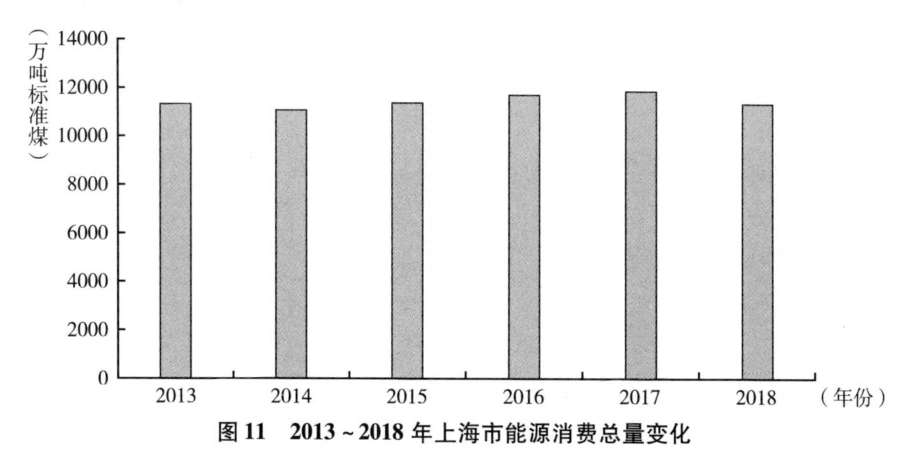

图11　2013～2018年上海市能源消费总量变化

资料来源：《2017年上海能源统计年鉴》，2018年数据来自《2018年分省（区、市）万元地区生产总值能耗降低率等指标公报》。

六　长三角区域环境质量比较

2016～2018年，长三角地区的环境质量总体上呈逐步改善趋势。在环境空气质量方面：上海市、浙江省和江苏省的细微颗粒物（$PM_{2.5}$）下降比较明显；江苏省和安徽省可吸入颗粒物（PM_{10}）依旧较高；三省一市的二氧化氮的年均浓度下降幅度不明显；二氧化硫的年均浓度指标表现良好，均达到二级标准以上（见表1）。在水环境方面，上海市的水环境质量虽有所改善，但大幅落后于其他省份。值得注意的是，浙江省在2017年、2018年已经消灭劣Ⅴ类水（见表2）。

表1　长三角三省一市环境空气质量状况（2016～2018年）

单位：微克/米^3

城市环境空气质量指标	省份	2016年	2017年	2018年
$PM_{2.5}$年均浓度	上海	45	39	36
	江苏	51	49	48
	浙江	37	35	31
	安徽	53	56	49
PM_{10}年均浓度	上海	59	55	51
	江苏	86	81	76
	浙江	60	57	52
	安徽	77	88	76
SO_2年均浓度	上海	15	12	10
	江苏	21	16	12
	浙江	11	9	7
	安徽	21	17	13
NO_2年均浓度	上海	45	44	42
	江苏	37	39	38
	浙江	26	27	25
	安徽	38	38	35

资料来源：2016～2018年《上海环境状况公报》，2016～2018年《浙江省环境状况公报》，2016～2018年《江苏省环境状况公报》，2016～2018年《安徽省环境状况公报》。

表 2　长三角三省一市地表水水质（2016～2018 年）

单位：%

地表水水质	省份	2016 年	2017 年	2018 年
Ⅲ类水及以上比重	上海	16.2	18.1	27.2
	江苏	68.3	71.2	74.2
	浙江	77.4	82.4	84.6
	安徽	69.6	73.6	69.5
Ⅳ～Ⅴ类水比重	上海	49.8	58.7	65.8
	江苏	29.8	27.8	25.0
	浙江	19.9	17.6	15.4
	安徽	23.7	21.4	26.8
劣Ⅴ类水比重	上海	34	23.2	7.0
	江苏	1.9	1	0.8
	浙江	2.7	0	0
	安徽	6.7	5	3.7

资料来源：2016～2018 年《上海环境状况公报》，2016～2018 年《浙江省环境状况公报》，2016～2018 年《江苏省环境状况公报》，2016～2018 年《安徽省环境状况公报》。

Abstract

The three provinces and one municipality in the Yangtze River Delta share common space and interlinked ecosystems, so coordinated ecological and environmental governance should be attached great importance and priority in the Integrated Development Strategy of the Yangtze River Delta. In recent years, coordinated environmental governance in the Yangtze River Delta is intensifying and environmental quality is improving as a whole, but this area is still facing the problems of heavy environmental burden, weak eco-space protection, unreasonable eco-space structure and loose environmental cooperation. Under the background of integrated development of the Yangtze River Delta having become the national strategy, in order to join efforts to build ecological and green Yangtze River Delta, we should overcome such "unfits": the development mode is unfit for the tightening resources and environmental constraints, industry structure and distribution are unfit for the demand of green development, energy structure is unfit for the demand of clean transition and pollution abatement, ecological and environmental planning and standards are unfit for the demand of "three unifieds", and ecological environment integration has become consensus but hard to promote. A common and shared ecological and green Yangtze River Delta urgently call for protecting and governing co-environment, strengthening ecological space protection jointly, encouraging innovation driven green development, focusing on the key areas and regiongs, and building the guarantee system for protecting and governing jointly.

Generally speaking, coordinated environmental governance of the Yangtze Delta is still at the stage of consultation, and the cooperation structure and mechanisms are loose and weak, facing the bottlenecks of decision-making, implementing and monitoring. With integrated development of the Yangtze River Delta having become the national strategy, the vertical structure of coordinated environmental governance should be strengthened, market-and-society-oriented institutional innovations should be promoted, ecological and environmental protection institutions should be unified inter-provincially, and performance of coordinated environmental governance should be assessed, so that new-type coordinated environmental governance structure can be established compromising vertical regulation and horizontal coordination.

The Yangtze River Delta is a typical resources importing area, facing tight resources and environmental constraints and pressure of slowing economy in the middle and long term; under such a background, improving resource efficiency is essential for achieving environmental and climate targets, promoting economic and social benefits and advancing sustainable green growth. The Yangtze River Delta can intimate G7 Alliance on Resource Efficiency to establish the Yangtze River Delta Alliance on Resource Efficiency, initiating joint campaigns in terms of resource efficiency, finance and fiscal policies, green technology innovations, infrastructure improving and green supply chain building, and promoting clean energy cooperation and adjustment of industry structure and distribution, so that transition will be achieved towards green development.

The spatial-ecological conflict in the Yangtze River Delta mainly lies in the Z-shape zone containing the eight core cities of Shanghai, Nanjing, Hangzhou, Suzhou, Wuxi, Changzhou, Jiaxing and Ningbo; the spatial-ecological conflict in the region has evolved from "points-axis" mode into a multi-centered network. In order to overcome such challenge, the inter-provincial integrated institutions should be established for ecological and environmental governance in the Yangtze Delta, eco-space zoning, planning and regulation at different levels should be intensified, and early-warning and regulation of spatial-ecological conflict should be improved. The "Three Lines and One List" compiling in the Pilot Area of Integrated Ecological and Green Development of Yangtze River Delta is of great importance to ecological ecosystems and functions protection at the provincial borders; although there is some cooperation among Shanghai, Jiangsu and Zhejiang, integrative thinking is still insufficient. The three provincial jurisdictions have quite a lot of differences in terms of detailed environmental zoning and planning and environmental protection requirements, so the integrated ecological and environmental space regulation scheme should be established according to the function targets of the Pilot Area.

Ecological compensation laws and regulations constitute a mechanism that realizes collaborative environmental governance. It provides effective guarantee of allocation of environmental justice in regional and river basin. Also, it fairly distributes shortage of benefits and brings out encouraging functions. At present, legal governance is still inadequate on ecological compensation in the Yangtze River Delta region. Besides, policy-driven dependence, property rights insufficiency, and recognition of compensation subjects are some other difficult problems. In the future, the legal regulation of ecological compensation in China's Yangtze River Delta should consider those aspects: the right subjects and the obligation subjects, legal standards, legal forms, regulatory agency, legal property rights, and dispute resolution mechanism.

Since the comprehensive water protection and rehabilitation campaign of the Taihu Lake Basin has come into force, drinking water security has enjoyed effective guarantee and water environment quality is stabilizing and improving. But there is still intense conflict between development and protection in the Taihu Valley: resources consumption and environmental pollution is reaching or approaching the upper limit of ecological carrying capacity, and the supply of ecological goods still falls short of demand. In the future, ecological and environmental space regulation scheme with "Three Lines and One List" as the core should be enhanced based on detailed environmental zoning and water function zoning; Shanghai, Jiangsu and Zhejiang should issue coordinated eco-space regulation zoning according to the eco-space function targets at the borders, in order to protect the "One River and Three Lakes" in the lower reaches of the Taihu Valley.

Due to natural factors, over-development, weak supervision, putting land over ocean, and lack of coordinated governance mechanism, Hangzhou Bay pollution has not been effectively curbed. To carry out pollution control in the Hangzhou Bay, the first is to confirm the current environmental capacity of Hangzhou Bay and distribute emission targets scientifically and effectively; the second is to strengthen the ecosystem functions of both Hangzhou Bay and the rivers and lakes on land that enter the Hangzhou Bay, as well as to enhance the

Bay's self-purification ability; the third is to transform development model, in order to achieve green economic development and reduce emissions from the source; the fourth is to improve end-of-pipe treatment, and strengthen the supervision of end-source pollution; the last is to reinforce longitudinal and horizontal governance coordination at regional level.

Keywords: Integrated Development of the Yangtze River Delta; Ecological and Green Development; Environmental Co-Governance; Integrated Ecological Management and Control

Contents

Ⅰ General Report

Abstract: In the Yangtze River Delta region, three cities and provinces are connected by mountains and rivers in time and space. In recent years, the ecological green development in the Yangtze River Delta still has some problems: ①ecological space protection need to strengthen and ecological space pattern need to optimize, ②environmental quality is improving overall but the environmental improvement pressure is still exiting, ③ environmental co-governance and co-management is enhancing gradually but environmental governance capacity is need to improve. Under the integration background, the Yangtze River ecological green development is also facing some challenge: ①the "outline of the regional integration development plan for the Yangtze River Delta" brought up new demands for the co-construction of ecological green Yangtze River Delta, ② Tightening resources and environment constraints require accelerating the ecological green development, ③Industrial structure and layout couldn't meet the need of green development, ④ Energy structure couldn't meet the need of clean transformation and pollution emission reduction, ⑤ Ecological environment planning and standards couldn't meet the need of "three unified" (planning, standards, supervision and law enforcement), ⑥ Ecological environment integration has become consensus but hard to promote. At last, the report puts forward the following suggestions which including protecting and governing co-environment under three orientations (demands, problems, and effect), strengthening ecological space protection jointly, encouraging innovation driven green development, focusing on the key areas and regions, and building the guarantee system for protecting and governing jointly.

Keywords: Co-Protection and Joint Management of Ecological Environment; Green and Beautiful Yangtze River Delta; Integration of the Yangtze River Delta

Ⅱ Chapter of Comprehensive Reports

Abstract: In view of the public affairs nature of environmental governance, regional environmental collaborative governance is first and foremost a collaboration between government entities. In order to further effectively promote the coordinated governance of the regional environment in the Yangtze River Delta, it is necessary to improve the structure of regional environmental collaborative governance. Since the start of the integrated development process in the Yangtze River Delta, regional collaborative governance has gone through different stages of development, such as a single-level environmental collaborative governance structure, the multi-level environmental collaborative governance structure with "three-level operation" as its main feature, and a governance structure that has experienced both vertical control and horizontal coordination. At present, the environmental collaborative governance mechanism in the Yangtze River Delta is essentially a collaborative governance mechanism for communication, negotiation, and consultation. The collaborative environmental governance structure and coordination mechanism are generally loose. The Yangtze River Delta environmental collaborative governance structure also faces decision-making bottlenecks, execution bottlenecks and regulatory bottlenecks. As the integration of the Yangtze River Delta develops into a national strategy, the Yangtze River Delta should strengthen the vertical environmental collaborative governance structure, promote market-oriented socialization mechanism innovation, unify regional ecological environmental protection systems, and carry out performance evaluation of environmental collaborative governance, and finally form a new regional environmental collaborative governance structure that combines vertical control with horizontal coordination.

Keywords: Collaborative Environmental Governance; Governance Structure; Regional Coordination; Yangtze River Delta

B. 3 The Potential and Collaboration of the Yangtze River Delta to Improve Resource Efficiency *Chen Ning* / 039

Abstract: The Yangtze River Delta is highly dependent on external resources, and faces severe constraints on the total amount of resources and the environment, as well as the downward pressure on the economy in the medium and long term. Against this background, improving resource efficiency and managing materials sustainably throughout their life cycles are important elements of delivering environmental and climate protection, employment, social benefits and sustainable green growth. Resource efficiency is a way by which uses resources including stock resources efficiently and sustainably across the whole life cycle, by reducing the consumption of natural resources and promoting recycled materials and renewable resources so as to remain within the boundaries of the planet, respecting relevant concepts and approaches. The total amount of material resources input in the Yangtze River Delta region is at a high level, and the resource input patterns of the provinces are significantly different. Over a long period of time, the resource efficiency of the Yangtze River Delta has not significantly improved. In the future, the Yangtze River Delta should follow the practice of the G7 alliance on resource efficiency, establish resource efficiency alliance, and publish the Shanghai

Framework on Resource Efficiency for Yangtze River Delta, take collaborative actions on resource efficiency goals, fiscal and taxation policies, promoting technological innovation, increasing infrastructure investment, and promoting supply chain participation. As the most resource-efficient province in the Yangtze River Delta, Shanghai should play a leading and exemplary role in it.

Keywords: Yangtze River Delta; Resource Efficiency; Collaboration

Abstract: At present, the integrated development of the Yangtze River Delta has become a national strategy. The construction of a world-class urban agglomeration still faces the ecological and environmental shortcomings left by the past urbanization expansion and the disorderly spread of the industrial land and the relatively backward integration of regional ecological environmental protection. Considering the scarcity of spatial resources, the versatility of functions, and the competition between urban construction and ecological land, the mechanism of spatial ecological conflict formation in the process of urbanization is analyzed, a spatial ecological conflict measurement model is constructed, and evaluation is identified The characteristics and laws of the evolution of spatial ecological conflicts during the development of urbanization in the Yangtze River Delta, and the discussion of targeted conflict early warning and planning control measures have important theoretical and practical significance for the construction of world-class urban agglomerations in the Yangtze River Delta. The study analyzed the evolution of the spatial ecological conflict pattern in the Yangtze River Delta from 2000 to 2018. The results show that: ① The spatial ecological conflicts in the Yangtze River Delta are mainly concentrated in a Z-shaped belt-shaped areas composed of 8 core cities such as Shanghai, Nanjing, Hangzhou, Suzhou, Wuxi, Changzhou, Jiaxing and Ningbo, ② Regional spatial ecological conflicts have now evolved from a "point-axis" conflict diffusion model to a multi-centric networked development stage. During this period, the intensity of spatial conflicts showed an upward trend in fluctuations and remained generally under control. At different evolutionary stages, with the successive introduction of urbanization development strategies and ecological environmental protection policies, the types of spatial ecological conflicts are significantly different, ③ Aiming at the four levels of conflict of stability, controllability, basic controllability, basic out of control, and serious out of control of the spatial ecological conflicts in the Yangtze River Delta region, it is proposed to promote the integration of the ecological environment governance system in the Yangtze River Delta region and strengthen the spatial ecology of different levels in the region Three areas of countermeasures are proposed for the management and control of conflict zoning plans and the improvement of early-warning control mechanisms for spatial ecological conflicts in the Yangtze River Delta.

Keywords: Yangtze River Delta; Urbanization; Ecosystem Services; Spatial Conflicts

B. 5 Practice and Mechanism of Promoting Green Supply Chain in the Yangtze River Delta

Abstract: The paper explains the function mechanism of green supply chain, analyzes the important significance of carrying forward the mechanism of green supply chain in the Yangtze River Delta, including improving the awareness of green development of industrial clusters in the Yangtze River Delta, effectively promoting the process of pollution prevention and control, and helping the adjustment of industrial economic structure. thepapaer provides 3 different cases of the government, automobile industry and industrial park to emerge the practice and inspiration of carrying out green supply chain project. And the paper presents three bottleneck problems and breakthrough suggestions for promoting green supply chain in Yangtze River Delta.

Keywords: Yangtze River Delta; Green Supply Chain; Pollution Prevention

Ⅲ Chapter of Special Reports

Abstract: The environmental third-party governance model is an effective model to solve environmental problems by economic means. The sustainable development of its service market and the integration of regional market will play an important foundation for China to fight against pollution. The Yangtze River Delta region is one of the key regions in China and the pioneer of reform and opening up. Therefore, from the perspective of national strategy of Yangtze River Delta integration and based on the necessity, connotation, construction status and characteristics of the integration of the Yangtze River Delta environmental third-party governance service market, this paper firstly scientifically measures the influencing factors of the integration of the development of the Yangtze River Delta environmental third-party governance service market. Secondly, through the analysis of the root causes of these factors, found that the long triangle environment management of third party service market integration need to environmental governance service standards, regional environmental cooperation governance mechanism, the regional environmental law enforcement supervision for reform of the three factors, which affect the regional market behavior, including the construction of Yangtze river pollution discharging standard and the service standard recognition mechanism, explore the environment third-party governance cooperative governance mechanism, plural construction unity in Yangtze River Delta regional environmental regulatory enforcement procedures such as construction path. Finally, based on the integrated construction path of the third-party environmental governance service market in the Yangtze River Delta, this paper believes that the integrated development of the third-party environmental governance service market in the Yangtze River Delta needs to be promoted from the regional and local levels of Shanghai. At the local level, Shanghai should play its role in exploring the source of green technology, building a platform for trade in services, coordinating regional affairs, and serving and promoting the construction of an integrated market system for environmental third-party governance in the Yangtze River Delta.

Keywords: Yangtze River Delta; Environmental Pollution; Third-Party Governance; Market Integration

B. 7 Study on PPP Model of Water Environmental Governance and its Optimization Path in Yangtze River Delta

Zhang Wenbo / 129

Abstract: The Yangtze River Delta region is one of the earliest regions in China to implement environmental governance PPP projects. At present, there are a large number of PPP projects for water environment management in the Yangtze River Delta, and the proportion of PPP projects is also high. Sewage treatment projects accounted for a high proportion of water environment management PPP projects. However, the current problems are lack of supporting regulations, insufficient financing models, and inadequate of supervision, pricing, revenue and risk management. In the future, the Yangtze River Delta region can further optimize the existing management system and promotion model in terms of institutional system, performance supervision, price formation mechanism, risk sharing and compensation, and investment and financing methods.

Keywords: Yangtze River Delta; Water Environment Management; Public-Private Partnerships

Abstract: As an environmental spatial management method, "three lines and one list" which aims at solving major environmental problems and improving the environmental quality and ecological functions in a certain district, integrates the red line of ecological protection, the baseline of environmental quality, and the upper limit of resource utilization into environmental management units, and formulates environmental admittance lists for these units. Coordinated environmental spatial management is important for the integrative development of Yangtze River Delta. In this essay a summary of Shanghai's "three lines and one list" is presented, and an analysis is done about the commons, differences and major conflicts of the "three lines and one list" among the different districts in Yangtze River Delta, and finally some suggestions about the implement and regional coordination of "three lines and one list" are given for the environmental spatial management in Yangtze River Delta.

Keywords: "Three Lines and One List"; Environmental Spatial Management; Yangtze River Delta

Abstract: Yangtze River Delta is one of the key areas to make our skies blue again. There are three difficult problems in making our skies blue again in the Yangtze River Delta. First, Evaluation pressure of atmospheric environment of the Yangtze River Delta provinces and cities difference significantly. Cities in northern part of Jiangsu and Anhui provinces still face daunting tasks. Secondly, the mechanism of collaborative air pollution control in the Yangtze River Delta region is not perfect. Thirdly, the mechanism of cooperative control on mobile source pollution need to be improved. Aiming at the above three problems, this report analyzes the energy production and consumption, industry layout and cooperation mechanism, puts forward eight relevant countermeasures and suggestions. First, propose the pilot benefit coordination mechanism for industrial transfer. Second, build an intensive and efficient green transportation system. Third, the Yangtze River Delta energy integration development plan should be carried out . Fourth, the pilot establishment of the Yangtze River Delta integration of resources and environment factors trading market. Fifth, promote the integration of the Yangtze River Delta environmental protection standards system. Sixth, establish a refined governance mechanism in key polluting cities. Seventh, explore the mechanism of ecological compensation in the Yangtze River Delta. Eighth, promote regional planning coordination.

Keywords: Yangtze River Delta; Making Our Skies Blue Again; Collaborative Mechanism

B. 10 On Clean Energy Development Cooperation of the Yangtze Delta Area

Liu Xinyu / 178

Abstract: Each province or municipality in the Yangtze Delta Area has its own advantages in clean energy development, so only through mutual cooperation can the related effects be maximized. Especially for Shanghai, whose space is quite limited and which is short of clean energy resources, local energy structure is very difficult to improve without the Yangtze Delta clean energy cooperation. The neighboring provinces enjoy abundant clean energy resources, while Shanghai is short of such resources but boasts of clean energy innovation clusters of strong capability and technology trading platforms of strong radiation power; such complementarity lays down great foundation for the Yangtze Delta clean energy cooperation. In addition, some related hardware infrastructure such as interlinked electricity grids and natural gas pipelines, and some software infrastructure such as governmental cooperation platforms and market-oriented trading platforms have been in place. Shanghai should firstly take good advantage of related platforms, e. g. make best use of the Green Technologies Bank, and secondly should build clean energy facilities fitting Shanghai needs in the neighboring provinces through targeted investment or technology support.

Keywords: Yangtze River Delta; Clean Energy Development; Innovation Cluster

Abstract: Green technology innovation is an important support for promoting the construction of a green and beautiful Yangtze river delta. The output level of green technology innovation in the Yangtze river delta presents a "pyramid" structure. There are significant differences in the comparative advantages of green innovation among different cities. As Yangtze river delta green innovation leader, Shanghai industry innovation driving the development of green industry, technological innovation to stimulate innovation elements flow and sharing, transfer platform innovation to drive the green innovation achievements transformation, system innovation to drive the green innovation, cooperative and comprehensive reform experiment, carrier innovation driving the development of Yangtze river delta integration of ecological green demonstration area construction, which lead the long triangle community building green technology innovation; However, there are still some problems in the construction of green innovation community led by Shanghai in the Yangtze river delta, such as the improvement of innovation capacity, the enhancement of carrier construction, the insufficiency of innovation incentive mechanism and the improvement of normal cooperation mechanism. Shanghai should actively enhance its ability to source green technology innovation, promote the transfer and transformation of green innovation results, and build a green technology innovation community carrier in the Yangtze river delta.

Keywords: Green Technology; Scientific and Technological Innovation Community; Integration of the Yangtze River Delta

Ⅳ Chapter of Cases

B. 12 Discussion on Environmental Cooperation and Institutional Innovation in Demonstration Area

Abstract: In May 2019, the Political Bureau of the Central Committee of the Communist Party of China approved the "Outline of Regional Integration Development Plan for the Yangtze River Delta", in which a Demonstration Area of Regional Integration on Ecological and Green Development for the Yangtze River Delta has been brought forward (hereinafter referred as the "Demonstration Area"), aiming at building a pilot showcase on ecologically friendly development, to promote high-quality economic development on the basis of higher ecological protection standards. At the same time, great importance will also be attached on making breakthroughs on cross-boundary cooperation, which will try to achieve more effective regional cooperation and integration while keeping the administrative boundary between different provinces and cities untouched. Comparing with the development targets listed in the Outline of Regional Integration Development Plan, the Demonstration Area still faces a few ecological and environmental protection challenges, eg. pressures on meeting environmental quality standards, alleviation of environmental risks, improvement on ecosystem service functions etc. When looking at the reasons causing these disadvantages or challenges, it's rather clear that administrative and institutional barriers, as well as policy constrains have played certain roles. This article will discuss the above issues on the basis of reviewing current status of the ecological and environmental protection in the Demonstration Area, as well as cross-boundary cooperation, and explore feasible policy applications, to contribute to the promotion of building Yangtze River Delta city clusters into a new highland of reform and opening, innovative economy, ecological value, and high-quality human settlements.

Keywords: Demonstration Area; Environmental Cooperation; Institutional Innovation

Abstract: As an important transboundary river in the Yangtze River Delta region, the Taipu River is of great significance to the development of ecological green integration in the Yangtze River Delta. Ecological compensation legal regulation can effectively ensure the reasonable allocation of environmental justice in the Taipu River Basin, the fair distribution of scarce benefits, and the effective realization of incentive functions. The legal system of ecological compensation in the Yangtze River Delta region is scattered in the Constitution, environmental protection related laws, administrative regulations and local regulations. There are still obvious deficiencies in ecological compensation standards, compensation methods, and legal liability. The ecological compensation practices in the Yangtze River Delta mainly include water quality trading, off-site development, water rights trading, and emissions trading, but they also face many legal difficulties. In general, the legislation and practice of ecological compensation in the Yangtze River Delta mainly have the problems of insufficient legal governance, reliance on policy drivers, and lack of property rights, making it difficult to identify the compensation subject. Therefore, the legal regulation of ecological compensation in the Taipu River Basin in the Yangtze River Delta region should start with clarifying the subject of rights and obligations of ecological compensation, legal standards of ecological compensation, legal methods of ecological compensation, ecological compensation management institutions, legal compensation of ecological compensation property rights, and dispute resolution mechanisms.

Keywords: Yangtze River Delta Region; Ecological Compensation; Legal Regulation; Taipu River

Abstract: The Taihu Lake Basin is one of the most developed, populous and potential regions in modern China and plays a critical role in the national economy. The unique characteristics of plain river network in the basin determine the complexity of water environment and water resources. Under the comprehensive management of water environment, the safety of drinking water in the basin was effectively ensured, and the quality of surface water steadily improved. What we now face is the gap between the quality of watershed ecological environment and the economic society's ever-growing needs for high-quality development, there is still a long way to go in improving the water environment quality. Based on the water quality of Taihu Lake and Dianshan Lake, the compliance rate of water function areas and pollutant discharges, the effectiveness of comprehensive water environment management was analyzed. Then, through planning, mechanism, environmental supervision, science and technology, capital security, and assessment perspectives, the experience of comprehensive management of water environment in the basin was summarized, and the problems existing in the ecological environment of Taihu Lake and the bottlenecks restricting the deepening of watershed management were analyzed. Focusing on the comprehensive requirements of building a moderately prosperous society in all respects, the integrated development of the Yangtze River Delta, and the new requirements for high-quality development and environmental protection, prospects for the next phase of water environment management in the basin were proposed.

Keywords: Water Environment Management; Taihu Lake; Dianshan Lake; Integration of the Yangtze River Delta; Taihu Lake Basin

Abstract: Hangzhou Bay is facing serious pollution problems, which is not conducive to the sustainable development of the coastal cities. The pollution of Hangzhou Bay mainly comes from land-based sources such as seagoing rivers and sewage outlets. The contribution of coastal cities to different pollutants in Hangzhou Bay is different. The contribution of industrial, agricultural, domestic and livestock pollution to different pollutants in Hangzhou Bay is also different. At present, the pollution of Hangzhou Bay has not been effectively contained due to natural factors, over development, weak supervision, the viewpoint of land is more important than ocean and lack of coordinated governance mechanism. We should strengthen the pollution control of Hangzhou Bay from four aspects, including: promote land and marine development in a coordinated way; coordinate the development of river and sea; reduce emissions at source; improve supervision and strengthen governance.

Keywords: Hangzhou Bay; Marine Pollution; Countermeasures

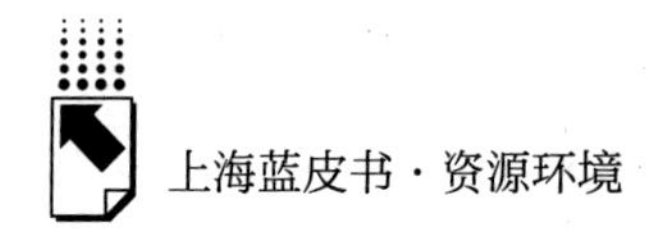

V Appendix

中国社会发展数据库（下设 12 个子库）

整合国内外中国社会发展研究成果，汇聚独家统计数据、深度分析报告，涉及社会、人口、政治、教育、法律等 12 个领域，为了解中国社会发展动态、跟踪社会核心热点、分析社会发展趋势提供一站式资源搜索和数据服务。

中国经济发展数据库（下设 12 个子库）

围绕国内外中国经济发展主题研究报告、学术资讯、基础数据等资料构建，内容涵盖宏观经济、农业经济、工业经济、产业经济等 12 个重点经济领域，为实时掌控经济运行态势、把握经济发展规律、洞察经济形势、进行经济决策提供参考和依据。

中国行业发展数据库（下设 17 个子库）

以中国国民经济行业分类为依据，覆盖金融业、旅游、医疗卫生、交通运输、能源矿产等 100 多个行业，跟踪分析国民经济相关行业市场运行状况和政策导向，汇集行业发展前沿资讯，为投资、从业及各种经济决策提供理论基础和实践指导。

中国区域发展数据库（下设 6 个子库）

对中国特定区域内的经济、社会、文化等领域现状与发展情况进行深度分析和预测，研究层级至县及县以下行政区，涉及地区、区域经济体、城市、农村等不同维度，为地方经济社会宏观态势研究、发展经验研究、案例分析提供数据服务。

中国文化传媒数据库（下设 18 个子库）

汇聚文化传媒领域专家观点、热点资讯，梳理国内外中国文化发展相关学术研究成果、一手统计数据，涵盖文化产业、新闻传播、电影娱乐、文学艺术、群众文化等 18 个重点研究领域。为文化传媒研究提供相关数据、研究报告和综合分析服务。

世界经济与国际关系数据库（下设 6 个子库）

立足“皮书系列”世界经济、国际关系相关学术资源，整合世界经济、国际政治、世界文化与科技、全球性问题、国际组织与国际法、区域研究 6 大领域研究成果，为世界经济与国际关系研究提供全方位数据分析，为决策和形势研判提供参考。

法律声明